国家"十三五"重点图书出版规划项目

新型建筑工业化丛书

吴 刚 王景全 主 编

装配式混凝土建筑设计与应用

著 汪 杰 李 宁 江 韩
张 奕 吴墩军 赵学斐
王流金 陈乐琦 周 健

东南大学出版社

SOUTHEAST UNIVERSITY PRESS

·南京·

内 容 提 要

本书基于目前最新的国家规范、图集、行业标准对装配式混凝土建筑的设计及工程应用做了详细的阐述。全书共分为六章,主要包括绪论、装配式建筑概述、装配式混凝土建筑设计、装配式混凝土结构设计、装配式混凝土结构的深化设计,以及工程案例等部分。本书编写时力求内容精炼、图文并茂、重点突出、案例丰富,供广大设计人员参考。

本书既是装配式混凝土结构的入门读物和培训教材,也是工程设计人员的工具书,还可以作为从事建筑产业化、现代化的科学研究、工程管理等有关部门专业人员的参考用书。

图书在版编目(CIP)数据

装配式混凝土建筑设计与应用/汪杰等著. —南京:
东南大学出版社,2018.5(2024.2 重印)
(新型建筑工业化丛书/吴刚,王景全主编)
ISBN 978 - 7 - 5641 - 7060 - 8

Ⅰ. ①装⋯　Ⅱ. ①汪⋯　Ⅲ. ①装配式混凝土
结构-结构设计　Ⅳ. ①TU37

中国版本图书馆 CIP 数据核字(2017)第 047212 号

装配式混凝土建筑设计与应用

| 著　　者 | 汪　杰　李　宁　江　韩　张　奕　吴敦军　赵学斐　王流金　陈乐琦　周　健 |

出版发行　东南大学出版社
社　　址　南京市四牌楼 2 号　邮编:210096
出 版 人　江建中
责任编辑　丁　丁
编辑邮箱　d. d. 00@163. com
网　　址　http://www. seupress. com
电子邮箱　press@seupress. com
经　　销　全国各地新华书店
印　　刷　苏州市古得堡数码印刷有限公司
版　　次　2018 年 5 月第 1 版
印　　次　2024 年 2 月第 3 次印刷
开　　本　787 mm×1 092 mm　1/16
印　　张　黑白　15.75　彩色　1
字　　数　367 千
书　　号　ISBN 978-7-5641-7060-8
定　　价　98.00 元

序

改革开放近四十年以来，随着我国城市化进程的发展和新型城镇化的推进，我国建筑业在技术进步和建设规模方面取得了举世瞩目的成就，已成为我国国民经济的支柱产业之一，总产值占 GDP 的 20％以上。然而，传统建筑业模式存在资源与能源消耗大、环境污染严重、产业技术落后、人力密集等诸多问题，无法适应绿色、低碳的可持续发展需求。与之相比，建筑工业化是采用标准化设计、工厂化生产、装配化施工、一体化装修和信息化管理为主要特征的生产方式，并在设计、生产、施工、管理等环节形成完整有机的产业链，实现房屋建造全过程的工业化、集约化和社会化，从而提高建筑工程质量和效益，实现节能减排与资源节约，是目前实现建筑业转型升级的重要途径。

"十二五"以来，建筑工业化得到了党中央、国务院的高度重视。2011 年国务院颁发《建筑业发展"十二五"规划》，明确提出"积极推进建筑工业化"；2014 年 3 月，中共中央、国务院印发《国家新型城镇化规划（2014—2020 年）》，明确提出"绿色建筑比例大幅提高""强力推进建筑工业化"的要求；2015 年 11 月，中国工程建设项目管理发展大会上提出的《建筑产业现代化发展纲要》中提出，"到 2020 年，装配式建筑占新建建筑的比例 20％以上，到 2025 年，装配式建筑占新建建筑的比例 50％以上"；2016 年 8 月，国务院印发《"十三五"国家科技创新规划》，明确提出了加强绿色建筑及装配式建筑等规划设计的研究；2016 年 9 月召开的国务院常务会议决定大力发展装配式建筑，推动产业结构调整升级。"十三五"期间，我国正处在生态文明建设、新型城镇化和"一带一路"战略布局的关键时期，大力发展建筑工业化，对于转变城镇建设模式，推进建筑领域节能减排，提升城镇人居环境品质，加快建筑业产业升级，具有十分重要的意义和作用。

在此背景下，国内以东南大学为代表的一批高校、科研机构和业内骨干企业积极响应，成立了一系列组织机构，以推动我国建筑工业化的发展，如：依托东南大学组建的新型建筑工业化协同创新中心、依托中国电子工程设计院组建的中国建筑学会工业化建筑学术委员会、依托中国建筑科学研究院组建的建筑工业化产业技术创新战略联盟等。与此同时，"十二五"国家科技支撑计划、"十三五"国家重点研发计划、国家自然科学基金等，对建筑工业化基础理论、关键技术、示范应用等相关研究都给予了有力资助。在各方面的支持下，我国建筑工业化的研究聚焦于绿色建筑设计理念、新型建材、结构体系、施工与信息化管理等方面，取得了系列创新成果，并在国家重点工程建设中发挥了重要作用。将这些成果进行总结，并出版《新型建筑工业化丛书》，将有力推动建筑工业化基础理论与技术的发展，促进建筑工业化的推广应用，同时为更深层次的建筑工业化技术标准体系的研究奠定坚实的基础。

　　《新型建筑工业化丛书》应该是国内第一套系统阐述我国建筑工业化的历史、现状、理论、技术、应用、维护等内容的系列专著,涉及的内容非常广泛。该套丛书的出版,将有助于我国建筑工业化科技创新能力的加速提升,进而推动建筑工业化新技术、新材料、新产品的应用,实现绿色建筑及建筑工业化的理念、技术和产业升级。

　　是以为序。

清华大学教授
中国工程院院士

2017 年 5 月 22 日于清华园

丛书前言

 建筑工业化源于欧洲，为解决战后重建劳动力匮乏的问题，通过推行建筑设计和构配件生产标准化、现场施工装配化的新型建造生产方式来提高劳动生产率，保障了战后住房的供应。从20世纪50年代起，我国就开始推广标准化、工业化、机械化的预制构件和装配式建筑。70年代末从东欧引入装配式大板住宅体系后全国发展了数万家预制构件厂，大量预制构件被标准化、图集化。但是受到当时设计水平、产品工艺与施工条件等的限定，导致装配式建筑遭遇到较严重的抗震安全问题，而低成本劳动力的耦合作用使得装配式建筑应用减少，80年代后期开始进入停滞期。近几年来，我国建筑业发展全面进行结构调整和转型升级，在国家和地方政府大力提倡节能减排政策引领下，建筑业开始向绿色、工业化、信息化等方向发展，以发展装配式建筑为重点的建筑工业化又得到重视和兴起。

 新一轮的建筑工业化与传统的建筑工业化相比又有了更多的内涵，在建筑结构设计、生产方式、施工技术和管理等方面有了巨大的进步，尤其是运用信息技术和可持续发展理念来实现建筑全生命周期的工业化，可称谓新型建筑工业化。新型建筑工业化的基本特征主要有设计标准化、生产工厂化、施工装配化、装修一体化、管理信息化五个方面。新型建筑工业化最大限度节约建筑建造和使用过程的资源、能源，提高建筑工程质量和效益，并实现建筑与环境的和谐发展。在可持续发展和发展绿色建筑的背景下，新型建筑工业化已经成为我国建筑业的发展方向的必然选择。

 自党的十八大提出要发展"新型工业化、信息化、城镇化、农业现代化"以来，国家多次密集出台推进建筑工业化的政策要求。特别是2016年2月6日，中共中央国务院印发《关于进一步加强城市规划建设管理工作的若干意见》，强调要"发展新型建造方式，大力推广装配式建筑，加大政策支持力度，力争用10年左右时间，使装配式建筑占新建建筑的比例达到30%"；2016年3月17日正式发布的《国家"十三五"规划纲要》，也将"提高建筑技术水平、安全标准和工程质量，推广装配式建筑和钢结构建筑"列为发展方向。在中央明确要发展装配式建筑、推动新型建筑工业化的号召下，新型建筑工业化受到社会各界的高度关注，全国20多个省市陆续出台了支持政策，推进示范基地和试点工程建设。科技部设立了"绿色建筑与建筑工业化"重点专项，全国范围内也由高校、科研院所、设计院、房地产开发和部构件生产企业等合作成立了建筑工业化相关的创新战略联盟、学术委员会，召开各类学术研讨会、培训会等。住建部等部门发布了《装配式混凝土建筑技术标准》《装配式钢结构建筑技术标准》《装配式木结构建筑技术标准》等一批规范标准，积极推动了我国建筑工业化的进一步发展。

东南大学是国内最早从事新型建筑工业化科学研究的高校之一，研究工作大致经历了三个阶段，第一个阶段是海外引进、消化吸收再创新阶段：早在20世纪末，吕志涛院士敏锐地捕捉到建筑工业化是建筑产业发展的必然趋势，与冯健教授、郭正兴教授、孟少平教授等共同努力，与南京大地集团等合作，引入法国的世构体系；与台湾润泰集团等合作，引入润泰预制结构体系；历经十余年的持续研究和创新应用，完成了我国首部技术规程和行业标准，成果支撑了全国多座标志性工程的建设，应用面积超过500万平方米。第二个阶段是构建平台、协同创新：2012年11月，东南大学联合同济大学、清华大学、浙江大学、湖南大学等高校以及中建总公司、中国建筑科学研究院等行业领军企业组建了国内首个新型建筑工业化协同创新中心，2014年入选江苏省协同创新中心，2015年获批江苏省建筑产业现代化示范基地，2016年获批江苏省工业化建筑与桥梁工程实验室。在这些平台上，东南大学一大批教授与行业同仁共同努力，取得了一系列创新性的成果，支撑了我国新型建筑工业化的快速发展。第三个阶段是自2017年开始，以东南大学与南京市江宁区政府共同建设的新型建筑工业化创新示范特区载体（第一期面积5000平方米）的全面建成为标志和支撑，将快速推动东南大学校内多个学科深度交叉，加快与其他单位高效合作和联合攻关，助力科技成果的良好示范和规模化推广，为我国新型建筑工业化发展做出更大的贡献。

然而，我国大规模推进新型建筑工业化，技术和人才储备都严重不足，管理和工程经验也相对匮乏，亟须一套专著来系统介绍最新技术，推进新型建筑工业化的普及和推广。东南大学出版社出版的《新型建筑工业化丛书》正是顺应这一迫切需求而出版，是国内第一套专门针对新型建筑工业化的丛书，丛书由十多本专著组成，涉及建筑工业化相关的政策、设计、施工、运维等各个方面。丛书编著者主要来自东南大学的教授，以及国内部分高校科研单位一线的专家和技术骨干，就新型建筑工业化的具体领域提出新思路、新理论和新方法来尝试解决我国建筑工业化发展中的实际问题，著者资历和学术背景的多样性直接体现为丛书具有较高的应用价值和学术水准。由于时间仓促，编著者学识水平有限，丛书疏漏和错误之处在所难免，欢迎广大读者提出宝贵意见。

丛书主编 吴 刚 王景全

前　　言

建筑业在国民经济中的作用十分突出,2016 年全国建筑业总产值达到 19.36 万亿元,从业者超过 5 000 万,是名副其实的支柱产业。过去几十年建筑业快速发展,我国在建设量激增的同时,付出了高昂的资源环境代价,每年逾 30 亿 t 的建筑垃圾,约占城市垃圾总量的 40%,其中大部分不可降解,高品质建筑却很少。装配式建筑是绿色、环保、低碳、节能型建筑。在发展以人为本、绿色建筑的理念上,装配式建筑以其各方面的优良性能脱颖而出。因此,必须以大力发展装配式建筑为抓手,加快推进建筑工业化,促进建筑品质提升以及行业转型升级、可持续发展。

目前,全国已有三十多个省市出台了针对装配式建筑及建筑产业化发展的指导意见和相关配套措施,不少地方更是对建筑产业化发展提出了明确要求。而国家高层更是提出"10 年 30%"的目标,为装配式建筑的发展送来政策东风。随着装配式建筑的发展,在为行业带来新气象的同时,建筑行业业态或将面临洗牌和重构。发展装配式建筑是生产方式的重大变革,产业转型,人才先行,因此必须加快推进装配式建筑设计人才的培养步伐。

本书的写作由南京长江都市建筑设计股份有限公司的科研人员、设计人员完成。南京长江都市建筑设计股份有限公司自 2007 年开始步入装配式建筑设计领域,经过十余年的发展,凭借"先进的技术优势""丰富的工程实践经验""成熟的技术团队""完善的一体化设计体系"这四大优势构成的核心竞争力,在江苏省乃至华东地区赢得了较高声誉,尤其是在绿色建筑和建筑产业现代化领域的研究和应用已处于全国领先地位。本书编写人员具有丰富的装配式结构设计经验,通过结合目前国家最新标准、图集及典型的装配式结构设计案例,系统地介绍了装配式建筑设计、结构设计、深化设计及工程实践等相关内容。书中的工程案例汇集了南京长江都市建筑设计股份有限公司十余年装配式建筑设计的典型创新性成果,在国家规范、图集的基础上有所突破,采用新技术、新工艺,对推进装配式建筑的发展具有一定的价值。

全书共分 6 章:第 1 章主要介绍目前国内外建筑工业化发展现状和存在的问题,以及国家的相关政策导向和现行国家标准、图集;第 2 章主要介绍装配式建筑的概念、分类、设计特点及常用的装配式建筑结构体系;第 3 章主要介绍装配式混凝土建筑设计,包括设计基本原则、建筑平面设计、建筑立面与剖面设计、预制外墙设计、内装设计、设备与管线设计；第 4 章主要介绍装配式混凝土结构设计，包括装配式结构常用材料与连接方式、装配式结构常用构件、装配整体式混凝土框架结构设计、装配整体式剪力墙结构设计、多层装配式墙板结构设计、装配式混凝土结构设计在软件中的实现；第 5 章主要介绍装配式构件的深化设计及 BIM 的应用；第 6 章介绍了南京长江都市建筑设计股份有限公司 6 个典型的装配式建筑案例。

　　希望本书的出版能够为我国装配式设计人员的培养提供有力的帮助。限于时间和业务水平，书中难免存在不足之处，真诚地希望广大读者批评指正。

笔　者

2017 年 12 月

目　　录

第1章

绪　论

1.1　建筑工业化

　　建筑工业化是随西方工业革命萌生的概念,工业革命让造船、汽车生产效率大幅提升。随着欧洲兴起的新建筑运动,实行工厂预制、现场机械装配的建造方式,逐步形成了建筑工业化最初的理论雏形。二战后,西方国家亟须解决大量的住房问题但又面临劳动力的严重缺乏,其为推动建筑工业化提供了实践基础,因其工作效率高而在欧美风靡一时。1974 年,联合国出版的《政府逐步实现建筑工业化的政策和措施指引》中定义了"建筑工业化"的概念:按照大工业生产方式改造建筑业,使之逐步从手工业转向社会化大生产的过程。它的基本途径是建筑标准化,并逐步采用现代科学技术的新成果,以提高劳动生产率,加快建设速度,降低工程成本,提高工程质量。

　　建筑工业化采用在工厂内大规模预制的生产方式,包括墙板、叠合梁、楼梯、阳台等部品构件均在工厂内生产,强调利用现代科学技术、先进的管理方法和工业化的生产方式将建筑生产全过程连接为一个完整的产业系统,如图 1-1 所示。这一生产方式使得传统建

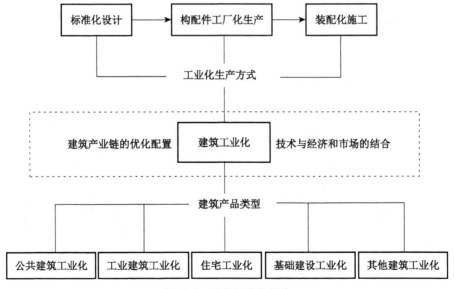

图 1-1　建筑工业化概念

筑业由高污染、高能耗、低效率、低品质的传统粗放模式,向低污染、低能耗、高品质、高效率的现代集约方式转变。

1.1.1　建筑工业化的基本内容

建筑工业化的基本内容包括以下几个方面:①采用先进、适用的技术、工艺和装备,科学合理地组织施工,发展施工专业化,提高机械化水平,减少繁重、复杂的手工劳动和湿作业;②发展建筑构配件、制品、设备并形成适度的规模经营,为建筑市场提供各类建筑使用的系列化通用建筑构配件和制品;③制定统一的建筑模数和重要的基础标准(模数协调、公差与配合、合理建筑参数、连接等),合理解决标准化和多样化的关系,建立和完善产品标准、工艺标准、企业管理标准等,不断提高建筑标准化水平;④采用现代管理方法和手段,优化资源配置,实行科学的组织和管理,培育和发展技术市场和信息管理系统。

具体来讲,建筑工业化主要标志是:建筑设计标准化与体系化,建筑构配件生产的工业化,建筑施工的机械化和组织管理信息化。

建筑设计的标准化与体系化

建筑设计标准化,是将建筑构建的类型、规格、质量、材料、尺度等规定统一标准。将其中建造量大、使用面积广、共性多、通用性强的建筑构配件及零部件、设备装置或建筑单元,经过综合研究编制配套的标准设计图进而汇编成建筑设计标准图集。标准化设计的基础是采用统一的建筑模数,减少建筑构配件的类型和规格,提高通用性。体系化是根据各地区的自然特点、材料供应和设计标准的不同要求,设计出多样化和系列化的定型构件与节点设计。建筑师在此基础上灵活选择不同的定型产品,组合出多样化的建筑体系。

建筑构配件生产的工业化

将建筑中量多面广、易于标准化设计的建筑构配件由工厂进行集中批量生产(图 1-2),采用机械化手段,提高劳动生产率和产品质量,缩短生产周期。批量生产出来的建筑构配件进入流通领域成为社会化的商品,促进建筑产品质量的提高,生产成本降低。最终,推动建筑工业化的发展。

图 1-2　预制构件的工业化生产

建筑施工的机械化

建筑设计的标准化、构配件生产的工厂化和产品的商品化,使建筑机械设备和专用设备得以充分开发应用(图 1-3)。专业性强、技术性高的工程(如桩基、钢结构、张拉膜结构、预应力混凝土等项目)可由具有专用设备和技术的施工队伍承担,使建筑生产进一步走向专业化和社会化。

图 1-3 预制构件机械化施工

组织管理信息化

组织管理信息化指的是生产要素的合理组织,组织管理信息化的核心是"集成",而BIM 技术是"集成"的主线。这条主线串联起设计、生产、施工、装修和管理的全过程,服务于设计、建设、运维、拆除的全生命周期,可以数字化虚拟、信息化描述各种系统要素,实现信息化协同设计、可视化装配,工程量信息的交互和节点连接模拟及检验等全新运用,整合建筑全产业链,实现全过程、全方位的信息化集成。

1.1.2 建筑工业化的主要特征

传统建筑生产方式,是将设计与建造环节分开,设计环节仅从目标建筑体及结构的设计角度出发,而后将所需建材运送至目的地,进行露天施工、竣工验收的方式。而建筑工业化生产方式,是设计施工一体化的生产方式,标准化的设计,至构配件的工厂化生产,再进行现场装配的过程。其主要特征包括以下几个方面:

(1)设计和施工的系统性。在实现一项工程的每一个阶段,从市场分析到工程竣工都必须按计划进行。

(2)施工过程和施工生产的重复性。构配件生产的重复性只有当构配件能够适用于不同规模的建筑、不同使用目的和环境才有可能。构配件如果要进行批量生产就必须具有一种规定的形式,即标准化。

(3)建筑构配件生产的系列化。没有任何一种确定的工业化结构能够适用于所有的建筑建造需求,因此,建筑工业化必须提供一系列能够组成各种不同建筑类型的构配件。

1.1.3 建筑工业化的优势

建筑工业化颠覆传统建筑生产方式,将设计施工环节一体化。建筑工业化使设计环节成为关键,该环节不仅是设计蓝图至施工图的过程,而需要将构配件标准、建造阶段的配套技术等都纳入设计方案中,从而设计方案作为构配件生产标准及施工装配的指导文件。与传统建筑生产方式相比,建筑工业化具有不可比拟的优势,主要体现在以下几个方面:

(1) 提高工程建设效率。建筑工业化采取设计施工一体化生产方式,从建筑方案的设计开始,建筑物的设计就遵循一定的标准,为大规模重复制造与施工打下基础。构配件可以实现工厂化的批量生产及后续短暂的现场装配过程,建造过程大部分在工厂进行。与传统的现场混凝土浇筑、缺乏培训的劳务工人手工作业相比,建筑工业化将极大提升工程的建设效率。较为成熟的预制装配建造方式与现场手工方式相比节约工期可达30%以上。

(2) 提高工程建设质量。工厂化预制的生产方式具有设备精良、工艺完善、技术工人操作熟练等优点,构配件生产稳定且有质量保障。对工业化预制装配式建筑设计的研究表明,外墙的装饰瓷砖若采用现场粘贴,粘贴强度受外界温度因素影响,耐久性难以保证,所以在高层建筑中是禁止使用的。若采用预制挂板方式,瓷砖通过预制混凝土粘贴,粘贴强度比现场操作提高数倍,并可以应用于高层建筑中。

(3) 节能减排,实现可持续发展。我国仅民用建筑在生产、建造使用过程中,能耗占全社会总能耗49.5%。在哥本哈根世界气候大会上,我国向世界庄严承诺,到2020年单位国内生产总值CO_2排放比2005年下降40%~45%。为实现这一目标,能耗大户建筑业在低碳环保、绿色节能发展方面责无旁贷。而建筑工业化将助推建筑业走向低碳低能耗可持续发展道路。据万科工业化实验楼建设过程的统计数据显示,与传统施工方式相比,工业化方式每平方米建筑面积的水耗降低64.75%,能耗降低37.15%,人工减少47.35%,垃圾减少58.89%,污水减少64.75%。其他统计数据显示,工业化建造方式比传统方式减少能耗60%以上,减少垃圾80%以上,对资源节约的贡献非常显著。

(4) 降低建筑的综合成本。通过大规模、标准化的生产,将在劳务用工、材料节约、能耗减少等多角度降低建筑的综合成本。据南京大地建设集团统计数据显示:与传统现浇技术相比,采用新型建筑工业化方式,工期可缩短30%以上,施工周转耗材可节约80%以上。

1.2 国外建筑工业化的发展历程和现状

1.2.1 国外建筑工业化的发展历程

建筑工业化的概念起源于欧洲。18世纪产业革命以后,随着机器大工业的兴起、城市发展与技术进步,建筑工业化的思想开始萌芽。20世纪二三十年代,当时有观点提出,应当改革传统的房屋建造工艺,由专业化的工厂成批生产可供安装的构件,通过现场组装的主要途径来完成房屋建造,不再把全部工艺过程都安排到施工现场完成,这就基本形成了早期的建筑工业化理论。第二次世界大战后,欧洲面临住房紧缺和劳动力缺乏两大困难,促使建筑工业化迅速发展。其中,法国和苏联发展最快。到20世纪60年代,欧洲各国,以及美国、日本等经济发达国家也都迅速发展。

建筑工业化在国外的发展历程主要经历三个阶段:

第一阶段:1950—1970年,主要发展预制式大板和工具式模板现浇,结构体系混杂,难以形成通用的标准体系,产品质量水平不高。

第二阶段:1970—1990年,主要发展通用构配件制品和设备,形成统一且多样化的建筑体系,新产品质量、施工机械化与自动化水平明显提高。

第三阶段:1990—21世纪,开始向大规模通用体系转变,以标准化、体系化、通用化建筑构配件和建筑部品为中心,新产品质量认定体系逐步完善;各国的模数协调标准正在逐步向国际标准靠拢;工业建筑赋予了环保、节能、耐久、多功能及舒适性等更多内涵,也标志着建筑工业化进入更高的发展阶段。

1.2.2 国外建筑工业化的发展现状

由于各国经济水平、资源条件、劳动力状况等的不同,其建筑工业化的发展模式也有所不同。以下分别从欧洲、亚洲、北美等发达国家和地区的建筑工业化历程进行简要的概述。

瑞典、芬兰、丹麦等北欧国家

北欧的瑞典、芬兰、丹麦等国家,独栋住宅以一层及两层的木结构为主,多层住宅以轻钢结构建筑为主。其中瑞典的钢结构尤其是轻钢结构最为发达,其也是当今世界上最大的轻钢结构住宅制造国,生产供应欧洲各国。住宅采用以通用部件为基础的建筑通用体系,形成了复合墙体、门窗、楼梯、厨卫标准件等系列建筑工业化产品的标准体系,使建筑部品部件的规格、尺寸、连接等形成了标准化、系列化。

目前,瑞典和丹麦新建住宅之中通用部件占到了80%,既满足多样性的需求,又达到了50%以上的节能率,这种新建建筑比传统建筑的能耗有大幅度的下降。丹麦是一个将模数法制化应用在装配式住宅的国家,国际标准化组织ISO模数协调标准即以丹麦的标准为蓝本编制。故丹麦推行建筑工业化的途径实际上是以"产品目录设计"为标准的体系,使部件达到标准化,然后在此基础上实现多元化的需求,所以丹麦建筑实现了多元化与标准化的和谐统一。

德国、法国、英国等西欧国家

"德国是世界上住宅装配化与建筑能耗降低幅度发展最快的国家",德国建筑业协会(GCIA)副主席格拉斯·路德维希指出:"德国建筑业基于全绿色生态产业链、环保与节能全系统的可持续发展,正在重视装配式住宅建筑工业化的产业组织、生产技术、管理维护与环保回收等环节进一步工业优化进程。"德国的装配式住宅与建筑主要采取叠合板、混凝土、剪力墙结构体系,剪力墙板、梁、柱、楼板、内隔墙板、外挂板、阳台板等构件。其构件预制与装配建设已经进入工业化、专业化设计,标准化、模块化、通用化生产,其构件部品易于仓储、运输,可多次重复使用、临时周转并具有节能低耗、绿色环保的永久性能。

德国在推广装配式产品技术、推行环保节能的绿色装配方面已有较长较成熟的经历,建立了非常完善的绿色装配及其产品技术体系。从大幅度的节能到被动式建筑,德国都采取了装配式住宅来实施,装配式住宅与节能标准充分融合,形成研发—设计—生产—施工的强大的预制装配式建筑产业链(图1-4):高校、研究机构和企业研发提供技术支持;建筑、结构、水暖电协作配套,进行构件的审核设计;施工企业与机械设备供应商合作密切,机械设备、材料和物流先进,摆脱了固定模数尺寸限制。另外还形成了盒子式、单元式或大板装配体系等工业化住宅形式。该类结构由工厂将层间的标准单元整浇或拼装成盒子形式的部件,再运到现场组装,可以获得非常强烈的造型效果。需要工业化程度高的生产、运输、起吊等设备。

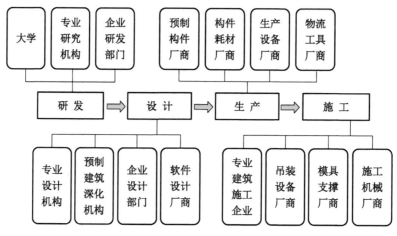

图1-4 德国建筑工业化产业链

法国1891年就已实施了装配式混凝土的构建,迄今已有130年的历史。法国建筑以混凝土体系为主,钢、木结构体系为辅,多采用框架或者板柱体系,向大跨度发展,焊接连接等干法作业流行,结构构件与设备、装修工程分开,减少预埋,生产和施工质量高,主要采用预应力混凝土装配式框架结构体系,装配率达到80%,脚手架用量减少50%,节能可达到70%。

英国政府积极引导装配式建筑发展。明确提出英国建筑生产领域需要通过新产品开发、集约化组织、工业化生产以实现"成本降低10%,时间缩短10%,缺陷率降低20%,事故发生率降低20%,劳动生产率提高10%,最终实现产值利润率提高10%"的具体目标。同时,政府出台一系列鼓励政策和措施,大力推行绿色节能建筑,以对建筑品质、性能的严格要求促进行业向新型建造模式转变。英国装配式建筑的发展需要政府主管部门与行业协会等紧密合作,完善技术体系和标准体系,促进装配式建筑项目实践。可根据装配式建筑行业的专业技能要求,建立专业水平和技能的认定体系,推进全产业链人才队伍的形成。除了关注开发、设计、生产与施工外,还应注重扶持材料供应和物流等全产业链的发展。

日本、新加坡等亚洲国家及我国香港地区

日本的建筑工业化始于20世纪60年代初期。但是住宅的需求急剧增加,而建筑技术人员和熟练工人明显不足。为了使现场施工简化,提高产品质量和效率,日本对住宅实行部品化、批量化生产。70年代是日本住宅产业的成熟期,大企业联合组建集团进入住宅产业,在技术上产生了盒子住宅、单元住宅等多种形式。同时设立了产业化住宅性能认证制度,以保证产业化住宅的质量和功能。这一时期,产业化方式生产的住宅占竣工住宅总数的10%左右。80年代中期,为了提高工业化住宅体系的质量和功能,设立了优良住宅部品认证制度,这时产业化生产方式的住宅占竣工住宅总数的15%～20%,住宅的质量和功能有了提高。到90年代,采用产业化方式生产的住宅占竣工住宅总数的25%～28%。

新加坡是世界上公认的住宅问题解决较好的国家,其住宅多采用建筑工业化技术加以建造,其中,住宅政策及装配式住宅发展理念促使其工业化建造方式得到广泛推广。新加坡开发出15层到30层的单元化的装配式住宅,占全国总住宅数量的80%以上。通过平面的布局、部件尺寸和安装节点的重复性来实现标准化。以设计为核心,设计和施工过程相互之间配套融合,装配率达到70%。新加坡建设局对工业化的推进极为重视,他们从2000年就制定了规范,全名是"Code of Practice on Buildable Design"(易建设计规范),规定了不同建筑物易建性的最低计分要求,也就是给工业化方法打分的制度,不达到最低标准不发给施工执照。

我国香港地区房屋署自20世纪80年代初即推行工业化技术,工业化率不断提高。但由于运输和道路的限制,市区内建设较难采用预制技术,而新开发的住宅区则广泛采用工业化方法。

北美地区

早在20世纪三四十年代的美国,由于贫民住宅需求以及战争等因素,出现了大量汽车拖车式的、用于野营的汽车房屋。当时的汽车住宅十分简易,几乎就是一辆汽车,算不上真正的房子。但受其启发,一些住宅生产厂家也渐渐开始生产外观更像传统住宅,可用大型汽车拉到各个地方直接安装的工业化住宅。

到了20世纪70年代,人们对住宅的要求更高了:面积更大,功能更全,外形更美观。于是,美国国会在1976年通过了国家工业化住宅建造及安全法案;HUD是美国联邦政府住房和城市发展部的简称,同年它出台了美国工业化住宅建设和安全的一系列严格的行业规范标准,简称HUD标准。

1976年后,美国所有工业化住宅都必须符合HUD标准。只有达到HUD标准,并拥有独立第三方检查机构出具的证明,工业化住宅才能出售。此后,HUD又颁发了联邦工业化住宅安装标准,它是全美所有新建工业化住宅进行初始安装的最低标准,用于审核所有生产商的安装手册和州立安装标准。对于没有颁布安装标准的州,该条款将成为强制

执行的标准。这些严格的规范和标准,自出台一直沿用到今天。正因为政策的推动,美国建筑工业化走上了快速发展的道路。据美国工业化住宅协会统计,2001年,美国的工业化住宅已达到1 000万套,占美国住宅总量的7%,为2 200万的美国人解决了居住问题。2007年,美国的工业化住宅总值达到118亿美元。目前在美国,每16个人中就有1个人居住的是工业化住宅。

加拿大装配式建筑与美国发展相似,从20世纪20年代开始探索预制混凝土的开发和应用,到20世纪六七十年代该技术得到大面积应用。装配式建筑在居住建筑,学校、医院、办公等公共建筑,停车库、单层工业厂房等建筑中得到广泛的应用。在工程实践中,由于大量应用大型预应力预制混凝土构建技术,使装配式建筑更充分地发挥其优越性。

1.3 国内建筑工业化的发展历程和现状

1.3.1 国内建筑工业化的发展历程

我国的建筑工业化始于20世纪50年代第一个五年计划时期,大致经历了四个发展阶段。

第一阶段:从1950年代至1970年代,尝试发展期。发展预制构件和大板预制装配建筑,初试建筑工业化发展之路。

第二阶段:从1970年代至1980年代中期,摸索发展时期。推广了一系列新工艺,如大板和升板体系、苏联和南斯拉夫体系、预制装配式框架体系等,对建筑工业化发展起到了有益的推进作用。

第三阶段:1990—2005年,萎缩期。工业化发展停滞不前,预制构件及建筑部品在建筑领域几乎消亡。

第四阶段:2005年至今,推动期。建筑工业化重新崛起,不同工业化结构体系探索发展。多地出台政策,地方政府积极推动,企业积极参与。

国务院在1956年5月作出的《关于加强和发展建筑工业的决定》中明确提出:"为了从根本上改善我国的建筑工业,必须积极地有步骤地实行工厂化、机械化施工,逐步完成对建筑工业的技术改造,逐步完成向建筑工业化的过渡。"随后即迅速建立起建筑生产工厂化和机械化的初步基础,对完成当时的国家建设起到了显著的作用。

经过20多年的实践,1978年国家基本建设委员会正式提出,建筑工业化以建筑设计标准化、构件生产工业化、施工机械化以及墙体材料改革为重点。在以后的很长一段时间内,我国一直沿用建筑工业的提法,建筑工业化作为我国建筑业发展的指导思想,也成为我国建筑业追赶世界先进水平的着眼点和着力点。

但令人遗憾的是,自20世纪80年代后期,建筑工业化的概念销声匿迹,建筑工业化的进程随之中断,没能伴随改革开放和我国工业化、城市化、市场化大发展,特别是建筑业大发展时期,建筑工业化与我国失之交臂,取而代之的是所谓住宅产业化,其着力点是设计标准化、施工大机械化以及要求墙体材料改革适应住宅产业化的要求。

纵观 20 世纪我国推行建筑工业化的得失与成败,过分强调标准化设计,导致建筑设计千篇一律;过分强调施工机械化,忽视节点标准化、构配件产品化、施工精细化,特别是装配工业化,导致大量房屋漏水、漏风、不隔音、房屋建造尺寸偏差大等一系列严重问题;脱离当时中国的物质条件、技术条件和工业基础,导致大量粗制滥造,影响房屋质量,最终导致中国早期的建筑工业化以失败告一段落。

1.3.2 国内建筑工业化的发展现状

1995 年,国家启动重大科技产业工程项目:2000 年小康型城乡住宅科技产业工程,标志着住宅产业重新开始受到国家关注。同年,原建设部下发了《建筑工业化发展纲要》,加快了我国建筑工业化发展步伐。1999 年,国务院办公厅转发建设部门的《关于推进住宅产业现代化提高住宅质量若干意见的通知》,提出了住宅产业化的发展目标:为了满足人民群众日益增长的住房需求,加快住宅建设从粗放型向集约型转变,推进住宅产业现代化,提高住宅质量,促进住宅建设成为新的经济增长点。2006 年原建设部下发《国家住宅产业化基地试行办法》,在全国已经先后建立了 27 个国家住宅产业化基地,有 300 多个国家示范工程项目正在实施。2011 年住房和城乡建设部制定的《建筑业发展"十二五"规划》、2012 年财政部与住房和城乡建设部发布的《关于加快推动我国绿色建筑发展的实施意见》、2013 年发改委与住房和城乡建设部联合下发的《绿色建筑行动方案》等文件中都明确指出要大力发展和推动建筑工业化。2016 年,《中共中央 国务院关于进一步加强城市规划建设管理工作的若干意见》中提出"力争用 10 年左右时间,使装配式建筑占新建建筑的比例达到 30%"。

上述表明我国的建筑工业化工作正在积极有效地向前推进。近年来,在三个方面取得较大进展:①工业化整体技术水平得到了较大提升。通过大力推进建筑工业化,一方面推动了我国工程建设的技术进步,同时也促进了新技术、新材料、新产品、新设备在工程建设中的广泛应用。②建筑工业化尤其是住宅产业化工作的组织框架基本形成。全国各主要省市都成立了住宅产业化工作机构,并将住宅产业化工作列入日常工作中。北京、上海、河北、江苏、深圳、沈阳、济南、合肥等省(市)相继出台了"关于推进住宅产业化的指导意见"以及相应的鼓励政策,有些城市已经在实践中取得了较好成绩,在全国产生了积极影响。③推动建筑工业化的市场动力逐步增强。随着我国经济社会的发展,建筑业生产成本不断上升,劳动力与技工日渐短缺,这从客观上促使越来越多的开发企业、设计单位、施工企业积极投身到建筑工业化工作中,把推进建筑工业化作为促进企业转型升级、降低成本、提高劳动生产率、实现可持续发展的重要途径。④发展装配式建筑在节能、节材和减排方面的成效已在实际项目中得到证明。在资源能源消耗和污染排放方面,根据住房和城乡建设部科技与产业化发展中心对 13 个装配式混凝土建筑项目的跟踪调研和统计分析,装配式建筑相比现浇建筑,建造阶段可以大幅减少木材模板、保温材料(寿命长,更新周期长)、抹灰水泥砂浆、施工用水、施工用电的消耗,并减少 80% 以上的建筑垃圾排放,减少碳排放和对环境带来的扬尘和噪声污染,有利于改善城市环境、提高建筑综合质量和性能、推进生态文明建设。

1.3.3 国内建筑工业化发展过程中存在的问题

2014年,中国施工企业管理协会派专人对我国建筑工业化现状进行调研,调研组先后到天津市住宅集团、江苏中南建设集团、沈阳万融建设集团、赤峰宏基建筑集团、积水置业(沈阳)公司、万科集团等多家建筑工业化企业进行实地走访,对建筑工业化推进情况有了深入了解,同时也发现存在一些亟待解决的问题:①激励和引导建筑工业化创新发展的整体机制没有形成。首先,这些地方行业行政主管部门对推进建筑工业化工作还缺乏深刻的认识。建筑工业化主要通过市场力量来推动,但也需要政府积极地引导。②支持建筑工业化的政策还没完全到位。现有建筑工业化政策还不是强制性的,缺乏必要的鼓励措施。建筑工业化标准体系不够完善。建筑工业化标准体系的建立是企业实现建筑产品大批量、社会化、商品化生产的前提。除了各个工业化试点企业自定标准外,国家没有出台行业强制性标准,工业化的设计、生产、安装和验收等各环节的标准都有缺失,造成工业化标准体系建设不够完善,并且滞后于整个行业发展的现状。③现行税收制度增加了企业负担。大多数建筑工业化企业在生产过程和现场组装施工时都要缴纳税款,这样明显存在重复征税现象。据测算,重复收税会造成建筑工业化企业的成本上升10%左右,增大了企业负担。④地域差异制约建筑工业化发展。各地方政府对工业化项目的容积率、预制装配率等指标要求不同,造成工业化企业要根据不同地域的要求去被动适应,否则不能通过审批、施工许可和竣工验收,严重制约了建筑工业化的发展。

现阶段,我国的建筑产业化实践仍以政府为主导的保障性住房建设和公益性公共建筑为主,而以商品住宅为载体的实践项目却是凤毛麟角。近年来,我国在工业化建造建筑产业,特别是工业化住宅产业方面也开展了一系列的技术研发和工程示范,但还存在以下一系列问题:

1. 我国的装配式建筑部品仍处在自发的发展阶段

尽管我国的建筑部品、住宅部品标准化工作已取得很大成绩,但市场适应性、通用性和配套性尚不充分,更缺乏装配式建筑典型部品信息化模型和全寿命过程信息化管理方面的相关研究和应用。

2. 装配式工业化建造建筑体系缺乏,研发工作不尽如人意

尽管国内在预制装配式混凝土建筑体系、预制装配式木结构建筑、预制装配式钢结构建筑等方面都在开展体系研发和技术攻关,但尚处在初级阶段,行业内也没有形成供企业初期发展需要的公开体系。企业在研发过程中,往往注重的仅仅是装配化建造,而不是基于模数化、标准化的工业化建造。

3. 社会对装配式工业化建造建筑的认识还存在问题

由于传统的钢筋混凝土装配式体系的低水平、低质量,使该类体系的技术发展和工程实践几乎完全停滞。在美国、日本和中国台湾等地震高烈度国家和地区,现代的钢筋混凝土装配式工业化建造建筑仍然得到广泛应用,并在大震的情况下表现优异。在最适合采用预制装配式建造技术的钢结构建筑和工程结构方面,钢结构还仅仅在高层和超高层建筑、大空间公共建筑与工业建筑中应用,在民用建筑方面尚未普及。

4. 装配式工业化建造建筑产业发展机制不尽合理

装配式工业化建造建筑体系研发需要巨大投入,导致企业望而生畏。一些企业在付出极大热情和经济投入后,不得不铩羽而归。少数企业全靠自己在市场上不断摸索,才找到适合自己发展的模式。笔者认为,发展装配式工业化建造建筑产业,不能仅仅是几家企业的事情,必须形成社会合力,才能加速发展。

5. 工程建设监管及其运行模式与装配式建造模式不适应

现行工程建设审批、监管、责任分配等监管及其运行模式不适合工业化建造发展的最终要求。

6. 相关标准和规范不完善

工业化技术和国内现行的建筑技术标准、规范不兼容,使得设计、审批、验收无标准可依,即使工业化技术的科研单位能够提供切实可行的实验数据证明相关项目可行,每一个项目还是需要通过专家论证,成为装配式建筑大规模推广的一个障碍;现有标准只盯"尾巴"不管"脑袋",比如,建筑节能减排强制标准无节地、节水、节材和环保等方面的标准;无完整建筑产业化技术体系,单项技术间缺乏集成。

7. 产业政策和管理体制不健全

企业发展装配式建筑,面临着前期投入研发经费大、社会资源缺乏、缺乏规模效应、开发成本高的现状,在没有国家鼓励支持政策的情况下,企业缺乏发展装配式建筑的动力;现行的设计管理、招投标管理、施工管理以及构件生产的管理,大部分环节适应于传统建造方式,缺乏针对预制生产技术的管理制度,严重制约了建筑工业化的发展。

8. 法规政策不健全

建筑产业化的相关法律没有及时跟进。比如,建筑构件生产商拥有专利并投入大量人力物力,但资质管理规定却限制其参与设计和工程施工,使这些企业陷入有技术却没有设计资质和施工总承包资质的尴尬境地。再比如,由于节能规范只要求节能 65%,使节能 83% 的建筑板材没有市场;同时,缺乏全过程监管、考核和奖惩法规制度体系。现行财政、税收、信贷和收费政策引导不足。构件产销环节和新技术应用无税收减免,城市配套、电力增容、排污和垃圾处理的收费未与节能减排效益挂钩。

9. 产业链不完整

构件生产商不需提供技术和安装服务,没有针对不同建筑主体进行设计调整和技术升级的要求,由于构件生产与住宅建造脱节、使用与工程技术脱节,难以保证建筑工程质量。

10. 建筑产业化成本过高

企业没有向产业化方向转型的动力。企业具有逐利的本性,企业追求的目标是经济效益最大化,选择走建筑产业化道路前,投入与产出比的反复衡量,会成为对企业和建筑产业化本身的双重考验。工业化方法建造的房屋主要用钢筋混凝土预制构件装配而成，与传统方法使用小块砌筑材料加砂浆不同。尽管预制构件的安装可以免除搭设脚手架，但前者的材料成本还是高于后者，其中钢筋的费用可能就相当于深圳广泛应用的加气混凝土墙体。再比如装配式建筑使用的叠合楼板由底层和面层组成，总厚度大于现浇楼板，而且钢筋用量也随之增加，即使不用模板支撑，前者的费用也高于后者。

1.4 我国发展装配式建筑的相关政策

1. 国务院《关于大力发展装配式建筑的指导意见》

2016年9月国务院办公厅印发了《关于大力发展装配式建筑的指导意见》，要以京津冀、长三角、珠三角三大城市群为重点推进地区，常住人口超过300万的其他城市为积极推进地区，其余城市为鼓励推进地区，因地制宜发展装配式混凝土结构、钢结构和现代木结构等装配式建筑。力争用10年左右的时间，使装配式建筑占新建建筑面积的比例达到30%。

《关于大力发展装配式建筑的指导意见》指出，装配式建筑是用预制部品部件在工地装配而成的建筑。发展装配式建筑是建造方式的重大变革，是推进建筑业供给侧结构性改革的重要举措，有利于节约资源能源、减少施工污染、提升劳动生产效率和质量安全水平，有利于促进建筑业与信息化工业化深度融合、培育新产业新动能、推动化解过剩产能。要按照适用、经济、安全、绿色、美观的要求，坚持市场主导、政府推动，坚持分区推进、逐步推广，坚持顶层设计、协调发展，推动建造方式创新，不断提高装配式建筑在新建建筑中的比例。

2. 住建部《"十三五"装配式建筑行动方案》

为切实落实《国务院办公厅关于大力发展装配式建筑的指导意见》（国办发〔2016〕71号）和《国务院办公厅关于促进建筑业持续健康发展的意见》（国办发〔2017〕19号），进一步明确阶段性工作目标，落实重点任务，强化保障措施，突出抓规划、抓标准、抓产业、抓队伍，促进装配式建筑全面发展，特制定本行动方案。住房和城乡建设部于2017年3月制定了《"十三五"装配式建筑行动方案》，明确了以下目标：到2020年，全国装配式建筑占新建建筑的比例达到15%以上，其中重点推进地区达到20%以上，积极推进地区达到15%以上，鼓励推进地区达到10%以上。鼓励各地制定更高的发展目标。建立健全装配式建筑政策体系、规划体系、标准体系、技术体系、产品体系和监管体系，形成一批装配式建筑设计、施工、部品部件规模化生产企业和工程总承包企业，形成装配式建筑专业化队伍，全面提升装配式建筑质量、效益和品质，实现装配式建筑全面发展。到2020年，培育50个以上装配式建筑示范城市，200个以上装配式建筑产业基地，500个以上装配式建筑示范工程，建设30个以上装配式建筑科技创新基地，充分发挥示范引领和带动作用。

3. 国务院《"十三五"节能减排综合工作方案》

2017年1月，国务院出台了《"十三五"节能减排综合工作方案》。方案中指出：当前，我国经济发展进入新常态，产业结构优化明显加快，能源消费增速放缓，资源性、高耗能、高排放产业发展逐渐衰减。但必须清醒地认识到，随着工业化、城镇化进程加快和消费结构持续升级,我国能源需求刚性增长,资源环境问题仍是制约我国经济社会发展的瓶颈之一,节能减排依然形势严峻、任务艰巨。

方案中提出了加强建筑节能的目标:实施建筑节能先进标准领跑行动,开展超低能耗及近零能耗建筑建设试点,推广建筑屋顶分布式光伏发电。编制绿色建筑建设标准,开展绿色生态城区建设示范,到 2020 年,城镇绿色建筑面积占新建建筑面积比重提高到 50%。实施绿色建筑全产业链发展计划,推行绿色施工方式,推广节能绿色建材、装配式和钢结构建筑。强化既有居住建筑节能改造,实施改造面积 5 亿 m² 以上,2020 年前基本完成北方采暖地区有改造价值城镇居住建筑的节能改造。推动建筑节能宜居综合改造试点城市建设,鼓励老旧住宅节能改造与抗震加固改造、加装电梯等适老化改造同步实施,完成公共建筑节能改造面积 1 亿 m² 以上。推进利用太阳能、浅层地热能、空气热能、工业余热等解决建筑用能需求。

4. 住建部《建筑业发展"十三五"规划》

2017 年 4 月,住建部印发《建筑业发展"十三五"规划》,提出推广智能和装配式建筑的要求:加大政策支持力度,明确重点应用领域,建立与装配式建筑相适应的工程建设管理制度。鼓励企业进行工厂化制造、装配化施工、减少建筑垃圾,促进建筑垃圾资源化利用。建设装配式建筑产业基地,推动装配式混凝土结构、钢结构和现代木结构发展。大力发展钢结构建筑,引导新建公共建筑优先采用钢结构,积极稳妥推广钢结构住宅。在具备条件的地方,倡导发展现代木结构,鼓励景区、农村建筑推广采用现代木结构。在新建建筑和既有建筑改造中推广普及智能化应用,完善智能化系统运行维护机制,逐步推广智能建筑。

1.5　我国现行装配式建筑技术标准

我国现行的工程建设标准主要包括国家标准、行业标准、地方标准等。20 世纪七八十年代,我国装配式建筑的发展曾经历过一个快速的发展时期,国家标准《预制混凝土构件质量检验评定标准》、行业标准《装配式大板居住建筑设计和施工规程》以及协会标准《钢筋混凝土装配整体式框架节点与连接设计规程》等先后出台。之后,由于种种原因,装配式建筑的应用迎来了一个相对低潮的阶段。

最近,我国装配式建筑的研究与应用逐渐升温,地方政府积极推进,一些地方企业积极响应,开展相关的技术研究,形成了良好的发展态势,出台了一系列行业标准及图集。

与装配式建筑相关的主要现行标准、规程及图集梳理如表 1-1 所示:

表 1-1　我国装配式混凝土结构相关标准及图集

序号	标 准 名 称	标准号	类别
1	《混凝土结构设计规范》	GB 50010—2010	国家标准
2	《建筑结构荷载规范》	GB 50009—2012	国家标准
3	《建筑抗震设计规范》	GB 50011—2010	国家标准

续表 1-1

序号	标 准 名 称	标准号	类别
4	《装配式混凝土建筑技术标准》	GB/T 51231—2016	国家标准
5	《装配式钢结构建筑技术标准》	GB/T 51232—2016	国家标准
6	《装配式木结构建筑技术标准》	GB/T 51233—2016	国家标准
7	《混凝土结构工程施工质量验收规范》	GB 50204—2015	国家标准
8	《钢结构工程施工质量验收规范》	GB 50205—2001	国家标准
9	《钢结构焊接规范》	GB 50661—2011	国家标准
10	《预应力混凝土空心板》	GB/T 14040—2007	国家标准
11	《钢筋混凝土升板结构技术规程》	GBJ 130—1990	国家标准
12	《装配式混凝土结构技术规程》	JGJ 1—2014	行业规程
13	《高层建筑混凝土结构技术规程》	JGJ 3—2010	行业规程
14	《预制预应力混凝土装配整体式框架结构技术规程》	JGJ 224—2010	行业规程
15	《钢筋套筒灌浆连接应用技术规程》	JGJ 355—2015	行业规程
16	《钢筋锚固板应用技术规程》	JGJ 256—2011	行业规程
17	《钢筋焊接及验收规程》	JGJ 18—2012	行业规程
18	《钢结构高强度螺栓连接技术规程》	JGJ 82—2011	行业规程
19	《点挂外墙板装饰工程技术规程》	JGJ 321—2014	行业规程
20	《钢筋机械连接技术规程》	JGJ 107—2016	行业规程
21	《钢筋焊接网混凝土结构技术规程》	JGJ 114—2014	行业规程
22	《钢筋连接用灌浆套筒》	JG/T 398—2012	行业标准
23	《钢筋连接用套筒灌浆料》	JG/T 408—2013	行业标准
24	《预应力混凝土用金属波纹管》	JG 225—2007	行业标准
25	《预制混凝土剪力墙外墙板》	15G365-1	国标图集
26	《预制混凝土剪力墙内墙板》	15G365-2	国标图集
27	《桁架钢筋混凝土叠合板(60 mm 厚底板)》	15G366-1	国标图集
28	《预制钢筋混凝土板式楼梯》	15G367-1	国标图集
29	《预制钢筋混凝土阳台板、空调板及女儿墙》	15G368-1	国标图集
30	《装配式混凝土结构住宅建筑设计示例(剪力墙结构)》	15J939-1	国标图集
31	《装配式混凝土结构表示方法及示例(剪力墙结构)》	15G107-1	国标图集
32	《装配式混凝土结构连接节点构造(楼盖和楼梯)》	15G310-1	国标图集
33	《装配式混凝土结构连接节点构造(剪力墙)》	15G310-2	国标图集

第2章

装配式建筑概述

2.1 装配式建筑概念

装配式建筑是以标准化设计、工厂化生产的建筑构件,用现场装配的方式建成的住宅和公共建筑。建造装配式建筑是一个系统集成过程,即以工业化建造方式为基础,实现建筑结构系统、外围护系统、内装系统、设备管线系统一体化和策划、设计、生产和施工等一体化的过程。

装配式建筑的核心内容即四大系统(图 2-1):建筑结构系统、建筑外围护系统、建筑设备与管线系统、建筑内装系统。装配式建筑应采用模数与模数协调、模块与模块组合的标准化设计方法,实现四大系统的系统集成。

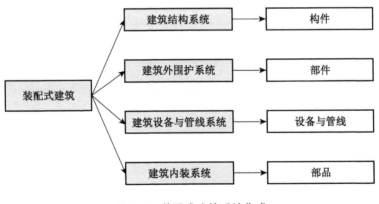

图 2-1 装配式建筑系统集成

装配式建筑系统集成主要有以下四个技术要点:①强调装配式建筑建造是系统化集成的特点;②解决建筑系统之间的协同问题;③解决建筑系统内部的协同问题;④突出体现建筑的整体性能和可持续性。

2.2 装配式建筑分类

装配式建筑在 20 世纪初就开始引起人们的兴趣,到 60 年代终于实现。英、法、苏联等国首先作了尝试,由于装配式建筑的建造速度快,而且生产成本较低,迅速在世界各地推广开来。根据建筑的使用功能、建筑高度、造价及施工等的不同,组成建筑结构构件的梁、柱、墙等可以选择不同的建筑材料及不同的材料组合,例如,钢筋混凝土、钢材、钢骨混凝土、型钢混凝土、木材等。装配式建筑根据主要受力构件和材料的不同可以分为装配式混凝土结构建筑、装配式钢结构建筑、装配式钢-混凝土组合结构建筑和装配式木结构建筑等。装配式建筑体系分类如图 2-2 所示:

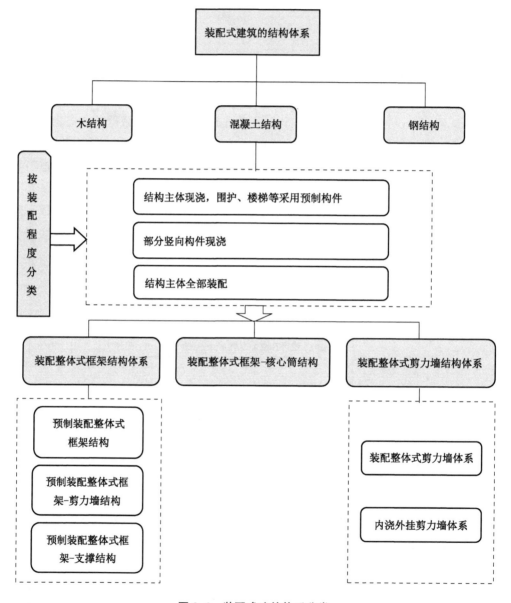

图 2-2 装配式建筑体系分类

装配式建筑采用装配率作为评价结构的重要指标,反映了预制装配等工业化建造技术的应用水平。单体建筑需满足下列全部条件时,才能被评定为装配式建筑:

（1）柱、支撑、承重墙、延性墙板等竖向承重构件主要采用混凝土材料时，预制部品部件的应用比例不低于 50%。

（2）柱、支撑、承重墙，延性墙板等竖向承重构件主要采用金属材料、木材及非水泥基复合材料时，竖向构件应全部采用预制部品部件。

（3）楼（屋）盖构件中预制部品部件的应用比例不应低于 70%。

（4）外围护墙采用非砌筑类墙体的应用比例不应低于 80%。

（5）内隔墙采用非砌筑类型墙体的应用比例不低于 50%。

（6）采用全装修。

装配率

根据国家现行标准，装配率是指单体建筑±0.000 标高以上的承重结构、维护墙体和分隔墙体、装修与设备管线等采用预制装配部品部件的综合比例。

装配式建筑的装配率根据表 2-1 中评价项得分值，按式（2-1）计算：

$$Q = \frac{Q_1 + Q_2 + Q_3}{100 - q} \times 100\% \tag{2-1}$$

式中：Q——装配式建筑的装配率；

Q_1——承重结构构件指标实际得分值；

Q_2——非承重构件指标实际得分值；

Q_3——装修与设备管线指标实际得分值；

q——评价项目中缺少的评价项分值总和。

表 2-1 装配式建筑评分计算表

评 价 项			评价要求	评价分值	最低分值
承重结构构件（Q_1）（50 分）	柱、支撑、承重墙、延性墙板等竖向承重构件	主要为混凝土材料★	50%≤比例<80%	30～39*	30
			比例≥80%	40	
		主要为金属材料、木材及非水泥基复合材料等★	全装配	40	40
	楼（屋）盖构件	梁、板、楼梯、阳台、空调板等★	70%≤比例<80%	5～9*	5
			比例≥80%	10	
非承重构件（Q_2）（20 分）	外围护墙	非砌筑★	比例≥80%	5	5
		墙体与保温（隔热）、装饰一体化	50%≤比例<80%	2～4*	—
			比例≥80%	5	
	内隔墙	非砌筑★	比例≥50%	5	5
		墙体与管线、装修一体化	50%≤比例<80%	2～4*	—
			比例≥80%	5	

续表 2-1

评 价 项		评价要求	评价分值	最低分值
装修与设备管线(Q_3)（30分）	全装修★	—	5	5
	干式工法楼（屋）面	比例≥70%	6	—
	集成卫生间	比例≥70%	6	—
	集成厨房	比例≥70%	6	—
	管线与结构分离	比例≥70%	7	—

注：① 表中带"★"为单体建筑需满足的上述六条规定的内容,评价项目应满足选项最低分值要求。

② 表中带"＊"项的分值采用"内插法"计算,计算结果取小数点后一位。

③ 不同地区有独立的计算方法,详见各地方标准。

2.3 装配式建筑设计特点

预制装配式建筑对房屋的建设模式和生产方式产生了深刻的变革,影响预制装配式建筑实施的因素有技术水平、生产工艺、管理水平、生产能力、运输条件、建设周期等方面。在预制装配式建筑的建设流程中,需要建设、设计、生产和施工等单位精心配合,协同工作。与采用现浇结构建筑的建设流程相比,预制装配式建筑的设计工作呈现下列五个方面的特征：

（1）流程精细化：预制装配式建筑的设计流程更全面、更综合、更精细,在传统设计流程的基础上,增加了前期技术策划和预制构件加工图设计两个设计阶段。

（2）设计模数化、标准化、集成化：模数化是建筑工业化的基础,通过建筑模数的控制可以实现建筑、构件、部品之间的统一,从模数化协调到模块化组合,进而使预制装配式建筑迈向标准化、集成化的设计,实现建筑、结构、设备、内装的设计一体化。

（3）配合一体化：在预制装配式建筑设计阶段,与各专业和构配件厂家应充分配合,做到主体结构、预制构件、设备管线、装修部品和施工组织的一体化协作,优化设计成果。

（4）成本精准化：预制装配式建筑的设计成果直接作为构配件生产加工的依据,并且在同样的装配率条件下,预制构件的不同拆分方案也会给投资带来较大的变化,因此设计的合理性直接影响项目的成本。

（5）技术信息化：BIM 是利用数字技术表达建筑项目几何、物理和功能信息以支持项目全生命期决策、管理、建设、运营的技术和方法。建筑设计可采用 BIM 技术,提高预制构件设计完成度与精确度。

在预制装配式建筑设计过程中,可将设计工作环节细分为五个阶段：技术策划阶段、方案设计阶段、初步设计阶段、施工图设计阶段以及构件加工图设计阶段。

1. 技术策划阶段

前期技术策划对预制装配式建筑项目的实施起到十分重要的作用,设计单位应在充分了解项目定位、建设规模、产业化目标、成本控制、外部条件等影响因素的情况下,制定合理的技术路线,提高预制构件的标准化程度,并与建设、施工单位共同确定技术实施方案,为后续的设计工作提供设计依据。技术策划阶段要点见图 2-3 所示:

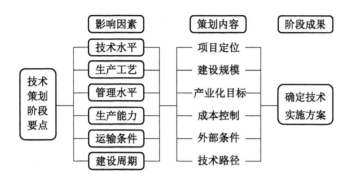

图 2-3   技术策划阶段要点

2. 方案设计阶段

建筑方案设计应根据技术策划要点,做好平面设计和立面设计。平面设计在满足使用功能的基础上,遵循"少规格、多组合"的设计原则,实现功能单元设计的标准化与系列化;立面设计宜考虑构件生产加工的可行性,根据装配式的建造特点,实现立面设计的个性化与多样化。

3. 初步设计阶段

应联合各专业的技术要点进行协同设计,结合规范确定建筑底部现浇加强区的层数,优化预制构件种类,充分考虑设备专业管线预留预埋,进行专项的经济性评估,分析影响成本的因素,制定合理的技术措施。

4. 施工图设计阶段

按照初步设计阶段制定的技术内容及措施进行设计。各专业根据预制构件、内装部品、设备设施等生产企业提供的设计参数,在施工图中充分考虑各专业预留预埋要求进行协同设计。建筑专业应考虑连接节点处的防水、防火、隔声等设计。

5. 构件加工图设计阶段

构件加工图纸可由设计单位与预制构件加工厂配合设计完成,构件深化可根据需要提供预制构件的尺寸控制图。除对预制构件中的门窗洞口、机电管线精确定位外,还要考虑生产运输和现场安装时的吊钩、临时固定设施安装孔的预留预埋。

2.4 装配式混凝土结构

预制装配式混凝土结构简称 PC(Prefabricated Concrete, PC),其工艺是以预制混凝土构件为主要构件,经装配、连接,结合部分现浇而形成的混凝土结构。通俗来讲就是按照统一、标准的建筑部品规格制作房屋单元或构件,然后运至工地现场装配就位而生产的建筑。《装配式混凝土结构技术规程》(JGJ 1)对装配式混凝土结构的定义为:由预制混凝土构件通过可靠的连接方式装配而成的混凝土结构,包括装配整体式混凝土结构、全装配式混凝土结构等。这个定义给出了装配式混凝土结构的两个基本特征:①预制混凝土构件;②可靠的连接方式。

装配整体式混凝土结构的定义为:由预制混凝土构件通过可靠的方式进行连接并与现场后浇混凝土、水泥基灌浆料形成整体的装配式混凝土结构。简而言之,装配整体式混凝土结构的连接以"湿连接"为主要方式(图 2-4)。装配整体式混凝土结构具有较好的整体性和抗震性。目前大多数多层和全部高层装配式混凝土结构建筑采用装配整体式混凝土结构,有抗震要求的低层装配式建筑也多是装配整体式混凝土结构。

全装配式混凝土结构是由预制混凝土构件采用干连接(如螺栓连接、焊接等,图 2-5)方式形成整体的结构形式。通常一些预制钢筋混凝土单层厂房、低层建筑或非抗震地区的多层建筑采用该种结构形式。

图 2-4　湿连接　　　　　　　　　　　图 2-5　干连接

2.4.1　装配式混凝土结构体系分类

一般而言,任何形式的钢筋混凝土现浇结构体系建筑,如框架结构、框架-剪力墙结构、剪力墙结构、部分框支剪力墙结构、无梁板结构等,都可以实现装配式。但因为抗震等因素,目前国内尚没有实现所有结构构件预制的装配式建筑。装配式建筑体系主要包括:装配整体式混凝土框架结构、装配剪力墙结构体系、装配整体式框架-现浇剪力墙结构、装配整体式部分框支剪力墙结构。

1. 装配整体式混凝土框架结构

装配整体式混凝土框架结构是全部或部分框架梁、柱采用预制构件建成的装配整体式混凝土结构,简称装配整体式框架结构,如图 2-6 所示。结构传力路径明确,装配效率高,现浇湿作业少,是最适合进行预制装配化的结构形式。装配式混凝土框架结构由多个预制部分组成:预制梁、预制柱、预制楼梯、预制楼板、外挂墙板等。具有清晰的结构传力路径,高效的装配效率,而且现场湿作业比较少,完全符合预制装配化的结构要求,也是最合适的结构形式。这种结构形式有一定适用范围,在需要开敞大空间的建筑中比较常见,比如仓库、厂房、停车场、商场、教学楼、办公楼、商务楼、医务楼等,最近几年也开始在民用

图 2-6　装配整体式混凝土框架结构

建筑中使用,比如居民住宅等。

　　根据梁柱节点的连接方式不同,装配式混凝土框架结构可划分为等同现浇结构与不等同现浇结构。其中,等同现浇结构是节点刚性连接,不等同现浇结构是节点柔性连接。在结构性能和设计方法方面,等同现浇结构和现浇结构基本一样,区别在于前者的节点连接更加复杂,后者则快速简单。但是相比较之下,不等同现浇结构的耗能机制、整体性能和设计方法具有不确定性,需要适当考虑节点的性能。

　　2. 装配剪力墙结构体系

　　按照主要受力构件的预制及连接方式,装配式剪力墙结构可分为:装配整体式剪力墙结构、预制叠合剪力墙结构、多层剪力墙结构等。

装配整体式剪力墙结构

　　装配整体式剪力墙结构中,全部或者部分剪力墙(一般多为外墙)采用预制构件,构件之间拼缝采用湿式连接,结构性能和现浇结构基本一致,主要按照现浇结构的设计方法进行设计(图 2-7)。结构一般采用预制叠合楼板、预制楼梯、各层楼面和屋面设置水平现浇带或者圈梁。预制墙中的竖向接缝对剪力墙的刚度有一定的影响,为安全起见,结构整体适用高度有所降低。

图 2-7　装配整体式剪力墙结构

预制叠合剪力墙结构

预制叠合剪力墙是指采用部分预制、部分现浇工艺生产的钢筋混凝土剪力墙。在工厂制作、养护成型的部分称作预制剪力墙墙板,如图 2-8 所示。预制剪力墙外墙板外侧饰面可根据需要在工厂一体化生产制作。预制剪力墙墙板运送至施工现场,吊装就位后与叠合层整体现浇,此时预制剪力墙墙板可兼做剪力墙的外侧模板使用。施工完成后,预制部分与现浇部分共同参与结构的受力。采用这种形式的剪力墙结构,称作预制叠合剪力墙结构。预制叠合剪力墙结构是典型的引进技术,尚在进一步的改良和研发中。目前,叠合剪力墙结构主要应用于多层建筑或者低烈度区的高层建筑。

图 2-8　预制叠合剪力墙墙板

多层剪力墙结构

多层装配式剪力墙结构技术适用于 6 层及以下的丙类建筑,3 层及以下的建筑甚至可以采用多样化的全装配式剪力墙结构技术体系。多层剪力墙结构体系目前应用较少,但基于其高效简便的特点,在新型城镇化的推进过程中具有很好的应用前景。

3. 装配整体式框架-现浇剪力墙结构

为充分发挥框架结构平面布置灵活和剪力墙抗侧刚度大的特点,可采用框架和剪力墙共同工作的结构体系,称之为框架-剪力墙结构。将框架部分的某些构件在工厂预制,如柱、梁等,然后在现场进行装配,将框架结构叠合部分与剪力墙在现场浇筑完成,从而形成共同承担水平荷载和竖向荷载的整体结构,这种结构形式称为装配整体式框架-现浇剪力墙结构(图 2-9)。这种结构形式中的框架部分采用与预制装配整体式框架结构相同的预制装配技术,使预制装配技术能够在高层建筑中得以应用。由于对各种结构形式的整体受力研究不够充分,目前装配整体式框架-现浇剪力墙结构中的剪力墙基本都采用现浇而非预制形式。

4. 装配整体式部分框支剪力墙结构

剪力墙结构的平面布局具有局限性,为功能需要,有时需将结构下部的几层墙体做成框架,形成框支剪力墙,框支层空间加大,扩大了使用功能。将底部一层或者多层做成部

图 2-9 装配整体式框架-现浇剪力墙结构

分框支剪力墙的结构形式称之为部分框支剪力墙结构。转换层以上的全部或者部分剪力墙采用预制墙板,称为装配整体式部分框支剪力墙结构。该种结构可用于底部带有商业使用功能的多高层公寓、旅店等。

2.4.2 装配整体式混凝土结构的适用范围

装配整体式混凝土结构适用于抗震设防类别为乙类及乙类以下的建筑,常用的装配整体式混凝土结构体系类型适用建筑类型如表 2-2 所示:

表 2-2 装配整体式混凝土结构体系类型适用建筑类型

序号	结构体系类型	适用建筑类型
1	装配整体式混凝土框架结构	公寓、酒店、办公楼、商业、学校、医院
2	装配整体式混凝土框架-现浇剪力墙结构	
3	装配整体式混凝土剪力墙结构	住宅、公寓、宿舍、酒店等建筑类型
4	装配整体式混凝土部分框支剪力墙结构	

根据《装配式混凝土建筑技术标准》(GB/T 51231)的规定,装配整体式混凝土结构房屋的最大适用高度如表 2-3 所示,最大高宽比如表 2-4 所示。

表 2-3 装配整体式混凝土结构房屋的最大适用高度(m)

结构类型	抗震设防烈度			
	6 度	7 度	8 度($0.2g$)	8 度($0.3g$)
装配整体式框架结构	60	50	40	30
装配整体式 框架-现浇剪力墙结构	130	120	100	80
装配整体式 框架-现浇核心筒结构	150	130	100	90

续表 2-3

结构类型	抗震设防烈度			
	6 度	7 度	8 度(0.2g)	8 度(0.3g)
装配整体式剪力墙结构	130(120)	110(100)	90(80)	70(60)
装配整体式 部分框支剪力墙结构	110(100)	90(80)	70(60)	40(30)

注:① 房屋高度指室外地面到主要屋面的高度,不包括局部突出屋顶的部分。
②　部分框支剪力墙结构指地面以上有部分框支剪力墙的剪力墙结构,不包括仅个别框支墙的情况。

表 2-4　高层装配整体式混凝土结构适用的最大高宽比

结构类型	抗震设防烈度	
	6 度、7 度	8 度
装配整体式框架结构	4	3
装配整体式框架-现浇剪力墙结构	6	5
装配整体式剪力墙结构	6	5
装配整体式框架-现浇核心筒结构	7	6

通过与现浇混凝土结构的相关规定对比可以看出:

(1) 装配整体式框架结构与现浇混凝土框架结构的适用高度基本相同。

(2) 装配整体式框架-剪力墙结构(剪力墙现浇、框架部分预制装配)与传统的现浇混凝土框架-剪力墙结构一致。

(3) 装配整体式剪力墙结构与同等抗震设防烈度下的现浇剪力墙结构相比大约低10~20 m。

(4) 对于结构的高宽比,装配整体式结构与现浇结构一致。

2.4.3　常用预制构件

预制混凝土构件(Precast Concrete Component)是指在工厂或现场预先制作的混凝土构件,简称预制构件。常用的预制构件有:预制梁、预制柱、叠合梁、叠合楼板、预制剪力墙、预制外挂墙、预制叠合剪力墙、叠合阳台、预制楼梯、预制空调板等。不同结构体系的常用预制构件如表 2-5 所示。

表 2-5　装配整体式结构的主要预制构件

结构体系	主要预制构件
装配整体式框架结构	叠合梁、预制柱、叠合楼板、预制外挂墙板、叠合阳台、预制楼梯、预制空调板等
装配整体式剪力墙结构	预制剪力墙、预制外挂墙、叠合梁、叠合阳台、预制楼梯、预制空调板等

结构体系	主要预制构件
预制叠合剪力墙结构	预制叠合剪力墙、预制外挂墙板、叠合梁、叠合楼板、叠合阳台、预制楼梯、预制空调板等
装配整体式框架-现浇剪力墙结构	叠合梁、预制柱、叠合楼板、预制外挂墙板、叠合阳台、预制楼梯、预制空调板等

第3章

装配式混凝土建筑设计

3.1 装配式混凝土建筑设计基本原则

装配式混凝土建筑设计必须符合国家政策、法规及地方标准的规定。在满足建筑使用功能和性能的前提下,采用模数化、标准化、集成化的设计方法,践行"少规格、多组合"的设计原则,将建筑的各种构配件、部品和构造连接技术实行模块化组合与标准化设计,建立合理、可靠、可行的建筑技术通用体系,实现建筑的装配化建造(图 3-1)。

设计中应遵守模数协调的原则,做到建筑与部品模数协调、部品之间模数协调以实现建筑与部品的模块化设计。各类模块在模数协调原则下做到一体化。采用标准化设计,将建筑部品部件模块按功能属性组合成标准单元,部品部件之间采用标准化接口,形成多层级的功能模块组合系统。采用集成化设计,将主体结构系统、外围护系统、设备与管线系统和内装系统进行集约整合,可提高建筑功能品质、质量精度及效率效益,做到一次性建造完成,达到装配式建筑的设计要求。

图 3-1 装配式混凝土建筑设计

3.1.1 模数化设计

装配式建筑标准化设计的基础是模数化设计,是以基本构成单元或功能空间为模块采用基本模数、扩大模数、分模数的方法,实现建筑主体结构、建筑内装修以及部品部件等相互间的尺寸协调。模数化设计应符合现行国家标准《建筑模数协调标准》(GB/T 50002—2013)的规定。

利用模数协调原则整合开间、进深尺寸,通过对基本空间模块的组合形成多样化的建筑平面。建筑的平面设计宜采用水平扩大模数数列 2 nM、3 nM(n 为自然数),做到构件部品设计、生产和安装等环节的尺寸协调。

建筑层高、门窗洞口高度的确定涉及预制构件及部品的规格尺寸,应在立面设计中遵循模数协调的原则,确定合理的设计参数,宜采用竖向扩大模数数列 nM,保证建设过程中满足部件生产与便于安装等要求。

建筑部件及连接节点采用模数协调的方法确定设计尺寸,使所有的部件部品成为一个整体,构造节点的模数协调,可以实现部件和连接节点的标准化,提高部件的通用性和互换性。梁、柱、墙等部件的截面尺寸宜采用竖向扩大模数数列 nM;构造节点和分部件的接口尺寸等宜采用分模数数列 $M/2$、$M/5$、$M/10$。

建筑设计的尺寸定位宜采用中心定位法和界面定位法相结合的方法,对于部件的水平定位宜采用中心定位法、部件的竖向定位和部品的定位宜采用界面定位法。

3.1.2　标准化设计

装配式混凝土建筑的标准化设计是采用模数化、模块化及系列化的设计方法,遵循"少规格、多组合"的原则,将建筑基本单元、连接构造、构配件、建筑部品及设备管线等尽可能满足重复率高、规格少、组合多的要求。建筑的基本单元模块通过标准化的接口,按照功能要求进行多样化组合,建立多层级的建筑组合模块,形成可复制可推广的建筑单体。

在居住建筑设计中,可以将厨房模块、卫浴模块、居室模块、阳台模块等基本单元模块进行组合成套型单元模块,将套型模块、廊道模块、核心筒模块再组合成标准层模块,以此类推,最终形成可复制的模块化建筑。

各模块内部与外部组合的核心是标准化设计,只有模块接口的标准化,才能形成模块之间的协调与契合,达到建筑各模块组合的装配化。

3.1.3　集成化设计

装配式混凝土建筑的关键在于集成化,不等于传统生产方式下的简单相加,也不是传统的设计、施工和管理模式下进行装配化施工就是装配式建筑,真正意义的装配式建造只有将主体结构、围护结构和内装部品等前置集成为完整的体系,才能体现装配式建筑的整体优势,实现提高质量、减少人工、减少浪费、增加效益的目的。

装配式建筑在设计阶段应进行前期整体策划,以统筹规划设计、构件部品生产、施工建造和运营维护全过程,考虑到各环节相应的客观条件和技术问题,在技术设计之前确定技术标准和方案选型。在技术设计阶段应进行建筑、结构、机电设备、室内装修一体化设计,充分将各专业的技术系统相协调,避免施工时序交叉出现的技术矛盾。技术设计阶段应考虑与后续预制构件、设备、部品的技术衔接,保证在施工环节的顺利对接,对于预制构件来说,其集成的技术越多,后续的施工环节越容易,这是预制构件发展的方向。

装配式建筑系统性集成包括建筑主体结构的系统与技术集成、围护结构的系统及技术集成、设备及管线的系统及技术集成以及建筑内装修的系统及技术集成。建筑主体结构系统可以集成建筑结构技术、构件拆分与连接技术、施工与安装技术等,并将设备、内装专业所需要的前置预留条件均集成到建筑构件中;围护结构系统应将建筑外观与围护性能相结合,考虑外窗、遮阳、空调隔板等与预制外墙板的组合,可集成承重、保温和外装饰等技术;设备及管线系统可以应用管线系统的集约化技术与设备能效技术,保证系统的集成高效;建筑内装修系统应采用集成化的干法施工技术,可以采用结构体与装修体相分离的 CSI 住宅建筑体系,做到安装快捷、无损维修、优质环保。

装配式建筑集成技术应是装配式建筑发展的重点研究内容,是提高装配式建筑品质和效益的关键,而全专业、全过程的技术前置是集成化设计的核心。

3.2 装配式混凝土建筑平面设计

装配式混凝土建筑的平面设计在满足平面功能的基础上考虑有利于装配式建筑建造的要求,遵循"少规格、多组合"的原则,建筑平面应进行标准化、定型化设计,建立标准化部件模块、功能模块与空间模块,实现模块多组合应用,提高基本模块、构件和部品重复使用率,有利提升建筑品质、提高建造效率及控制建设成本。

3.2.1 总平面设计

装配式混凝土建筑的总平面设计应符合城市总体规划要求,满足国家规范及建设标准。在前期策划与总体设计阶段,应对项目定位、技术路线、成本控制、效率目标等作出明确要求。对项目所在区域的构件生产能力、施工装配能力、现场运输与吊装条件等进行充分考虑,各专业应协同配合,结合预制构件的生产运输条件和工程经济性,安排好装配式建筑结构实施的技术路线、实施部位及规模。在进行现场总体施工方案的制订时,充分考虑构件运输通道、吊装及预制构件临时堆场的设置。

考虑到装配式建筑建造的特殊性,总平面设计需考虑以下三个方面:

(1)外部运输条件:预制构件运输从构件生产地到施工现场塔吊所覆盖的临时停放区,整个运输过程的道路宽度、荷载、转弯半径、净高等满足通行条件。如交通条件受限,应统筹考虑设置其他临时通道、出入口或道路临时加固等措施,或改变预制构件的空间尺寸、规格、重量等,以保证预制构件的顺畅到达。

(2)内部空间场地:大部分预制构件运至现场,经短时间存放或立即进行吊装,存放场地的大小、位置安排直接影响到施工的效率和秩序。在总平面设计时,应综合施工顺序、塔吊半径、塔吊运力等,对构件存放场地做合理设置,应尽量避开施工开挖区域。

(3)内部安装动线:预制构件安装的施工组织计划和各施工工序的有效衔接相比传统的施工建造方式要求更高,总平面设计要结合施工组织与构件安装动线进行统筹考虑。一般情况要求总平面设计为装配式建筑生产施工过程中构件的运输、堆放、吊装预留足够的空间,在不具备临时堆场的情况下,应尽早结合施工组织,为塔吊和施工预留好现场条件。

3.2.2 建筑平面设计

装配式混凝土建筑平面设计除满足建筑使用功能需求外,应考虑有利于装配式混凝土建筑建造的要求。建筑平面设计需要整体设计的思想,平面设计不仅需要考虑建筑各功能空间的使用尺寸,还应考虑建筑全寿命期的空间适应性,让建筑空间适应使用中不同时期的不同需要。建筑平面设计应在下列几个方面满足装配式建筑的设计要求。

1. 大空间结构形式

大空间结构形式设计有利于减少预制构件的数量和种类,提高生产和施工效率,减少人工,节省造价。设计要尽量按一个结构空间来设计公共建筑单元空间或住宅的套型空间。根据结构受力特点合理设计结构预制构配件与部品的尺寸,考虑预制构配件与部品的定位尺寸既要满足平面功能的需要,又应符合模数协调的原则。

室内空间的划分应尽量采用轻质隔墙。可以采用轻钢龙骨石膏板、轻质条板、家具式分隔墙等轻质隔墙灵活分隔空间。轻质隔墙可以利用其空腔进行设备管线设置,方便维修和改造,节约空间,形成一体化隔墙系统,利于建筑的可持续发展。

2. 平面形状

装配式混凝土建筑的平面形状、体型及构件的布置对结构抗震性能影响很大,应符合现行国家标准《建筑抗震设计规范》(GB 50011)的相关规定。平面形状、建筑形体的设计应重视其规则性对结构安全及经济合理性的影响,宜择优选用规则的形体,不应采用严重不规则的平面布局。宜选用以结构单元空间为功能模块的大空间平面布局,合理布置柱、墙及核心筒位置,公共交通空间宜集约布置,竖向管线宜集中设置管井,满足使用空间的灵活性和可变性。

《装配式混凝土结构技术规程》(JGJ 1)中对平面布置有如下规定:

(1) 平面形状宜简单、规则、对称,质量、刚度分布宜均匀;不应采用严重不规则的平面布置;

(2) 平面长度不宜过长,长宽比(L/B)宜按表 3-1 采用;

(3) 平面突出部分的长度 l 不宜过大、宽度 b 不宜过小,l/B_{max}、l/b 宜按表 3-1 采用;

(4) 平面不宜采用角部重叠或细腰形平面布置。

表 3-1 平面尺寸及突出部位尺寸的比值限值

抗震设防烈度	L/B	l/B_{max}	l/b
6、7 度	≤6.0	≤0.35	≤2.0
8 度	≤5.0	≤0.30	≤1.5

平面设计中应将承重墙、柱等竖向构件上、下连续,结构竖向布置均匀、合理,避免抗侧力结构的侧向刚度和承载力沿竖向突变,应符合结构抗震设计要求。

3. 标准化设计的方法

装配式混凝土建筑平面设计应采用标准化、模数化、系列化的设计方法,应遵循"少规格、多组合"的原则,建筑基本单元、连接构造、构配件、建筑部品及设备管线等尽可能满足重复率高、规格少、组合多的要求。

平面设计中的开间与进深尺寸应采用统一模数尺寸系列,并尽可能优化出利于组合的尺寸规格。建筑单元、预制构件和建筑部品的重复使用率是项目标准化程度的重要指标,在同一项目中对相对复杂或规格较多的构件,同一类型的构件一般控制在三个规格左右并占总数量的加大比重,可控制并体现标准化程度。对于规格简单的构件用一个规格构件数量控制。

《工业化建筑评价标准》(GB/T 51129)中评分规则对标准化设计的要求如表3-2
所示：

表3-2　标准化设计的要求

序号	评价项目	评价指标及要求		评价分值	评价方法
1	模数协调	建筑设计采用统一模数协调尺寸,并符合现行国家标准《建筑模数协调标准》(GB/T 50002)的有关规定		2	
2	建筑单元	居住建筑	在单体住宅建筑中重复使用量最多的三个基本户型的面积之和占总建筑面积的比例不低于70%	4	
		公共建筑	在单体公共建筑中重复使用量最多的三个基本单元的面积之和占总建筑面积的比例不低于60%		
3	平面布局	各功能空间布局合理、规则有序,符合建筑功能和结构抗震安全要求		2	
4	连接节点	连接节点具备标准化设计,符合安全、经济、方便施工等要求		2	
5	预制构件	预制梁、预制柱、预制外承重墙板、内承重墙板、外挂墙板在单体建筑中重复使用量最多的三个规格构件的总个数占同类构件总个数的比例均不低于50%		4	查阅资料
		预制楼板、预制叠合楼板在单体建筑中重复使用量最多的三个规格构件的总个数占预制楼板总数的比例不低于60%		2	
		预制楼梯在单体建筑中重复使用量最多的一个规格的总个数占楼梯总个数的比例不低于70%		2	
		预制内隔墙板在单体建筑中重复使用量最多的一个规格构件的面积之和占同类型墙板总面积的比例不低于50%		2	
		预制阳台板在单体建筑中重复使用量最多的一个规格构件的总个数占阳台板总数的比例不低于50%		1	
6	建筑部品	外窗在单体建筑中重复使用量最多的三个规格的总个数占外窗总数量的比例不低于60%		2	
		集成式卫生间、整体橱柜、储物间等室内建筑部品在单体建筑中重复使用量最多的三个规格的总个数占同类部品总数量的比例不低于70%,并采用标准化接口、工厂化生产、装配化施工		2	

公共建筑的基本单元主要是指标准的结构空间。居住建筑则是以套型为基本单元进行设计,套型单元的设计通常采用模块化组合的方法。对于部品组合要求较高的功能模块空间,如住宅厨房和卫生间,平面布置应紧凑合理。应按净模尺寸设计,满足集成式厨房和卫生间的设备设施及装修要求。建筑的基本单元、构件、建筑部品重复使用率高、规

格少、组合多的要求也决定了装配式建筑必须采用标准化、模数化、系列化的设计方法。

4. 住宅模块化设计

装配式混凝土建筑的设计应以基本单元或基本套型为模块进行组合设计。在装配式住宅的平面设计中，运用模块化的设计方法，将优化后的套型模块与核心筒模块进行多样化的平面组合。

套型模块可分解成若干独立的、相互联系的功能模块，对不同模块设定不同的功能，以便更好地解决复杂、大型的功能问题。模块应具有"接口、功能、逻辑、状态"等属性。其中接口、功能与状态反应模块的外部属性，逻辑反应模块的内部属性。模块应是可组合、分解和更换的。套型模块应进行精细化设计，考虑系列化要求，同系列套型间应具有一定的逻辑及衍生关系，并预留统一的接口。

住宅套型模块由起居室、卧室、门厅、餐厅、厨房、卫生间、阳台等功能模块组成。应在满足居住需求的前提下，提供适宜的空间尺度控制，并用大空间加以固化。

套型模块的设计，可由标准模块和可变模块组成。在对套型的各功能模块进行分析研究的基础上，用较大的结构空间满足多个并联度高的功能空间的要求，通过设计集成与灵活布置功能模块的方法，建立标准模块（如起居室＋卧室的组合等）。可变模块为补充模块，平面尺寸相对自由，可根据项目需求定制，便于调整尺寸进行多样化组合（厨房＋门厅的组合等）。可变模块与标准模块组合成完整的套型模块。

（1）起居室模块：按照套型的定位，满足居住者日常起居、娱乐、会客等功能要求，注意控制开向起居室的门的数量和位置，保证墙面的完整性，便于各功能区的布置。

（2）卧室模块：按功能使用要求分为双人卧室、单人卧室及卧室与起居合并的三种类型。卧室与起居合二为一时，应不低于起居室的标准，满足符合睡眠的功能，适当考虑空间布局的多样性。

（3）餐厅模块：包含独立餐厅及客厅就餐区域。当厨房面积不足时，不具备冰箱放置的空间时，在餐厅或兼餐厅的客厅内要增加冰箱摆放的空间，餐桌旁设置餐具柜等，摆放微波炉等厨用电器。

（4）门厅模块：包括收纳、整理妆容及装饰等功能，可根据一般生活习惯对各功能合理布局，结合收纳部品进行精细化设计。

（5）厨房模块：包括洗涤、操作、烹饪、收纳、冰箱、电器等功能及设施，应根据套型定位合理布置。厨房中的管道井应集中布置并预留检修口。厨房设计应遵循模数协调标准，优选适宜的尺寸数列进行以室内完成面控制的模数协调设计，设计标准化的厨房模块，满足功能要求并实现工厂化生产及现场的干法施工。装配式住宅设计应优选整体式厨房。

（6）卫生间模块：包括如厕、洗涤、盥洗、洗浴、洗衣、收纳等功能，应根据套型定位及一般使用频率和生活习惯进行合理布局。卫生间设计应遵循模数协调的标准，设计标准化的卫生间模块，满足功能要求并实现工厂化生产及现场的干法施工，优先选用同层排水的整体式卫生间。

核心筒模块的设计应满足使用功能及规范要求，其模块主要由楼梯间、电梯井、前室、公共廊道、候梯厅、设备管道井、加压送风井等各功能分模块组成,应合理确定各分模块的空间尺寸以及相互间的合理布局,应根据使用需求进行标准化设计,满足使用要求、规范要求、经济性要求,核心筒模块设计应考虑以下要求:

(1)在满足国家相关规范的基础上,从使用的安全性和交通的便捷性出发,考虑舒适性和经济性,合理布局各功能模块。

(2)电梯的设置是核心筒设计的一个重要部分,其数量、规格、组合方式将直接影响到建筑的使用和品质。

(3)楼梯的设计应满足疏散要求,合理设置楼梯的位置与数量,最大限度节约公共交通面积,提高使用率。楼梯应实现标准化设计,方便后期进行工厂化预制与装配化施工。

(4)前室、候梯厅、公共廊道等关系到使用的舒适度,前室和候梯厅应有良好的采光通风条件。

(5)设备管井应考虑机电设备管线的集中布置,合理布置节约面积,同时预留检修空间。功能安排上应考虑强弱电设备管井不共用、强电不与水暖管井相邻、排烟井尽量设置在角部,公共卫生间与开水间尽可能靠近水管井等要求。

5. 模块化设计实例

南京丁家庄保障房二期 A28 地块的建筑设计采用了模块化、标准化的设计方法,将各标准功能模块通过系列化组合,逐级组合成最终的建筑体,体现出较高的标准化与装配化程度,实现了模块化设计的合理、高效与节省的优势,取得了良好的社会效益和经济效益,并作为全省建筑产业现代化的示范项目。

该项目建筑由六栋 27～30 层的高层公租房建筑组成,按照模块化设计方法逐级组合,居住套型内将标准化的厨房模块、门厅及客厅模块、卫浴模块、居室模块和阳台模块组合,形成标准化的居住标准套型模块(图 3-2);将标准套型模块按照平面布局要求,采用复制、对称的方法,与核心筒模块组合形成标准层单元模块(图 3-3),根据建筑高度要求

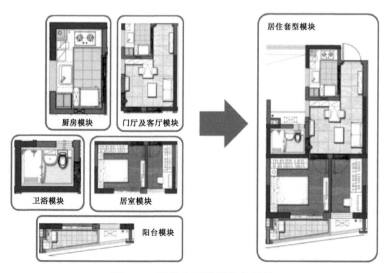

图 3-2 居住套型的模块化设计

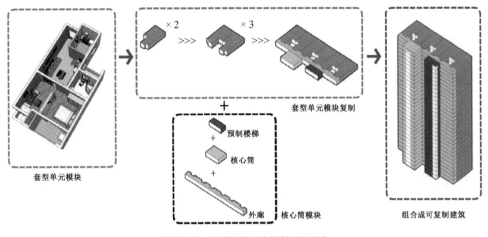

套型单元模块　　　　　　　　　　套型单元模块复制

预制楼梯
核心筒
外廊　核心筒模块

组合成可复制建筑

图 3-3　建筑单元的模块化设计

组合成 27 层和 30 层的标准建筑单体;结合底部三层的开放商业体,最终组合成为标准统一,功能集成的大型公租房建筑群体。

3.3　装配式混凝土建筑立面与剖面设计

装配式混凝土建筑的立面设计,应采用标准化的设计方法,通过模数协调,依据装配式建筑建造方式的特点及平面组合设计实现建筑立面的个性化和多样化效果。

依据装配式建筑建造的要求,最大限度考虑采用标准化预制构件,并尽量减少立面预制构件的规格种类。立面设计应利用标准化构件的重复、旋转、对称等多种方法组合,以及外墙肌理及色彩的变化,可展现出多种设计逻辑和造型风格,实现建筑立面既有规律性的统一,又有韵律性的个性变化。

1. 立面设计

装配式混凝土建筑的立面是标准化预制构件和构配件立面形式装配后的集成与统一。立面设计应根据技术策划的要求最大限度考虑采用预制构件,并依据“少规格、多组合”的设计原则尽量减少立面预制构件的规格种类(图 3-4)。

建筑立面应规整,外墙宜无凸凹,立面开洞统一,减少装饰构件,尽量避免复杂的外墙构件。居住建筑的基本套型或公共建筑的基本单元在满足项目要求的配置比例前提下尽量统一。通过标准单元的简单复制、有序组合达到高重复率的标准层组合方式,实现立面外墙构件的标准化和类型的最少化。建筑立面呈现整齐划一、简洁精致、富有装配式建筑特点的韵律效果。

建筑竖向尺寸应符合模数化要求,层高、门窗洞口、立面分格等尺寸应尽可能协调统一。门窗洞口宜上下对齐、成列布置,其平面位置和尺寸应满足结构受力及预制构件设计要求。门窗应采用标准化部件,宜采用预留副框或预埋等方式与墙体可靠连接,外窗宜采用合理的遮阳一体化技术,建筑的围护结构、阳台、空调板等配套构件宜采用工业化、标准化产品。

图 3-4　装配式建筑的立面设计

2. 建筑高度及层高

装配式混凝土建筑选用不同的结构形式,可建造的最大建筑高度不同。装配整体式结构房屋的最大适用高度参见结构设计部分。

装配式建筑的层高要求与现浇混凝土建筑相同,应根据不同建筑类型、使用功能的需求来确定,应满足专用建筑设计规范中对层高、净高的规定。

影响建筑层高的因素包括建筑使用要求的净高尺寸、梁板的厚度、吊顶的高度等。如采用 SI 体系设计的楼地面高度与传统地面高度相比是不同的。传统楼地面做法是将电气管线、弱电布线等预留预埋敷设在叠合楼板的现浇层内,设备管线敷设在地面的建筑垫层内,如给水管、暖气管、太阳能管线等的预留预埋;SI 体系设计采用的建筑结构体与建筑内装体、设备管线相分离的方式,取消了结构体楼板和墙体中的管线预留预埋,而采用与吊顶、架空地板和轻质双层墙体结合进行管线明装的安装方式。装配式建筑 SI 内装体系的层高设计比较见图 3-5 所示:

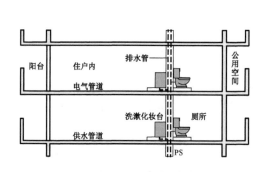

(a) 建筑传统做法

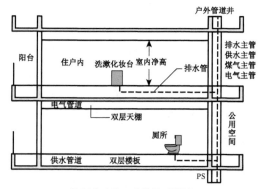

(b) 装配式建筑SI内装体系做法

图 3-5　装配式建筑 SI 内装体系的层高设计比较

　　建筑专业层高设计应与结构、机电及室内装修专业协同一体化设计,配合确定梁的高度及楼板的厚度,合理布置吊顶内的机电管线,避免交叉,尽量减少空间占用,合理确定建筑的层高和净高,满足建筑的使用要求。

　　3. 外墙立面分格与装饰材料

　　装配式混凝土建筑的立面分格应与构件组合的接缝相协调,做到建筑效果和结构合理性的统一。

　　装配式建筑要充分考虑预制构件工厂的生产条件,结合结构现浇节点及外挂墙板的受力点位,选用合适的建筑装饰材料,合理设计立面划分,确定外墙的墙板组合模式。立面构成要素宜具有一定的建筑功能,如外墙、阳台、空调板、栏杆等,避免大量装饰性构件,尤其是与建筑不同寿命的装饰性构件,影响建筑使用的可持续性,不利于节材节能。

　　预制外挂墙板通常分为整板和条板。整板大小通常为一个开间的长度尺寸,高度通常为一个层高的尺寸。条板通常分为横向板、竖向板等,也可设计成非矩形板或非平面板,在现场拼装成整体。采用预制外挂墙板的立面分格应结合门窗洞口、阳台、空调板及装饰构件等按设计要求进行划分,预制女儿墙板宜采用与下部墙板结构相同的分块方式和节点做法。

　　装配式混凝土建筑的外墙饰面材料选择及施工应结合装配式建筑的特点,考虑经济性原则及符合绿色建筑的要求。

　　预制外墙板饰面在构件厂一体完成,其质量、效果、耐久性都要大大优于现场作业,省时省力、提高效率。外饰面应采用耐久、不易污染、易维护的材料,可更好地保持建筑的设计风格、视觉效果和人居环境的绿色健康,减少建筑全寿命期内的材料更新替换和维护成本,减少现场施工带来的有害物质排放、粉尘及噪音等问题。外墙表面可选择混凝土、耐候性涂料、面砖和石材等。预制混凝土外墙可处理成彩色混凝土、清水混凝土、露骨料混凝土及表面带图案装饰的拓模混凝土等。不同的表面肌理和色彩可满足立面效果设计的多样化要求,涂料饰面整体感强、装饰性好、施工简单、维修方便,较为经济;面砖饰面、石材饰面坚固耐用,具备很好的耐久性和质感,且易于维护。在生产过程中饰面材料与外墙板采用反打工艺一次制作成型,减少现场工序,保证质量,提高饰面材料的使用寿命。板型划分及设计参数要求见表3-3所示:

表 3-3　板型划分及设计参数要求

外墙立面划分		立面特征简图	挂板尺寸要求	适用范围
围护板系统	横条板体系		板宽 $B \leqslant 9.0$ m 板高 $H \leqslant 2.5$ m 板厚＝140～300 mm	混凝土框架结构 钢框架结构

续表 3-3

外墙立面划分		立面特征简图	挂板尺寸要求	适用范围
围护板系统	横条板体系			混凝土框架结构 钢框架结构
	整间板体系		板宽 $B \leqslant 6.0$ m 板高 $H \leqslant 5.4$ m 板厚 $\delta = 140 \sim 240$ mm	
	竖条板体系		板宽 $B \leqslant 2.5$ m 板高 $H \leqslant 6.0$ m 板厚 $\delta = 140 \sim 300$ mm	
装饰板系统			宽 $B \leqslant 4.0$ m 板高 $H \leqslant 4.0$ m 板厚 $\delta = 60 \sim 140$ mm 板面积 $\leqslant 5$ m²	混凝土剪力墙结构 混凝土框架填充墙构造 钢结构龙骨构造

预制外墙板外饰面应采用耐久、不易污染的材料。可采用工厂预涂刷涂料、装饰材料反打、肌理混凝土等装饰一体化的生产工艺。当采用反打一次成型的外墙板时，其装饰材料的规格尺寸、材质类别、连接构造等应进行工艺试验验证，以确保质量。外墙板的板体与拼缝构造应满足保温、防水、防火、隔声的要求，建筑立面的分格应与组合构件的接缝位

置对应。

4. 立面多样化的设计方法

装配式混凝土建筑应进行多样化设计,避免造成单调乏味、千篇一律的造型形象。装配式建筑的立面受标准化设计、定型化的标准套型和结构体系的制约,固化了外墙的几何尺寸。为减少构件规格,门窗大都均匀一致,可变性较低。但可以充分发挥装配式建筑的特点,运用建筑美学设计的组合手法,通过标准套型的系列化、组合方式的灵活性和预制构件的色彩、肌理的多样性寻求出路,结合新材料、新技术实现不同的建筑风格需求,形成装配式建筑立面的个性化。可采用以下较为成熟的方法:

(1) 平面组合多样化。设计应结合装配式建筑的特点,通过系列化标准单元进行丰富的组合,产生出一种以统一性为基础的复杂性,带来建筑形体的多样化。

(2) 建筑群体多样化组合。在总平面布局上利用建筑群体布置产生围合空间的变化,用标准化的单体结合环境设计组合出多样化的群体空间,实现建筑与环境的协调。

(3) 利用立面构件凸凹产生的光影效果,改善体型立面的单调感。可以充分利用阳台、空调板、空调百叶等不同功能构件及组合形式形成丰富的光影关系,体现建筑立面造型的丰富与变化,用"光"实现建筑之美。

(4) 利用不同色彩和质感在局部的变化实现建筑立面的多样化设计。建筑立面构件可以采用重复、旋转、对称等方法来进行组合和变化,表现出规则、均质、韵律的特点,其间通过色彩和肌理的变化,可以强化其立面表现的生动性,起到"画龙点睛"的作用。

(5) 新材料、新工艺特点的呈现。结合建筑造型要求,采用新材料和新工艺制作,表现建筑立面的新形式和特色性,可以采用一体化集成技术,将多种造型构件集合成为一个造型单元,如将建筑异形外墙或复杂窗体组合成一个标准构件体,一次安装到位,自成特色。

3.4 装配式混凝土建筑预制外墙防水、保温设计

3.4.1 预制外墙防水技术

装配式混凝土建筑预制外墙板本身具有较好的防水性能,但其板缝处受到温度变化、构件及填缝材料的收缩、结构受外力后变形及施工的影响,板缝处出现变形是不可避免的变形,容易产生裂缝,导致外墙防水性能出现问题。对接缝部位应采取可靠的防排水措施。一般采用材料防水、构造防水和结构防水相结合的做法。

预制外墙板板缝应采用构造防水为主,材料防水为辅的做法。嵌缝材料应在延伸率、耐久性、耐热性、抗冻性、粘接性、抗裂性等方面满足接缝部位的防水要求。

构造防水是采取合适的构造形式阻断水的通路,以达到防水的目的。可在预制外墙板接缝外口处设置适当的线性构造,如水平缝可将下层墙板的上部做成凸起的挡水台和排水坡,嵌在上层墙板下部的凹槽中,上层墙板下部设披水构造;在垂直缝设置沟槽等。

也可形成截断毛细管通路的空腔,利用排水构造将渗入接缝的雨水排出墙外等措施,防止雨水向室内渗漏。

材料防水是靠防水材料阻断水的通路,以达到防水和增加抗渗漏能力的目的。防水密封材料的性能,对于保证建筑的正常使用、防止外墙接缝出现渗漏现象起到重要的作用。选用的防水材料及填缝材料均应为合格产品。

(1)水平缝构造:水平缝一般采用构造防水与材料防水结合的两道防水构造,宜采用高低缝或企口缝构造,当板缝空腔需设置导水管排水时,板缝内侧应增设气密条密封构造,经实际验证其防水性能比较可靠。外墙板水平缝构造示意见图 3-6 所示:

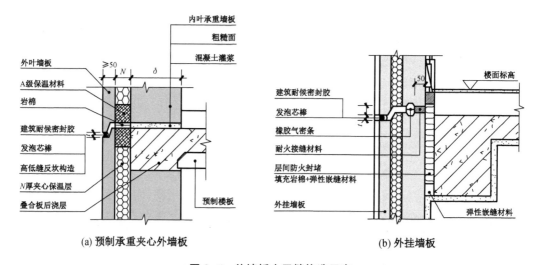

(a)预制承重夹心外墙板   (b)外挂墙板

图 3-6　外墙板水平缝构造示意

(2)垂直缝构造:垂直缝一般采用结构防水与材料防水结合的两道防水构造,可采用平口或槽口构造。外墙板垂直线构造示意见图 3-7 所示:

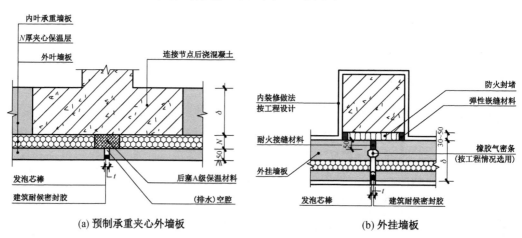

(a)预制承重夹心外墙板   (b)外挂墙板

图 3-7　外墙板垂直缝构造示意

其他斜缝、T 形缝、十字缝及变形缝等,应针对具体部位作相应的防水防火处理。

与水平夹角小于 30 度的斜缝按水平缝构造设计,其余斜缝按垂直缝构造设计;预制外墙板立面接缝不宜形成 T 形缝,外墙板十字缝部位每隔 2~3 层应设置排水管引水处理,板缝内侧应增设气密条密封构造,当垂直缝下方为门窗等其他构件时,应在其上部设置引水外流排水管;外墙变形缝的构造设计应符合建筑相应部位的设计要求,有防火要求的建筑变形缝应设置阻火带,采取合理的防火措施,有防水要求的建筑变形缝应安装止水带,采取合理的防排水措施,有节能要求的建筑变形缝应填充保温材料,满足建筑设计要求。

预制外墙板的门窗洞口等部位是防水薄弱部位,构造设计与材料选用应满足建筑的物理性能、力学性能、耐久性能及装饰性能的要求,接缝宽度应考虑热胀冷缩及风荷载、地震作用等外界环境的影响。外墙板连接部位的密封胶应具有与混凝土的相容性以及规定的抗剪切和伸缩变形能力,还应具有防霉、防水、防火、耐候性等材料性能。对于预制外墙板上的门窗安装应确保其连接的安全性、可靠性及密闭性。

3.4.2 预制外墙保温技术

装配式混凝土建筑预制外墙的保温隔热性能应符合国家建筑节能设计标准的要求。一般保温类型有外保温、内保温、夹心保温、自保温系统等几种,其中宜采用预制夹心保温系统,当采用内保温系统和自保温系统时,对围护结构特殊部位如热(冷)桥处应采取保温措施以防围护结构内表面结露。预制混凝土外挂墙板墙身的热工性能指标见表 3-4 所示:

表 3-4 预制混凝土外挂墙板墙身的热工性能指标

分类	墙身构造简图	板厚 δ_1 (mm)	保温层 δ_2 (mm)	传热阻值 (m²·K/W)		传热系数 [W/(m²·K)]	
				EPS	XPS	EPS	XPS
外保温系统	装饰面层 外墙挂板 空气层 保温层 结构墙 内装饰层 δ_1 20 δ_2 E	60	40	1.39	1.77	0.72	0.56
		80	50	1.64	2.11	0.61	0.47
		120	50	1.66	2.13	0.60	0.47
		140	50	1.67	2.14	0.60	0.47
		160	50	1.68	2.15	0.60	0.47
夹芯保温系统	装饰面层 外层砼 内层砼 保温层 内装饰层	180	40	1.18	1.56	0.85	0.64
		200	50	1.43	1.90	0.70	0.53
		200	60	1.66	2.23	0.60	0.45
		220	60	1.67	2.24	0.60	0.45
		220	80	2.14	2.90	0.48	0.34
		240	80	2.15	2.91	0.48	0.34

续表 3-4

分类	墙身构造简图	板厚 δ_1 (mm)	保温层 δ_2 (mm)	传热阻值 ($m^2 \cdot K/W$)		传热系数 [$W/(m^2 \cdot K)$]	
				EPS	XPS	EPS	XPS
内保温系统	装饰面层 外墙挂板 空气层 保温层 内装饰层 δ_1　δ_2	140	40	1.18	1.56	0.85	0.64
		160	50	1.43	1.90	0.70	0.53
		180	50	1.44	1.92	0.69	0.52
		200	60	1.69	2.26	0.59	0.44
		220	60	1.70	2.27	0.59	0.44
		220	80	2.16	2.93	0.46	0.34

注：① 普通混凝土 $\lambda=1.74$ W/(m·K)，发泡聚苯乙烯(EPS)$\lambda=0.041$ W/(m·K)，挤塑聚苯乙烯(XPS)$\lambda=0.030$ W/(m·K)；

② δ_1、δ 表示预制混凝土厚度，δ_2 表示保温层厚度，E 为结构墙厚度。

预制外墙的保温设计应按当地的气候条件和建筑围护结构热工设计要求确定。当采用夹心外墙时，其保温层宜连续，保温层厚度应满足建筑围护结构节能设计要求，保温材料应轻质高效，穿过保温层的连接件应采取与结构耐久性相当的防腐措施，在易产生结露的部位，应采用热工性能优良的保温材料或在板内设置排除湿气的孔槽。夹心外墙板中的保温材料，其导热系数不宜大于 0.04 W/(m·K)，体积比吸水率不宜大于 0.3%，燃烧性能不应低于国家标准《建筑材料及制品燃烧性能分级》(GB 8624)中 B2 级的要求。

预制外墙板与相邻构件(梁、板、柱)连接处，宜保持保温层的连续性和密闭性。预制外墙板应满足防火要求，与梁、板、柱相连处的填充材料应选用不燃材料，应符合国家现行《建筑防火设计规范》(GB 50016)的规定。

3.5 装配式混凝土建筑内装设计

装配式混凝土建筑内装设计应与建筑设计同步进行，做到建筑、结构、设备、装修等专业之间的有机衔接，并选用标准化、系列化的参数，满足建筑设计的模数统一协调的要求。宜采用结构体和装修体相分离的 SI 技术体系。主要的部品部件应采用标准化设计，以工厂化加工为主，减少施工现场的湿作业。在与预制构件连接时应采用预留预埋的安装方式，当采用其他安装固定法时，不得影响预制构件的完整性及结构安全。

3.5.1 内装部品设计与选型

装配式混凝土建筑应采用工业化生产的集成化部品进行内装设计，保证具有通用性和互换性，应采用管线分离的方法，满足内装部品的连接、检修更换和设备及管线使用年限的要求，延长建筑使用寿命与提高舒适度。

内装部品集成系统主要包括墙面集成系统、吊顶集成系统、地面集成系统、厨房集成系统、卫浴及收纳集成系统、生态门窗系统、快装给水系统及薄法排水系统。内装设计应在建筑设计阶段对其进行部品系统设计选型。

墙面集成系统：内装隔墙设计应采用工厂生产的预制轻质墙板或轻质隔墙系统，应选用具有高差调平作用的部品。当采用轻质隔墙系统时，其夹层空腔内敷设电气管线，开关、插座、面板等电气元件，应进行预先构造设计，避免管线安装和维修更换对墙体造成破坏。采用不燃型岩棉、矿棉或玻璃丝棉等作为隔声和保温填充材料，满足不同功能房间的隔声要求。在吊挂空调、画框等部位设置加强板或采取其他可靠加固措施。

吊顶集成系统：内装吊顶设计应满足室内净高的需求，优先采用轻钢龙骨、铝合金龙骨等成品部件，且厨房、卫生间的吊顶宜设置检修口。在预制楼板(梁)内预留吊顶、桥架、管线等安装所需预埋件，并在吊顶内设备管线集中部位设置检修口。

地面集成系统：内装地面设计应选用集成化部品系统，满足房间承载力的使用要求，采用架空地板系统应设置减震构造，架空高度应根据管径尺寸、敷设路径、设置坡度等确定，可敷设给排水和供暖等管线，并应设置检修口。铺装面层材料应有足够的强度，应采用工厂化部品，如复合木地板、竹木地板、地毯、地面瓷砖、石材等，装修材料应在工厂加工编号，干式铺装，减少现场切割。

厨房、卫浴及收纳集成系统：内装厨、卫设计应与建筑结构一体化设计，工厂化生产，现场一次性安装到位(图 3-8)。集成式厨房应合理设置洗涤池、灶具、操作台、排油烟机等设施，并预留厨房电气设施的位置和接口，预留燃气热水器及排烟管道的安装及留孔条件，内部管线等应集中设置、合理定位，并设置管道检修口；集成式卫生间设计宜干湿分离，综合考虑洗衣机、排气扇(管)、暖风机等的设置并采用标准化部品，应在与给排水、电气等系统预留的接口连接处设置检修口，并应做等电位连接；集成收纳应按空间功能性分类，根据人性化使用需求，做到功能性收纳，以实现想拿即取。

生态门窗系统：内装门窗系统应选用防水、防火、抗变形、生态环保、耐久性好的部品，其规格应符合设计要求，安装构造应合理、简单、可靠，保证安装效率。

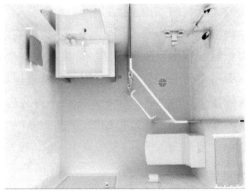

图 3-8 整体厨房、整体卫生间

快装给水系统及薄法排水系统：内装给水与排水系统应与建筑结构设计一体化设计，做到布置合理、使用顺畅、维修方便。给水管线可结合使用要求设置在架空层或吊顶内，方便安装和维修，尽可能减少对结构本体的开槽、留洞等影响。薄法排水系统即采取同层排水的方式，空间利用率高，规避排水时对下层的噪音，安装胶圈承插施工易操作、隐患少，且维修时不干扰下层住户生活。

3.5.2　内装部品接口与连接

装配式混凝土建筑的内装部品、室内设备管线与主体结构的接口与连接，应做到位置固定，连接合理，拆装方便，使用可靠。在设计阶段应明确主体结构的开洞尺寸及准确定位，采用预留预埋的安装方式，当采用其他安装固定方法时，不应影响预制构件的完整性与结构安全。

轻质隔墙系统的墙板接缝处应进行密封处理，隔墙端部与结构本体应有可靠连接。集成式卫生间采用防水底盘时，防水底盘的固定安装不应破坏结构防水层，防水底盘与壁板、壁板与壁板之间应有可靠连接设计，并保证水密性。门窗部品收口部位宜采用工厂化门窗附框，便于门窗的快速、准确安装，保证质量。

3.6　装配式混凝土建筑设备与管线设计

装配式混凝土建筑设备与管线设计应采用标准化、集成化、一体化的方法，将给排水、采暖、通风、空调、电气及智能化等设备与管线系统设计，与建筑、结构、内装设计同步协同进行，形成各专业系统既相对独立又相互融合，最大化节约空间，提高运行效能，便于管理与维护。

设备与管线系统设计应采用集成化技术，布置相对集中。垂直走向设备与管线应在管井中集约化设置，水平走向设备与管线应在架空层或吊顶内标准化设置。公共管线、阀门、检修口、计量仪表、电表箱、配电箱、智能化配线箱等，应统一集中设置在公共区域。

设备和管线设计应与建筑设计与内装设计同步进行，做好建筑设备管线综合设计，各系统设备管线与结构主体相分离，户界分明，方便维修更换。选型和定位应合理、准确，预留预埋应满足结构专业相关要求，不得在安装完成后的预制构件上剔凿沟槽、打洞等，穿越楼板管线较多且集中的区域可采用现浇楼板，不应影响主体结构安全。

设备部品与配管连接、配管与主管道连接及部品间连接应采用标准化接口，且应方便安装使用维护。各系统设备及管线不得直埋于预制构件及预制叠合楼板的现浇层，当条件受限管线必须暗埋或穿越时，横向布置的管道及设备应结合建筑垫层进行设计，也可在预制梁及墙板内预留孔、洞或套管；竖向布置的管道及设备需在预制构件中预留沟、槽、孔洞或套管。

设备与管线穿越楼板和墙体时，应采取防水、防火、隔声、密封等措施，防火封堵应符合现行国家标准《建筑设计防火规范》（GB 50016）的有关规定。设备与管线的抗震设计应符合现行国家标准《建筑机电工程抗震设计规范》(GB 50981)的有关规定。

3.6.1　给排水系统设计

装配式混凝土建筑应考虑公共空间竖向管井位置、尺寸及共用的可能性,将其设于易于检修的部位,竖向管线的设置宜相对集中,水平管线的排布应减少交叉。穿预制构件的管线应预留或预埋套管,穿预制楼板的管道应预留洞,穿预制梁的管道应预留或预埋套管。管井及吊顶内的设备管线安装应牢固可靠,应设置方便更换、维修的检修门(孔)等措施。

住宅的给水总立管、雨水立管、消防立管、采暖供回水总立管不应布置在套内。公共功能的阀门等用于总体调节和检修的部件,应设在共用部位。给水管道敷设时,不得直接敷设在建筑物结构层内,干管和立管应敷设在吊顶、管井、管槽内,支管宜敷设在楼地面的垫层内或沿墙敷设在管槽内,敷设在垫层或墙体管槽内的给水支管的外径不宜大于25 mm。给水系统的给水立管与部品水平管道的接口宜设置内螺纹活接连接。部品内宜设置给水分水器,分水器与用水器具的管道应一对一连接,管道中间不得出现接口;分水器应设置在便于维修管理的位置。

住宅套内宜优先采用同层排水,同层排水的房间应有可靠的防水构造措施。采用整体卫浴、整体厨房时,应与厂家配合土建预留净尺寸及设备管道接口的位置及要求。太阳能热水系统集热器、储水罐等设备应模块化、标准化,安装应与建筑一体化设计,结构主体做好预留预埋。

3.6.2　供暖、通风、空调系统设计

装配式混凝土建筑应采用适宜的节能技术,维持良好的热舒适性、降低建筑能耗,减少环境污染,并充分利用自然通风。供暖、通风、空调系统宜优先采用模块化、标准化产品。

室内采暖系统可采用低温热水地面辐射供暖系统,也可采用散热器供暖系统。当采用低温热水地面辐射供暖系统时,宜采用干式工法敷设。有外窗的卫生间,当采用整体卫浴或采用同层排水架空地板时,宜采用散热器供暖。

供暖系统的主立管及分户控制阀门等部件应设置在公共空间竖向管井内,户内供暖管线宜设置为独立环路。采用低温热水地面辐射供暖系统时,分、集水器宜配合建筑地面垫层的做法设置在便于维修管理的部位。采用散热器供暖系统时,合理布置散热器位置、采暖管线的走向。

采用分体式空调机时,满足卧室、起居室预留空调设施的安装位置和预留预埋条件。当采用集中新风系统时,应确定设备及风道的位置和走向。住宅厨房及卫生间应确定排气道的位置及尺寸。当墙板或楼板上安装供暖与空调设备时,其连接处应采取加强措施。

3.6.3　电气和智能化系统设计

装配式混凝土建筑电气与智能化设备及管线的设计,应做到电气系统安全可靠、节能

环保、设备布置整体美观。应进行管线综合设计,减少管线的交叉重叠。

电气、电信等主干线应集中设在共用部位的竖井内,便于维修维护。配电箱、智能化配线箱应做到布置合理、定位准确,不宜安装在预制构件上。穿越预制构件的电气管线、槽盒均应预留孔洞,严禁剔凿。当大型灯具、桥架、母线、配电设施等安装在预制构件上时,应采用预留预埋件固定。

集成式厨房、集成式/整体式卫生间应设置单独的配电线路,设有淋浴设施的集成式/整体式卫生间应与卫生间地面采取等电位连接。

采用预制柱结构形式时应尽量利用预制柱内主筋作为防雷引下线,当实体柱内主筋无法满足电气要求时,可在实体柱预制时预先埋设两根 25×4 扁钢作为防雷引下线。建筑外墙上的金属管道、栏杆、门窗等金属物需要与防雷装置连接时,应与相关预制构件内部的金属件连接成电气通路。

住宅中合理确定分户配电箱位置,分户墙两侧暗装电气设备不应连通设置。预制构件设计应考虑内装要求,确定插座、灯具位置以及网络接口、电话接口、有线电视接口等位置。确定线路设置位置与垫层、墙体以及分段连接的配置。在预制墙体内、叠合板内暗敷设时,应采用线管保护,在预制墙体上设置的电气开关、插座、接线盒、连接管线等均应进行预留预埋。在预制外墙板、内墙板的门窗过梁及锚固区内不应埋设设备管线。开关和插座的高度应注意适老化设计。

第4章

装配式混凝土结构设计

4.1　装配式混凝土结构设计概述

　　从结构形式上来看,装配式混凝土建筑的结构体系主要有:框架结构体系、剪力墙结构体系、框架-剪力墙结构体系、框架-核心筒结构体系、框架-钢支撑结构体系等。按照结构中预制混凝土构件应用部位及预制率的不同又可分为:

　　(1)竖向承重构件现浇,外围护墙、内隔墙、楼板、楼梯等构件预制;

　　(2)部分竖向承重构件以及外围护墙、内隔墙、楼板、楼梯等采用预制形式;

　　(3)全部竖向承重构件,水平构件和非结构构件均采用预制形式。

　　以上三种情况结构的预制率由低到高,具体分类详见表 4-1 所示:

表 4-1　预制构件的应用部位

构件	竖向承重构件	水平构件	其他构件
名称	柱、剪力墙、核心筒等	梁、板、阳台等	外围护墙、内隔墙、楼梯、空调板等
预制方式	① 全部现浇	叠合	预制
	② 部分预制,部分现浇	叠合	预制
	③ 全部预制	叠合	预制

　　装配式混凝土结构设计的基本原则是基于"等同原则",即通过采用可靠的连接技术与必要的构造措施,使装配式混凝土结构与现浇混凝土结构达到基本相同的力学性能,进而可以采用现浇结构的分析方法进行装配式混凝土结构的内力分析和设计计算。要实现"等同原则",结构构件可靠的连接是根本保障。根据国内外多年的研究成果,对于装配整体式混凝土框架结构:当节点的构造及性能满足行业标准《装配式混凝土结构技术规程》(JGJ 1)中的相关规定时,可认为其性能与现浇混凝土结构基本一致。对于装配整体式混凝土剪力墙结构,由于墙体之间的接缝数量多、连接复杂,接缝的施工质量对结构整体抗震性能的影响较大,并且缺乏成熟的可借鉴的工程经验,因此装配整体式混凝土剪力墙结构从技术上来讲很难完全实现与现浇混凝土剪力墙结构的"等同原则",只能做到其承载力和抗震性能满足现行国家规范要求且不低于对应的现浇剪力墙结构,所以与现浇剪力墙结构相比,其最大适用高度有所降低。装配式框架-剪力墙结构是我国目前在高层公共建筑中应用

较为广泛的一种预制装配混凝土结构体系,通常情况下采用框架预制,剪力墙现浇的方法以保证结构的整体抗震性能,结构适用高度可等同于现浇框架-剪力墙结构。

4.1.1 设计流程

装配式混凝土结构设计主要包括结构整体计算分析、结构构件的设计、预制构件的拆分设计、预制构件的连接节点设计、预制构件的深化设计。其设计流程如图 4-1 所示:

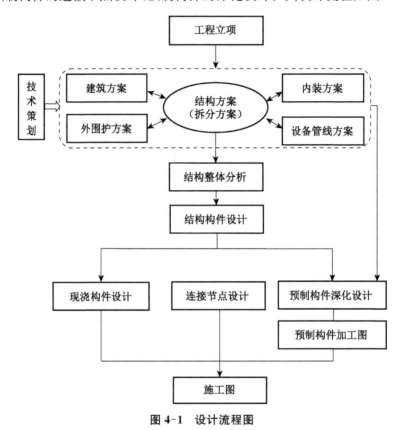

图 4-1 设计流程图

1. 结构整体计算分析

装配式混凝土结构设计时采用等同现浇的设计分析方法,故其整体计算分析与现浇混凝土结构相同。但考虑到装配式混凝土结构与现浇混凝土结构的区别,在利用设计常用的商用软件进行结构分析时,可按照现行国家规范及一些成熟的预制装配技术的要求对某些计算参数和计算模型进行调整。

2. 结构构件的设计

当结构整体计算分析完成后,需依据分析结果及现行国家规范进行结构构件设计。设计预制梁、柱、板等预制构件,可依据的现行规范有《混凝土结构设计规范》(GB 50010)、《建筑抗震设计规范》(GB 50011)、《装配式混凝土建筑技术标准》(GB/T 51231)、《装配式混凝土结构技术规程》(JGJ 1)、《预制预应力混凝土装配整体式框架结构技术规程》(JGJ 224)、《高层建筑混凝土结构技术规程》(JGJ 3)等。预制混凝土构件的设计除了要满足现浇混凝土构件的全部设计要求外,还要考虑构件在制作、运输与安装阶段的计算,包括预制构件生产阶段和施工阶段的验算。

3. 预制构件的拆分设计

预制构件的拆分应在确定结构方案时统一考虑。装配整体式混凝土结构的构件拆分是设计的关键环节。拆分应考虑多方面的因素,包括项目定位、产业化政策、外部条件、建筑功能和艺术性、结构合理性、标准化模数化的集成、工厂化生产及经济、环境与制作运输安装环节的可行性和便利性等。构件拆分前,设计方需与建造商和施工方沟通,拆分应考虑施工条件和施工单位施工能力的影响,如运输吊装设备的大小规格是否满足施工要求。拆分应减少模板的种类,应使构件的种类尽量少,做到"少规格、多组合",并且满足构件的运输、堆放和安装等要求。拆分应由建筑、结构、预算、工厂、运输和安装各个环节技术人员协作完成,技术协同应当贯穿整个项目建设过程,如图 4-2 所示:

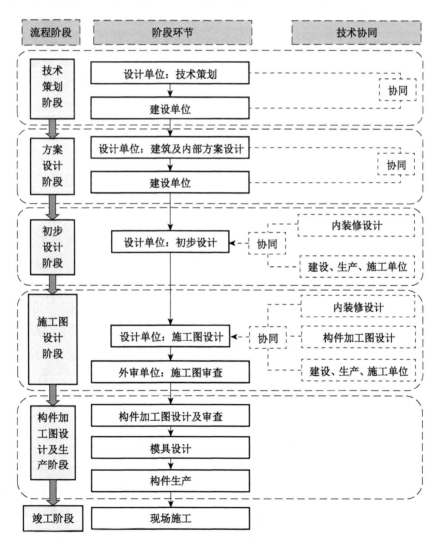

图 4-2 技术协同贯穿装配式设计流程

4. 预制构件的连接节点设计

装配式混凝土结构等同现浇混凝土结构的设计是通过节点的可靠连接来保证的。装配式混凝土结构连接节点的选型和设计应注重概念设计,满足承载力、延性及耐久性要求。通过合理的连接节点与构造,保证构件传力的连续性和结构的整体稳定性,使整个结构具有与现浇混凝土结构相当的承载能力、刚度和延性,以及良好的抗风、抗震和抗偶然荷载的能力,并避免结构体系出现连续倒塌。装配式混凝土结构的节点连接应同时满足正常使用和施工阶段的承载力、稳定性和变形的要求;在保证结构整体受力性能的前提下,应力求连接构造简单,受力明确,传力直接,施工便捷,适合于工业化、机械化、标准化的施工及安装。

5. 预制构件的深化设计

装配式混凝土结构的深化设计是装配式混凝土结构预制构件设计的重要组成部分。深化设计是指在原设计方案、施工图基础上,结合现场施工方案、工厂的生产条件、运输路况等对图纸进行完善、补充,绘制成具有满足构件厂加工要求的施工图纸。预制构件的深化设计需同时满足建筑、结构、机电、内部装修等各等专业及构件运输、安装等的要求。

4.1.2 一般规定

1. 分析要求

在预制构件之间及预制构件与现浇混凝土的连接处,当受力钢筋采用安全可靠的连接方式,且接缝处新旧混凝土之间采用符合要求的粗糙面、键槽等构造措施时,结构的整体性能与现浇结构基本等同。设计中可采用与现浇结构相同的方法进行结构分析,并根据《装配式混凝土建筑技术标准》(GB/T 51231)、《装配式混凝土结构技术规程》(JGJ 1)的相关规定进行计算结果的适当调整。当同一层内既有预制又有现浇抗侧力构件时,地震设计状况下宜对现浇抗侧力构件在地震作用下的弯矩和剪力进行适当的放大。装配式混凝土结构构件及节点应进行承载能力极限状态及正常使用极限状态设计,并应符合现行国家标准《混凝土结构设计规范》(GB 50010)、《建筑抗震设计规范》(GB 50011)、《高层建筑混凝土结构技术规程》(JGJ 3)及《混凝土结构工程施工规范》(GB 50666)的有关规定。

2. 设计理念

装配式混凝土结构应注重结构的概念设计和预制构件可靠的连接设计。结构竖向构件布置应连续、均匀,避免抗侧力结构的侧向刚度和承载力沿竖向突变。应采取措施增强结构的整体性,宜按现行国家规范要求配置贯通水平、竖向构件的钢筋并与周边构件可靠锚固,并宜增强疏散通道、避难空间及结构关键传力部位的承载能力和变形性能。为保证装配式混凝土结构各预制构件间具有可靠的连接性能,预制构件节点及接缝处后浇混凝土强度不应低于预制构件的混凝土强度等级,保证接缝处的承载力不低于构件承载力。

对于高层装配整体式混凝土剪力墙结构,其底部加强区是结构抗震的关键部位。对于装配整体式框架结构底层柱根为塑性铰开展区并且由于建筑底层往往由于建筑功能的需要,层高不太规则,所以不适合采用预制构件。因此,《装配式混凝土结构技术规程》

(JGJ 1)对高层装配整体式结构作出以下规定：

(1) 宜设置地下室，地下室宜采用现浇混凝土；

(2) 剪力墙结构底部加强部位的剪力墙宜采用现浇混凝土；

(3) 框架结构首层柱宜采用现浇混凝土，顶层宜采用现浇楼盖结构。

对于带转换层的装配整体式结构，应符合以下规定：

(1) 当采用部分框支剪力墙结构时，底部框支层不宜超过 2 层，且框支层及相邻上一层应采用现浇结构；

(2) 部分框支剪力墙以外的结构中，转换梁、转换柱宜现浇。

3. 预制构件设计

预制构件的设计应符合下列规定：

(1) 预制构件的设计除应满足整体结构的设计要求外，还应满足施工阶段验算的要求；

(2) 预制构件的设计应满足标准化的要求，宜采用建筑信息化模型(BIM)技术进行一体化设计，确保预制构件的钢筋与预留洞口、预埋件等相协调，简化预制构件连接节点施工；

(3) 预制构件的形状、尺寸、重量等应满足制作、运输、安装各环节的要求；

(4) 预制构件的配筋设计应便于工厂化生产和现场连接。

4. 施工阶段验算

在进行装配式混凝土结构构件及节点的内力分析与验算时，除了应满足承载力、正常使用两个极限状态外，还需要进行短暂设计状况下的承载力验算。预制构件在脱模、翻转、起吊、运输、堆放、安装等生产和施工过程中会产生一系列的外加荷载作用，其受力工况和计算模式与构件正常使用阶段的受力状态有很大不同。此外，由于预制构件的混凝土强度在制作、施工过程中尚未达到设计强度，因此对于许多预制构件的截面及配筋设计，不是使用阶段的工况起控制作用，而是制作与安装阶段的工况起控制作用。

4.2 装配式混凝土结构常用材料与连接方式

4.2.1 结构主材

1. 混凝土

现行国家标准对装配式混凝土结构中混凝土的材料要求为：装配式混凝土结构中，混凝土的各项力学性能指标和有关结构耐久性的要求应符合现行国家标准《混凝土结构设计规范》(GB 50010)的规定。预制构件的混凝土强度等级不宜低于C30，预应力构件混凝土强度等级不宜低于C40，且不应低于C30；现浇混凝土的强度等级不应低于C25。

2. 钢筋及型钢

钢筋是指钢筋混凝土和预应力钢筋混凝土所用钢筋。包括光圆钢筋、带肋钢筋、冷轧扭钢筋。

装配式混凝土结构中,钢筋的各项力学性能指标均应符合现行国家标准《混凝土结构设计规范》(GB 50010)的规定。普通钢筋采用套筒灌浆连接和浆锚搭接连接时,钢筋应采用热轧带肋钢筋。

型钢包括工字钢、槽钢、角钢、圆钢等。

装配式混凝土结构中型钢的材料要求为:钢材的各项性能指标均应符合现行国家标准《钢结构设计规范》(GB 50017)的规定。

4.2.2 钢筋的主要连接方式

1. 套筒灌浆连接

灌浆套筒是美籍华裔科学家余占疏博士(Dr. Alfred A. Yee)在 1967 年发明的,70 年代最早应用于建设 38 层阿拉莫阿那酒店(装配式框架结构,Splice Sleeve 套筒),至今已有 50 年的应用历史。80 年代,日本企业 NMB 购买了灌浆套筒的专利,垄断全球。灌浆套筒的主要品牌有日本 NMB、TTK 的 Tops Sleeve,美国的 Sleeve-Lock、Connector,德国 ERICC 的 LENTON。在我国,钢筋套筒灌浆连接技术是现行国家规范《装配式混凝土建筑技术标准》(GB/T 51231)、《装配式混凝土结构技术规程》(JGJ 1)中主要钢筋连接技术,并且颁布了专门的技术规程《钢筋套筒灌浆连接应用技术规程》(JGJ 355)。

① 原理

套筒灌浆连接技术指的是利用内部带有凹凸部分的铸铁或钢质圆形套筒,将被连接的钢筋由两端分别插入套筒,然后用灌浆机向套筒中注入有微膨胀的高强灌浆料,待灌浆料硬化以后,此时套筒和被连接钢筋牢固地结合成为整体,如图 4-3 所示。由于灌浆料具有微膨胀性和高强的特点,保证了套筒中被填充部分具有充分的密实度,使其与被连接的钢筋之间有很强的粘结力,这种连接方法具有较高的连接可靠性、抗拉及抗压强度等优点。

当钢筋受外力时,拉力先通过钢筋-灌浆料接触面的粘结作用传递给灌浆料,灌浆料再通过灌浆料-套筒接触面的粘结作用传递给套筒。钢筋和套筒灌浆料接触面的粘结力由材料化学粘附力、摩擦力和机械咬合力共同组成。与此同时,套筒为灌浆料四周提供有效的侧向约束力,可以有效增强材料结合面的粘结锚固能力,确保接头的传力能力。

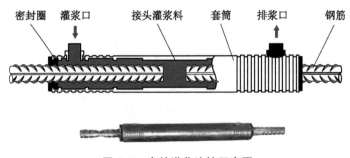

图 4-3 套筒灌浆连接示意图

② 分类

套筒的形式可分为全灌浆套筒接头和半灌浆套筒接头两大类。全灌浆套筒接头(图 4-4)指的是两端都采用灌浆的方式来连接钢筋。半灌浆套筒接头(图 4-5)是在一端采用直螺纹方式、另一端采用灌浆方式连接钢筋(图 4-4 和图 4-5 中 L_0 为灌浆端用于钢筋锚固的深度;D_1 为锚固段环形突出部分的内径)。

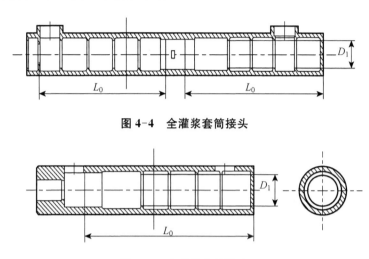

图 4-4　全灌浆套筒接头

图 4-5　半灌浆套筒接头

③ 套筒灌浆连接材料

灌浆套筒的材料及加工工艺主要分为两种:球墨铸铁制造;采用优质碳素结构钢、低合金高强度钢、合金结构钢或其他符合要求的钢材加工。采用球墨铸铁制造的套筒,材料应符合《球墨铸铁件》(GB/T 1348)的规定,其材料性能还应符合表 4-2 的规定。采用钢质机械加工灌浆套筒的材料性能应符合表 4-3 的规定,还应符合《钢筋套筒灌浆连接应用技术规程》(JGJ 355)的规定。

表 4-2　球墨铸铁灌浆套筒的材料性能

项目	性能指标
抗拉强度 σ_b(MPa)	≥550
断后延长率 δ_s(%)	≥5
球化率(%)	≥85
硬度 HBW	180~250

表 4-3　各类钢灌浆套筒的材料性能

项目	性能指标
屈服强度 σ_b(MPa)	≥355
抗拉强度 σ_b(MPa)	≥600
断后伸长率 δ_s(%)	≥16

《钢筋连接用套筒灌浆料》(JG/T 408)对钢筋套筒灌浆连接专用灌浆料明确了其材料成分与功能:以水泥为基本材料,配以细骨料,以及混凝土外加剂和其他材料组成的干混料,加水搅拌后具有良好的流动性、早强、高强、微膨胀等性能,填充于套筒和带肋钢筋间隙内,简称"套筒灌浆料"。

灌浆料中使用的硅酸盐水泥、普通硅酸盐水泥应符合《通用硅酸盐水泥》(GB 175)规定,使用的硫铝酸盐水泥应符合《硫铝酸盐水泥》(GB 20472)的规定。灌浆料中使用的细骨料天然砂、人工砂应符合《建设用沙》(GB/T 14684)的规定,最大粒径不宜超过2.36 mm。灌浆料中使用的混凝土外加剂应符合《混凝土外加剂》(GB 8076)和《混凝土膨胀剂》(GB 23439)的规定。灌浆料的技术性能要求参见表4-4所示:

表4-4 灌浆料技术性能要求

检 测 项 目		性能指标
流动性(mm)	初始	≥300
	30 min	≥260
抗压强度(N/mm²)	1 d	≥35
	3 d	≥60
	28 d	≥85
竖向自由膨胀率(%)	24 h与3 h差值	0.02~0.5
氯离子含量(%)		≤0.03
泌水率(%)		0

④ 技术要求

《钢筋套筒灌浆连接应用技术规程》(JGJ 355)要求套筒灌浆连接接头应满足强度和变形性能要求,即满足单向拉伸、高应力反复拉压、大变形反复拉压的检验项目要求。接头对中单向拉伸、高应力反复拉压、大变形反复拉压的加载与变形要求同《钢筋机械连接技术规程》(JGJ 107)Ⅰ级接头的规定。

《钢筋套筒灌浆连接应用技术规程》(JGJ 355)第3.2.2条的强制性条文要求"接头的抗拉强度不应小于连接钢筋抗拉强度标准值,且破坏时应断于接头外钢筋"。此规定主要考虑钢筋套筒灌浆连接主要用于装配式混凝土结构中墙、柱受力钢筋同截面钢筋100%连接处,且在框架柱中多位于箍筋加密区部位,并考虑我国灌浆施工实际条件后提出的。此规定高于《钢筋机械连接技术规程》(JGJ 107)Ⅰ级接头的要求。对于半灌浆接头,为保证机械连接端满足此要求,需要在普通机械连接工艺基础上予以改进,以保证破坏时断于钢筋。

《钢筋套筒灌浆连接应用技术规程》(JGJ 355)要求采用套筒灌浆连接的混凝土结构,设计应符合国家现行标准《混凝土结构设计规范》(GB 50010)、《建筑抗震设计规范》(GB 50011)、《装配式混凝土结构技术规程》(JGJ 1)的有关规定。要求采用套筒灌浆连接的构件混凝土强度等级不宜低于C30,全截面受拉构件同一截面不宜全部采用钢筋套筒灌浆连接,构件中灌浆套筒的净距不应小于25 mm,灌浆套筒长度范围内预制混凝土柱箍筋与预制混凝土墙最外层钢筋的混凝土保护层最小厚度分别为20 mm与15 mm的规定。

对于采用套筒灌浆连接的混凝土构件,《钢筋套筒灌浆连接应用技术规程》(JGJ 355)第4.0.5条提出了设计需要注意的细节问题:

a. 接头连接钢筋的强度等级不应高于灌浆套筒产品规定的连接钢筋强度等级;

b. 接头连接钢筋的直径规格不应大于灌浆套筒规定的连接钢筋直径规格,且不宜小于灌浆套筒规定的连接钢筋直径规格一级以上;

c. 构件配筋方案(钢筋间距、纵筋数量、箍筋加密区长度等)应根据灌浆套筒外径、长度及灌浆施工要求确定;

d. 构件钢筋插入灌浆套筒的锚固长度应符合灌浆套筒参数要求;

e. 竖向构件配筋设计应结合灌浆孔、出浆孔位置;

f. 底部设置键槽的预制柱,应在键槽处设置排气孔。

《钢筋套筒灌浆连接应用技术规程》(JGJ 355)第 7.0.6 条强制性条文要求“灌浆套筒进厂(场)时,应抽取灌浆套筒并采用与之匹配的灌浆料制作对中连接接头试件,并进行抗拉强度检验,检验结果均应符合本规程(JGJ 355)第 3.2.2 条的有关规定”。

检查数量:同一批号、同一类型、同一规格的灌浆套筒,不超过 1 000 个为一批,每批随机抽取 3 个灌浆套筒制作对中连接接头试件。

检验方法:检查质量证明文件和抽样检验报告。

套筒型号由类型代号、特征代号、主参数代号和产品更新变型代号组成。套筒主参数为被连接钢筋的强度级别和直径。套筒型号表示如下:

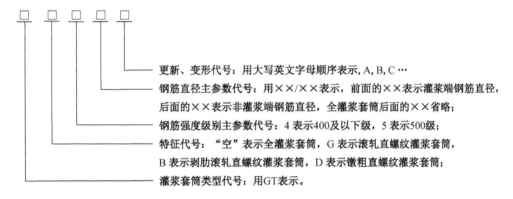

　　更新、变形代号:用大写英文字母顺序表示, A, B, C …

　　钢筋直径主参数代号:用××/××表示,前面的××表示灌浆端钢筋直径,后面的××表示非灌浆端钢筋直径,全灌浆套筒后面的××省略;

　　钢筋强度级别主参数代号:4 表示400及以下级,5 表示500级;

　　特征代号:“空”表示全灌浆套筒,G 表示滚轧直螺纹灌浆套筒,B 表示剥肋滚轧直螺纹灌浆套筒,D 表示镦粗直螺纹灌浆套筒;

　　灌浆套筒类型代号:用GT表示。

示例:

连接 400 级钢筋、直径 40 mm 的全灌浆套筒表示为:GT4 40。

连接 500 级钢筋、灌浆端直径为 36 mm、非灌浆端直径为 32 mm 的剥肋滚轧直螺纹灌浆套筒的第一次变形表示为:GTB5 36/32A。

套筒的尺寸偏差应符合表 4-5 的规定:

表 4-5　套筒尺寸偏差

序号	项　　目	铸造套筒(mm)	机械加工套筒(mm)
1	长度允许偏差	±(1‰×1)	±2.0
2	外径允许偏差	±1.5	±0.8
3	壁厚允许偏差	±1.2	±0.8
4	锚固段环形突起部分的内径允许偏差	±1.5	±1.0

续表 4-5

序号	项　目	铸造套筒(mm)	机械加工套筒(mm)
5	锚固段环形突起部分的内径最小尺寸与钢筋公称直径差值	≥10	≥10
6	直螺纹精度	—	GB/T 197 中 6H 级

⑤ 主要应用

套筒灌浆连接适用于预制装配式混凝土剪力墙结构(图 4-6)、预制柱等预制构件的纵向受力钢筋连接,也可用于叠合梁(图 4-7)等后浇部位的纵向受力钢筋连接。

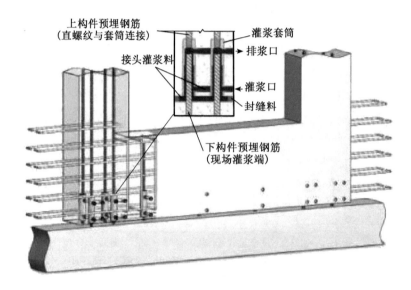

图 4-6　剪力墙钢筋灌浆套筒连接

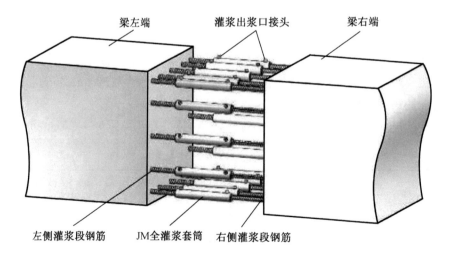

图 4-7　叠合梁钢筋灌浆套筒连接

2. 浆锚搭接连接

① 原理

浆锚连接技术,又称为间接锚固或间接搭接,是将搭接钢筋拉开一定距离后进行搭接的方式,连接钢筋的拉力通过剪力传递给灌浆料,再通过剪力传递到灌浆料和周围混凝土之间的界面上去(图 4-8)。搭接钢筋之间能够传力是由于钢筋与混凝土之间的粘结锚固作用,两根相向受力的钢筋分别锚固在搭接区段的混凝土中而将力传递给混凝土,从而实现钢筋之间的应力传递(图 4-9)。

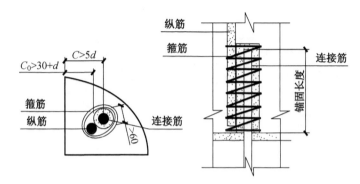

图 4-8 约束浆锚搭接连接示意

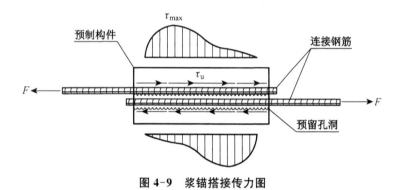

图 4-9 浆锚搭接传力图

浆锚搭接连接的抗拉能力主要由以下几点决定:钢筋的拉拔破坏;灌浆料的拉拔破坏;周围混凝土的劈裂破坏。因此,必须保证钢筋具有足够的锚固长度和搭接区段有效的横向约束来提高连接性能。

② 分类

浆锚搭接连接包括:螺旋箍筋约束浆锚搭接连接(图 4-10)、金属波纹管浆锚搭接连接(图 4-11)以及其他采用预留孔洞插筋后灌浆的间接搭接连接方式。

螺旋箍筋约束浆锚搭接连接做法:在竖向结构构件下段范围内预留出孔洞,孔洞内壁表面预留有螺纹状粗糙面,周围配置横向约束螺旋箍筋。下部装配式构件钢筋穿入孔洞内,通过灌浆孔注入灌浆料,直至气孔溢出停止灌浆,当灌浆料凝结后,完成受力钢筋的搭接。

金属波纹管浆锚搭接连接做法:在混凝土中预埋波纹管,待混凝土达到要求强度后,下部构件受力钢筋穿入波纹管,再将高强度具有微膨胀的灌浆料灌入波纹管养护,以起到

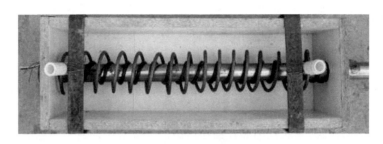

图 4-10　螺旋箍筋约束浆锚搭接连接

图 4-11　金属波纹管浆锚搭接连接

锚固钢筋的作用。这种钢筋浆锚体系属多重界面体系,即钢筋与锚固材料(灌浆料)的界面体系、锚固材料与波纹管界面体系以及波纹管与原构件混凝土的界面体系。因此,锚固材料对钢筋的锚固力不仅与锚固材料和钢筋的握裹力有关,还与波纹管和锚固材料、波纹管和混凝土之间的粘结力有关。

③ 使用材料

浆锚搭接使用的灌浆料也是水泥基材料,根据《装配式混凝土结构技术规程》(JGJ 1)的规定,钢筋浆锚搭接连接接头用灌浆料应满足以下性能要求,如表 4-6 所示:

表 4-6　钢筋浆锚搭接连接接头用灌浆料性能要求

项目		性能指标	试验方法标准
泌水率(%)		0	《普通混凝土拌合物性能试验方法标准》(GB/T 50080)
流动度(mm)	初始值	≥200	《水泥基灌浆材料应用技术规范》(GB/T 50448)
	30 min 保留值	≥150	
竖向膨胀率(%)	3 h	≥0.02	《水泥基灌浆材料应用技术规范》(GB/T 50448)
	24 h 与 3 h 的膨胀率之差	0.02~0.5	
抗压强度(MPa)	1 d	≥35	《水泥基灌浆材料应用技术规范》(GB/T 50448)
	3 d	≥55	
	28 d	≥80	
氯离子含量(%)		≤0.06	《混凝土外加剂匀质性试验方法》(GB/T 8077)

④ 技术要求及应用

浆锚搭接连接技术的关键在于孔洞的成型技术、灌浆料的质量以及对被搭接钢筋形成约束的方法等几个方面。现阶段,我国的孔洞成型技术种类较多,尚无统一论证,因此《装配式混凝土结构技术规程》(JGJ 1)要求纵向钢筋采用浆锚搭接连接时,对预留孔成孔工艺、孔道形状和长度、构造要求、灌浆料和被连接钢筋,应进行力学性能以及适用性的试验验证。直径大于 20 mm 的钢筋不宜采用浆锚搭接连接,直接承受动力荷载构件的纵向钢筋不应采用浆锚搭接连接。

3. 机械连接

钢筋机械连接源于欧美等国,20 世纪 80 年代以后,我国在引进外国钢筋连接先进的技术基础上,不断进行研究和发展,推出符合我国建筑行业实际情况的机械连接技术。钢筋机械连接是通过连贯于两根钢筋之间的套筒来实现钢筋的力传递。钢筋连接技术解决了大直径钢筋连接的难题。钢筋机械连接技术是一项新型钢筋连接工艺,被称为继绑扎、电焊之后的"第三代钢筋接头",具有接头强度高于钢筋母材、速度快、无污染、节省钢材等优点。

① 分类

钢筋机械连接主要有:钢筋套筒挤压连接、钢筋锥螺纹套筒连接和钢筋直螺纹套筒连接。

套筒挤压连接接头(图 4-12):通过挤压力使连接件钢套筒塑性变形与带肋钢筋紧密咬合形成的接头。有两种形式,径向挤压连接和轴向挤压连接。由于轴向挤压连接现场施工不方便及接头质量不够稳定,没有得到推广;而径向挤压连接接头得到了大面积推广使用。现在工程中使用的套筒挤压连接接头,都是径向挤压连接。由于其优良的质量,套筒挤压连接接头在我国从 20 世纪 90 年代初至今被广泛应用于建筑工程中。

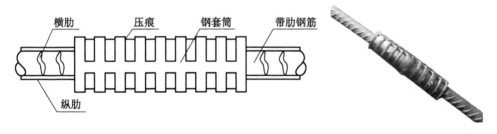

图 4-12　套筒挤压连接示意图

锥螺纹连接接头(图 4-13):通过钢筋端头特制的锥形螺纹和连接件锥形螺纹咬合形成的接头。锥螺纹连接技术的诞生克服了套筒挤压连接技术存在的不足。锥螺纹丝头完全是提前预制,现场连接占用工期短,现场只需用力矩扳手操作,不需搬动设备和拉扯电线,深受各施工单位的好评。但是锥螺纹连接接头质量不够稳定。由于加工螺纹的小径削弱了母材的横截面积,从而降低了接头强度,一般只能达到母材实际抗拉强度的 85%～95%。我国的锥螺纹连接技术和国外相比还存在一定差距,最突出的一个问题就是螺距单一,直径 16～40 mm 钢筋采用螺距都为 2.5 mm,而 2.5 mm 螺距最适合于直径 22 mm

钢筋的连接,太粗或太细钢筋连接的强度都不理想,尤其是直径为 36 mm、40 mm 钢筋的锥螺纹连接,很难达到母材实际抗拉强度的 0.9 倍。由于锥螺纹连接技术具有施工速度快、接头成本低的特点,自 20 世纪 90 年代初推广以来也得到了较大范围的推广使用,但由于存在的缺陷较大,逐渐被直螺纹连接接头所代替。

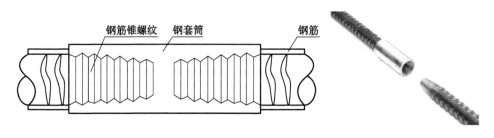

图 4-13 锥螺纹连接示意图

直螺纹连接接头(图 4-14):直螺纹连接接头有两种,一种是用镦粗设备将钢筋端头镦粗后在螺纹套丝机上加工螺纹,这样使螺纹直径不小于母材直径,达到与母材等强度连接,这种方法称为镦粗直螺纹连接。另一种方法采用滚压工艺使钢筋表面材料冷作硬化,提高螺纹牙强度和螺杆强度,达到接头与钢筋母材等强连接的目的,这种方法称为滚压直螺纹连接。

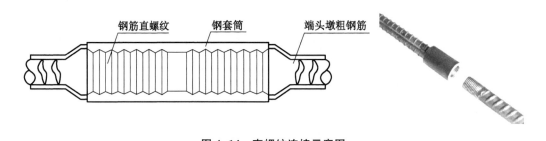

图 4-14 直螺纹连接示意图

国内常见的滚压直螺纹连接接头有三种类型:直接滚压螺纹、挤压肋滚压螺纹、剥肋滚压螺纹。

➤ 直接滚压直螺纹连接接头

这种连接接头优点是螺纹加工简单,设备投入少,不足之处在于螺纹精度差,存在虚假螺纹现象。由于钢筋粗细不均,公差大,加工的螺纹直径大小不一致,给现场施工造成困难,使套筒与丝头配合松紧不一致,有个别接头出现拉脱现象。由于钢筋直径变化及横纵肋的影响,使滚丝轮寿命降低,增加接头的附加成本,现场施工易损件更换频繁。

➤ 挤压肋滚压直螺纹连接接头

这种连接接头是用专用挤压设备先将钢筋的横肋和纵肋进行预压平处理,然后再滚压螺纹,目的是减轻钢筋肋对成型螺纹精度的影响。其特点是:成型螺纹精度相对直接滚压有一定提高,但仍不能从根本上解决钢筋直径大小不一致对成型螺纹精度的影响,而且螺纹加工需要两道工序、两套设备完成。

> 剥肋滚压直螺纹连接接头

这种连接接头工艺是先将钢筋端部的横肋和纵肋进行剥切处理后,使钢筋滚丝前的柱体直径达到同一尺寸,然后再进行螺纹滚压成型。

直螺纹连接克服了锥螺纹钢筋截面削弱而造成接头处钢筋强度下降,由于连接直螺纹外径加大,承载能力超过锥螺纹,而且又具有比锥螺纹接头施工方便、速度快的特点,适用于抗震设防和非抗震设防的混凝土结构工程。

② 接头的性能要求

不同类型的机械连接接头的适用范围如表 4-7 所示:

表 4-7　钢筋机械连接适用范围

机械连接方法		适用范围	
		钢筋级别	钢筋直径(mm)
钢筋套筒挤压连接		HRB335、HRB400、RRB400	16～40
钢筋锥形螺纹套筒连接		HRB335、HRB400、RRB400	16～40
钢筋镦粗直螺纹套筒连接		HRB335、HRB400	16～40
钢筋滚压直螺纹套筒连接	直接滚压	HRB335、HRB400	16～40
	挤肋滚压		16～40
	剥肋滚压		16～50

接头应根据极限抗拉强度、残余变形最大力下总伸长率以及高应力和大变形条件下反复拉压性能,分为下列三个等级:

Ⅰ级:接头抗拉强度等于被连接钢筋实际拉断强度或不小于 1.10 倍钢筋抗拉强度标准值,残余变形小并具有高延性及反复拉压性能。

Ⅱ级:接头抗拉强度不小于被连接钢筋抗拉强度标准值,残余变形较小并具有高延性及反复拉压性能。

Ⅲ级:接头抗拉强度不小于被连接钢筋屈服强度标准值的 1.25 倍,残余变形较小并具有一定的延性及反复拉压性能。

根据《钢筋机械连接技术规程》(JGJ107),Ⅰ级、Ⅱ级、Ⅲ级接头的极限抗拉强度应符合表 4-8 的规定。Ⅰ级、Ⅱ级、Ⅲ级接头变形性能应符合表 4-9 的规定。

表 4-8　接头极限抗拉强度

接头等级	Ⅰ级	Ⅱ级	Ⅲ级
极限抗拉强度	$f^0_{mst} \geq f_{mst}$ 钢筋拉断 或 $f^0_{mst} \geq 1.10 f_{stk}$ 连接件破坏	$f^0_{mst} \geq f_{stk}$	$f^0_{mst} \geq 1.25 f_{yk}$

注:f_{stk}——钢筋极限抗拉强度标准值;

f^0_{mst}——接头试件实测极限抗拉强度;

f_{yk}——钢筋屈服强度标准值;

① 钢筋拉断指断于钢筋母材、套筒外钢筋丝头和钢筋镦粗过渡段;

② 连接件破坏指断于套筒、套筒纵向开裂或钢筋从套筒中拔出以及其他连接组件破坏。

表 4-9　接头的变形性能

接头等级		Ⅰ级	Ⅱ级	Ⅲ级
单向拉伸	残余变形(mm)	$u_0 \leqslant 0.10(d \leqslant 32)$ $u_0 \leqslant 0.14(d > 32)$	$u_0 \leqslant 0.14(d \leqslant 32)$ $u_0 \leqslant 0.16(d > 32)$	$u_0 \leqslant 0.14(d \leqslant 32)$ $u_0 \leqslant 0.16(d > 32)$
	最大力下总伸长率(%)	$A_{sgt} \geqslant 6.0$	$A_{sgt} \geqslant 6.0$	$A_{sgt} \geqslant 3.0$
高应力反复拉压	残余变形(mm)	$u_{20} \leqslant 0.3$	$u_{20} \leqslant 0.3$	$u_{20} \leqslant 0.3$
大变形 反复拉压	残余变形(mm)	$u_4 \leqslant 0.3$ 且 $u_8 \leqslant 0.6$	$u_4 \leqslant 0.3$ 且 $u_8 \leqslant 0.6$	$u_4 \leqslant 0.6$

注:A_{sgt}——接头试件的最大力下总伸长率;

　　d——钢筋的公称直径;

　　f_{yk}——钢筋屈服强度标准值;

　　f_{stk}——钢筋抗拉强度标准值;

　　u_0——接头试件加载至 $0.6f_{yk}$ 并卸载后在规定标距内的残余变形;

　　u_{20}——接头试件经高应力反复拉压 20 次后的残余变形;

　　u_4——接头试件经大变形反复拉压 4 次后的残余变形;

　　u_8——接头试件经大变形反复拉压 8 次后的残余变形。

③ 相关规定

根据《装配式混凝土建筑技术标准》(GB/T 51231),纵向钢筋采用挤压套筒连接时应符合下列规定:

连接框架柱、框架梁、剪力墙边缘构件纵向钢筋的挤压套筒应满足Ⅰ级接头的要求,连接剪力墙竖向分布钢筋、楼板分布钢筋的挤压套筒接头应满足Ⅰ级接头抗拉强度的要求。

被连接的预制构件之间应预留后浇段,后浇段的高度或长度应根据挤压套筒接头安装工艺确定,应采取措施保证后浇段的混凝土浇筑密实。

预制柱底、预制剪力墙底宜设置支腿,支腿应能承受不小于 2 倍被支承预制构件的自重。

4. 其他连接形式

① 焊接

焊接连接是受力钢筋之间通过熔融金属直接传力。若焊接质量可靠,则不存在强度、刚度、恢复性能、破坏性能等方面的缺陷,是十分理想的连接方式。焊接的方式主要有:闪光对焊、电弧焊、电渣压力焊、气压焊、电焊等多种形式,可实现不同情况下的钢筋连接。

钢筋闪光对焊

闪光对焊是将两根钢筋安放成对接形式,利用电阻热使接触点金属熔化,产生强烈飞溅,形成闪光,迅速施加顶锻力完成的一种压焊方法。闪光对焊接头的施工工艺选取和质量检查,应根据《钢筋焊接及验收规范》(JGJ 18)规定,进行外观检查、拉伸试验和冷弯试验。

钢筋电渣压力焊

电渣压力焊是将两根钢筋安放成竖向对接形式,利用焊接电流通过两钢筋端面间隙,在焊剂层下形成电弧过程和电渣过程,产生电弧热和电阻热,熔化钢筋,加压完成的一种压焊方式。

预埋件钢筋埋弧压力焊

埋弧压力焊是将钢筋与钢板安放成 T 形接头形式,利用焊接电流通过,在焊剂层下产生电弧,形成熔池,加压完成的一种压焊方法。

② 绑扎连接

钢筋绑扎连接是指将需要连接的钢筋通过细钢丝绑扎起来的一种连接方式,使之符合工程上所需要的搭接长度。绑扎连接是钢筋连接中最简单的方法,在钢筋绑扎连接过程中,扎丝在交叉节点处必须扎牢,特别是在搭接部分的中心和两端都应该扎紧。扎后的钢筋连接处,不应有松动和脱离现象。

钢筋绑扎连接的机理是钢筋的锚固,两段互相连接的钢筋各自都锚固在混凝土中,搭接长度应满足国家相关规范的要求。

③ 螺栓连接

螺栓连接即节点以普通螺栓或高强螺栓现场连接以传递轴力、弯矩与剪力的连接形式。螺栓连接可分为全螺栓连接和栓焊混合连接两种方式。全螺栓连接主要用于装配式钢框架结构中的柱、梁连接,装配式剪力墙结构中预制楼梯的牛腿安装。栓焊连接是多层、高层钢框架结构中最为常见的梁、柱节点连接形式。目前,装配整体式剪力墙结构竖向钢筋的连接也有采用螺栓连接的方式,其技术要求应符合现行国家规范《装配式混凝土建筑技术标准》(GB/T 51231)中的相应规定。

4.3　混凝土预制构件

4.3.1　预制混凝土柱

预制柱是装配式混凝土结构的主要竖向受力构件,一般采用矩形截面形式,如图 4-15 所示。预制框架柱之间通常采用成熟的直螺纹套筒灌浆连接技术,实现预制柱上下层间钢筋牢固连接。

图 4-15　预制混凝土柱

根据《装配式混凝土建筑技术标准》(GB/T 51231)、《装配式混凝土结构技术规程》(JGJ 1),预制柱的设计应符合现行国家标准《混凝土结构设计规范》(GB 50010)、《建筑抗震设计规范》(GB 50011)的规定,并应符合下列规定:

(1) 矩形柱截面边长不宜小于 400 mm,圆形截面柱直径不宜小于 450 mm,且不宜小于同方向梁宽的 1.5 倍。

(2) 柱纵向受力钢筋在柱底连接时,柱箍筋加密区长度不应小于纵向受力钢筋连接区域长度与 500 mm 之和;当采用套筒灌浆连接或浆锚搭接连接等方式时,套筒或搭接段上端第一道箍筋距离套筒或搭接段顶部不应大于 50 mm(图 4-16)。

(3) 柱纵向受力钢筋直径不宜小于 20 mm,纵向受力钢筋的间距不宜大于 200 mm 且不应大于 400 mm。柱的纵向受力钢筋可集中于四角配置且宜对称布置。柱中可设置纵向辅助钢筋且直径不宜小于 12 mm 和箍筋直径;当正截面承载力计算不计入纵向辅助钢筋时,纵向辅助钢筋可不伸入框架节点(图 4-17)。

(4) 预制柱箍筋可采用连续复合箍筋。

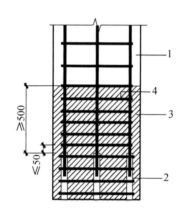 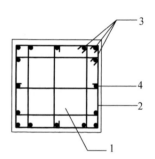

图 4-16 柱底箍筋加密区域构造示意图
1—预制柱;2—连接接头(或钢筋连接区域);
3—箍筋加密区(阴影区域);4—加密区箍筋

图 4-17 柱集中配筋构造平面示意
1—预制柱;2—箍筋;3—纵向受力钢筋;
4—纵向辅助钢筋

4.3.2 预制混凝土梁

预制混凝土梁根据制造工艺和施工方法的不同分为预制实心梁、预制叠合梁两类,如图 4-18 和图 4-19 所示。

预制实心梁制作简单,构件自重较大,多用于厂房和多层建筑中。叠合梁(composite beam),是指在梁的高度上不是一次浇捣到顶,分两次浇捣混凝土的梁。第一次在预制场做成预制梁;第二次在施工现场进行,当预制梁吊装安放完成后再浇捣上部的混凝土使其连成整体,在梁的中部形成一层水平施工缝。叠合梁便于和预制柱及叠合楼板连接,使结构整体性增强,运用十分广泛。

图 4-18　预制实心梁　　　　　　　　图 4-19　叠合梁

叠合梁按受力性能又可分为"一阶段受力叠合梁"和"二阶段受力叠合梁"两类。前者是指施工阶段在预制梁下设有可靠支撑，能保证施工阶段作用的荷载不使预制梁受力而全部传给支撑，待叠合层后浇混凝土达到一定强度后，再拆除支撑，由整个截面来承受全部荷载；后者则是指施工阶段在简支的预制梁下不设支撑，施工阶段作用的全部荷载完全由预制梁承担。对于施工阶段不加支撑的叠合梁，其内力应按两个阶段计算：①叠合层混凝土未达到设计强度之前的阶段。荷载由预制梁承担，预制梁按简支结构计算。②叠合层混凝土达到设计强度之后的阶段。叠合梁按整体梁计算。

叠合梁设计的另一个关键问题是梁端结合面的抗剪计算。叠合梁端结合面主要包括框架梁与节点区的结合面、梁自身连接的结合面以及次梁与主梁的结合面等几种类型。结合面的受剪承载力的组成主要包括：新旧混凝土结合面的粘结力、键槽的抗剪能力、后浇混凝土叠合层的抗剪能力、梁纵向钢筋的销栓抗剪作用。

根据《装配式混凝土建筑技术标准》（GB/T 51231），叠合梁的箍筋配置应符合下列规定：

（1）抗震等级为一、二级的叠合框架梁的梁端箍筋加密区宜采用整体封闭箍筋；当叠合梁受扭时宜采用整体封闭箍筋，且整体封闭箍筋的搭接部分宜设置在预制部分（图 4-20a）。

（2）当采用组合封闭箍筋的形式时（图 4-20b），开口箍筋上方两端应做成 135°弯钩，对框架梁弯钩平直段长度不应小于 10d（d 为箍筋直径），次梁弯钩平直段长度不应小于 5d。现场应采用箍筋帽封闭开口箍，箍筋帽宜两端做成 135°弯钩，也可做成一端 135°另一端 90°弯钩，但 135°弯钩和 90°弯钩应沿纵向受力钢筋方向交错设置，框架梁弯钩平直段长度不应小于 10d（d 为箍筋直径），次梁 135°弯钩平直段长度不应小于 5d，90°弯钩平直段长度不应小于 10d。

（3）框架梁箍筋加密区长度内的箍筋肢距：一级抗震等级，不宜大于 200 mm 和 20 倍箍筋直径的较大值，且不应大于 300 mm；二、三级抗震等级，不宜大于 250 mm 和 20 倍箍筋直径的较大值，且不应大于 350 mm；四级抗震等级，不宜大于 300 mm，且不应大于 400 mm。

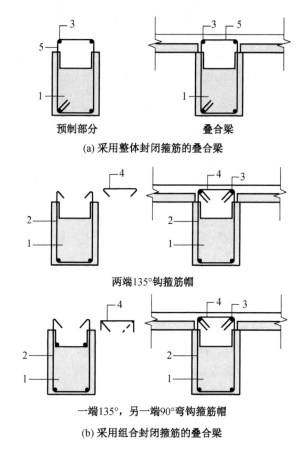

(a) 采用整体封闭箍筋的叠合梁

两端135°钩箍筋帽

一端135°，另一端90°弯钩箍筋帽

(b) 采用组合封闭箍筋的叠合梁

图 4-20　采用组合封闭箍筋的叠合梁

1—预制梁；2—开口箍筋；3—上部纵向钢筋；4—箍筋帽；5—封闭箍筋

根据《装配式混凝土结构技术规程》(JGJ 1)：装配整体式框架结构中，当采用叠合梁时，框架梁的后浇混凝土叠合层厚度不宜小于 150 mm(图 4-21a)，次梁的后浇混凝土叠合层厚度不宜小于 120 mm；当采用凹口截面预制梁时(图 4-21b)，凹口深度不宜小于 50 mm，凹口边厚度不宜小于 60 mm。

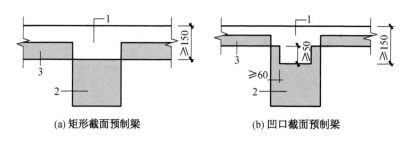

(a) 矩形截面预制梁　　　　(b) 凹口截面预制梁

图 4-21　叠合框架梁截面示意

1—后浇混凝土叠合层；2—预制梁；3—预制板

4.3.3 叠合板

叠合板(composite slab),是一种预制装配和现浇混凝土相结合的整体板,如图 4-22 所示。叠合板的下半部分为预制,上半部分为现浇,叠合成为一个整体,共同工作。在施工时,预制部分还起底模板的作用,不必为现浇层支撑模板。预制部分一般采用预应力或非预应力板底,上部混凝土现浇层仅配置负弯矩钢筋和构造钢筋。为了使板的预制部分和现浇部分结合良好,预制部分的表面宜做齿坎形或留毛,并符合现行国家规范的相应要求。

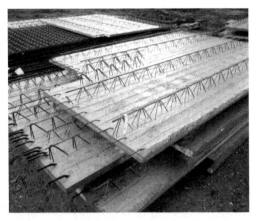

图 4-22 叠合板

叠合板由预制部分和现浇部分组成,结合了预制和现浇混凝土各自的优点。从受力上看,相对于全预制装配楼板而言,可提高结构的整体性和抗震性能,在配置同样的预应力筋时,相对于全截面的荷载作用受拉边缘而言,在预制截面上建立的有效预应力较大,从而提高了结构的抗裂性能。在同样抗裂性能的前提下,则可以节省钢筋的用量。从制作工艺上看,叠合楼板的主要受力部分在工厂制造,机械化程度高,易于保证质量,采用流水作业生产速度快,并且可以提前制作,不占工期,而且预制部分的模板可以重复使用。后浇混凝土以预制底板做模板,较全现浇楼板可以减少支模的工作量,减少施工现场湿作业,改善施工现场条件,提高施工效率。

1. 叠合板分类

叠合板主要包括钢筋桁架叠合板、预应力平板叠合板、预应力带肋叠合板、预应力夹心叠合板、预应力空心叠合板等几种形式。

① 钢筋桁架叠合板

当叠合板跨度较大时,为了满足预制楼板脱模、吊装时的整体刚度,在预制底板除正常配置板底钢筋外,还配凸出板面的弯折型细钢筋桁架(图 4-23),该桁架将混凝土楼板的上下层钢筋连接起来,组成能够承受荷载的空间小桁架,现浇层混凝土成型后,空间小桁架成为混凝土楼板的承载力储备。与传统的混凝土叠合板相比,该种叠合板钢筋间距均匀,混凝土保护层厚度容易控制,且由于腹杆钢筋的存在使其具有更好的整体工作性能。

② 预应力带肋叠合板

预应力带肋薄板叠合板是以预制预应力带肋薄板为底板,在板肋预留孔中布设横向穿孔钢筋及在底板拼缝处布置折线形抗裂钢筋,再浇注混凝土形成的双向配筋楼板,预应力肋的作用等同于桁架钢筋,可以节约钢筋。由于反肋的存在,提高了薄板的刚度和施工阶段的承载力,增加了预制薄板与叠合层的结合力。同时,与不带反肋的叠合板相比,其在运输及施工过程中不易折断,且施工时可以少设置或不设置支撑,施工工艺简单,具有较好的经济效果(图 4-24)。

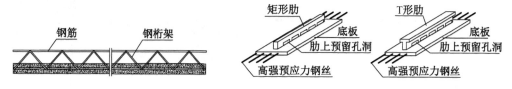

图 4-23　钢筋桁架叠合板示意图　　　　图 4-24　预应力带肋叠合板示意图

③ 预应力夹心叠合板

预应力夹心叠合板主要包括普通预应力混凝土夹芯叠合板(图 4-25)和钢筋混凝土双向密肋夹心叠合板(图 4-26)。普通预应力混凝土夹芯叠合板是以预应力倒肋双 T 板作为底板,然后在底板表面放置圆柱体聚苯乙烯泡沫条后再浇筑混凝土形成的夹芯叠合板。这种夹芯叠合板的受力特点与一般的叠合板基本相同,即分为二阶段受力,第一阶段由预制带肋薄板承受施工阶段的荷载,第二阶段由整个组合截面承受使用阶段的荷载。

这种叠合板由于在后浇叠合层中放置了轻质泡沫芯,使其在保证楼板刚度的前提下,减少了后浇混凝土的用量,减轻了楼板自重,同时,泡沫条可以有效地提高楼板的隔音和保温性能。

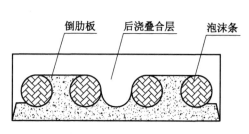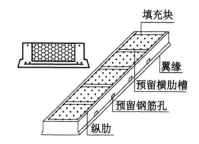

图 4-25　普通预应力夹芯叠合板　　　　图 4-26　双向密肋预应力夹心叠合板

④ 预应力空心叠合板

预应力空心叠合板主要包括普通预应力混凝土空心叠合板、倒双 T 形空腹叠合板,如图 4-27 和图 4-28 所示。普通预应力混凝土空心叠合板是在预制预应力空心板顶面现浇一层混凝土,在支座处加配负弯矩钢筋而形成的连续装配整体式叠合楼板结构。倒双 T 形空腹叠合板是以预制预应力混凝土倒双 T 形板为预制底板,在预制底板的上口后浇混凝土形成的叠合板,其截面为敞口的双肋或多肋楼板,中间形成了空腹形状。施工时先将预制底板安装就位,然后在空腹部位铺设好预留管道或线路,或者在空腹部位安装地热或设置隔热层。在浇筑叠合层前用模板将预制底板的上口盖住并预留 15 mm(或用低密度填充物填充至距上口 15 mm),将叠合层钢筋网置于预制板肋上,然后浇筑叠合层。普通预应力混凝土空心叠合板为保证预制底板的刚度及叠合板的整体性,楼板往往较厚、自重大。倒双 T 形空腹叠合板的预制板部分由于存在反肋,可以提高预制底板刚度,因此板厚可以适当减少,并且这两种板均需在板的顶面浇筑叠合层。

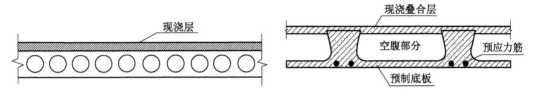

图 4-27　普通预应力空心叠合板　　　　图 4-28　倒双 T 形空腹叠合板

2. 叠合板构造

叠合楼板应按现行国家标准《装配式混凝土结构技术规程》(JGJ 1)、《混凝土结构设计规范》(GB 50010)进行设计,并应符合以下规定:

(1) 叠合板的预制板厚度不宜小于 60 mm,后浇混凝土叠合层厚度不应小于 60 mm;

(2) 当叠合板的预制板采用空心板时,板端空腔应封堵;

(3) 跨度大于 3 m 的叠合板,宜采用桁架钢筋混凝土叠合板;

(4) 跨度大于 6 m 的叠合板,宜采用预应力混凝土预制板;

(5) 板厚大于 180 mm 的叠合板,宜采用混凝土空心板。

桁架钢筋混凝土叠合板应满足下列要求:

(1) 桁架钢筋应沿主要受力方向布置;

(2) 桁架钢筋距板边不应大于 300 mm,间距不宜大于 600 mm;

(3) 桁架钢筋弦杆钢筋直径不宜小于 8 mm,腹杆钢筋直径不应小于 4 mm;

(4) 桁架钢筋弦杆混凝土保护层厚度不应小于 15 mm。

当未设置桁架钢筋时,在下列情况下,叠合板的预制板与后浇混凝土叠合层之间应设置抗剪构造钢筋:

(1) 单向叠合板跨度大于 4.0 m 时,距支座 1/4 跨范围内;

(2) 双向叠合板短向跨度大于 4.0 m 时,距四边支座 1/4 短跨范围内;

(3) 悬挑叠合板;

(4) 悬挑板的上部纵向受力钢筋在相邻叠合板的后浇混凝土锚固范围内。

叠合板的预制板与后浇混凝土叠合层之间设置的抗剪构造钢筋应符合下列规定:

(1) 抗剪构造钢筋宜采用马镫形状,间距不宜大于 400 mm,钢筋直径 d 不应小于 6 mm;

(2) 马镫钢筋宜伸到叠合板上、下部纵向钢筋处,预埋在预制板内的总长度不应小于 $15d$,水平段长度不应小于 50 mm。

4.3.4　预制剪力墙

预制剪力墙是预制装配式混凝土剪力墙结构的主要抗侧力构件,抵御地震和风荷载作用。主要包括整体预制墙、单层叠合墙、双层叠合墙三种类型。

1. 整体预制墙

整体预制墙板是指剪力墙墙体在工厂预制完成后运输至现场,通过套筒灌浆连接(图 4-29a),浆锚搭接连接(图 4-29b)或者浇筑预留后浇区(图 4-29c)与主体结构连接的预制构件。

(a) 套筒灌浆连接的预制剪力墙　　(b) 浆锚搭接连接的预制剪力墙　　(c) 底部预留后浇区的预制剪力墙

图 4-29　整体预制墙

图 4-30　单层叠合剪力墙

2. 单层叠合剪力墙

将预制混凝土外墙板作为模板,在外墙内侧绑扎钢筋、支模并浇筑混凝土,预制混凝土外墙板通过粗糙面和叠合筋与现浇混凝土结合成整体,如图 4-30 所示。该体系中的预制外墙板在施工时作为内侧现浇混凝土墙的模板,因此也被称作预制混凝土外墙模板PCF(Precast Concrete Form)。在现浇混凝土浇筑完成并终凝后,预制外墙板与现浇混凝土剪力墙形成整体。

预制混凝土外墙模板(PCF)中桁架钢筋的主要作用,一是为了在预制外模板脱模、存放、安装及浇筑混凝土时提供必要的强度和刚度,避免预制外模板损坏、开裂;二是保证PCF 剪力墙中预制墙板和现浇部分具有很好的整体性,避免出现界面破坏或预制剪力墙外模板边缘翘起现象。

PCF 剪力墙是实现剪力墙结构住宅产业化生产的一种方式。PCF 剪力墙的预制部分即预制外墙模板在工厂加工、制作、养护,达到设计强度后运抵施工现场,安装就位后和现浇部分整浇形成 PCF 剪力墙。带建筑饰面的预制外墙板不仅可作为外墙模板,外墙立面也不需要二次装修,可完全省去施工外脚手架。

PCF 剪力墙的受力变形过程、破坏模式、设计计算和普通剪力墙相同,仅制作过程和生产工艺不同。结构外墙采用 PCF 剪力墙、结构内墙和筒体采用普通剪力墙的剪力墙结构体系与普通全现浇剪力墙结构具有相同的结构性能。因此 PCF 剪力墙结构可采用和普通全现浇剪力墙结构相同的设计原则、方法和构造要求。

3. 双层叠合剪力墙

双层叠合剪力墙墙板(图 4-31)由两片不小于 50 mm 厚的钢筋混凝土预制板组成,其内外预制板已根据结构计算配置相应的水平和竖向受力钢筋,内外墙板通过桁架钢筋连接为整体。每块墙板设置吊点,在工厂流水线进行生产,生产完毕后运输到现场安装就位,并在双面叠合剪力墙板的中间部位现浇混凝土,与桁架钢筋和内外预制混凝土板形成整体,共同承受结构竖向和水平荷载,如图 4-32 所示。

图 4-31 双层叠合剪力墙

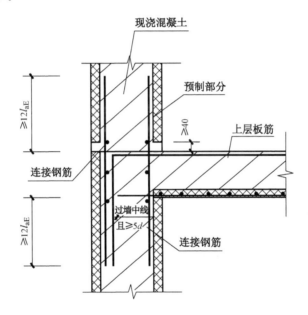

图 4-32 叠合剪力墙连接示意图

双面叠合剪力墙结构是装配式混凝土剪力墙结构体系的一种,适应设计一体化,生产自动化以及施工装配化的要求。在钢筋混凝土双面叠合剪力墙结构技术推广应用的过程中,具有尺寸精准度高、质量稳定、防水性好、结构整体性好、施工快捷、节能环保、施工效率高等优点。

试验研究表明,双面叠合剪力墙受力性能与整体浇筑的剪力墙基本相同,内外预制板与核心混凝土部分能够较好的共同工作,其承载力比整体现浇混凝土剪力墙有一定程度的降低,因此,正截面受弯计算公式在应用《高层建筑混凝土结构技术规程》(JGJ 3)中偏心受压和偏心受拉构件的计算公式基础上,将有效翼缘宽度适当折减以反映实际承载力的降低状况。

双面叠合剪力墙设计时,应通过计算确定墙中的水平钢筋,防止发生剪切破坏,通过构造措施防止发生剪拉破坏和斜压破坏。墙板中间应沿竖向设置桁架钢筋以增加墙板的刚度,便于生产、运输、安装、施工时墙板不开裂。混凝土浇筑时,桁架钢筋用于两面墙板的连接作用,并承受施工荷载以及混凝土的侧压力。

根据《装配式混凝土建筑技术标准》(GB/T 51231):双面叠合剪力墙的墙肢厚度不宜小于 200 mm,单叶预制墙板厚度不宜小于 50 mm,空腔净距不宜小于 100 mm。预制墙板内外叶内表面应设置粗糙面,粗糙面凹凸深度不应小于 4 mm。

双面叠合剪力墙中钢筋桁架应满足运输、吊装和现浇混凝土施工的要求,并应符合下列规定:

(1)钢筋桁架宜竖向设置,单片预制叠合剪力墙墙肢不应少于 2 榀。

(2)钢筋桁架中心间距不宜大于 400 mm,且不大于竖向分布筋间距的 2 倍;钢筋桁架距叠合剪力墙预制墙板边的水平距离不宜大于 150 mm(图 4-33)。

(3)钢筋桁架(图 4-34)的上弦钢筋直径不宜小于 10 mm,下弦钢筋及腹杆钢筋直径不宜小于 6 mm。

(4)钢筋桁架应与两层分布筋网片可靠连接,连接方式可采用焊接。

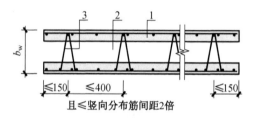

图 4-33 双面叠合剪力墙中钢筋桁架的预制布置要求

1—预制部分;2—现浇部分;3—钢筋桁架

图 4-34 钢筋桁架构造三维视图

4.3.5 外挂墙板

图 4-35 外挂墙板

对于传统的现浇混凝土结构,外围护墙在主体结构完成后采用砌块砌筑,这种墙也被称为二次墙。为了加快施工进度、缩短工期,将外围护墙改成预制钢筋混凝土墙,将墙体进行合理的分割及设计后,在工厂预制,再运至现场进行安装,实现了外围护墙与主体结构的同时施工。这种起围护、装饰作用的非承重预制混凝土墙板通常采用预埋件或留出钢筋与主体结构实现连接,因此被称作预制外挂墙板,简称外挂墙板,如图4-35所示。

外挂墙板是由混凝土板和门窗等围护构件组成的完整结构构件,主要承受自重以及直接作用于其上的风荷载、地震作用、温度作用等。因此,外挂墙板应进行结构设计,并应符合承载能力极限状态和正常使用极限状态的所有设计规定。同时,外挂墙板也是建筑物的外围护结构,其本身不分担主体结构承受的荷载。作为建筑物的外围护结构,绝大多数外挂墙板均附着于主体结构,必须具备适应主体结构变形的能力。外挂墙板适应变形的能力,除自身的刚度、承载力和稳定性要求外,可以通过多种可靠的构造措施来保证,比如足够的胶缝宽度、构件之间的活动连接等。

根据《装配式混凝土建筑技术标准》(GB/T 51231),外挂墙板与主体结构的连接节点应具有足够的承载力和适应主体结构变形的能力。外挂墙板和连接节点的结构分析、承载力计算和构造要求应符合国家现行标准《混凝土结构设计规范》(GB 50010)和《装配式混凝土结构技术规程》(JGJ 1)等规范的有关规定。

① 外挂墙板的分类

根据制作的不同,预制外挂墙板可分为预制混凝土夹心保温外挂墙板和预制混凝土非保温外挂墙板。

➤ 预制混凝土夹心保温外挂墙板

预制混凝土夹心保温外挂墙板是集维护、保温、防水、防火等功能于一体的重要装配式构件,由内叶墙板、保温材料、外叶墙板三部分组成,如图 4-36 所示。其基本构造如图 4-37 所示。

图 4-36 预制混凝土夹心保温外挂墙板

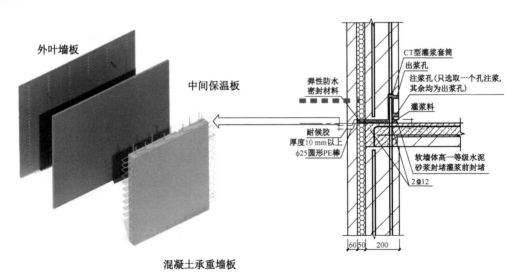

图 4-37 预制混凝土夹心保温外挂墙板构造

预制混凝土夹心保温外挂墙板宜采用平模工艺生产,生产时,一般先浇筑外叶墙板混凝土层,再安装保温材料和拉结杆,最后浇筑内叶墙板混凝土。当采用立模工艺生产时,应同步浇筑内、外叶墙板混凝土层,并应采取保证保温材料及拉结杆件位置准确的措施。外叶墙只是作为保护层使用,不与内叶墙形成组合构件,外叶墙的自重完全由内叶墙承担,并且外叶墙不参与内叶墙的受力分配,内叶墙和外叶墙的受力和温度变形行为完全独立,因此要求保温拉接件在侧向具有较好的抗拉、抗弯、抗剪强度和足够的弹性和韧性,保证外叶墙在温度变化时可以自由胀缩,不会开裂。

图 4-38　预制混凝土非保温外墙板

➤ 预制混凝土非保温外墙板

预制混凝土非保温外挂墙板是在预制车间加工并运输到施工现场吊装的钢筋混凝土外墙板,如图 4-38 所示。在板底设置预埋铁件,通过与楼板上的预埋螺栓连接达到底部固定,再通过连接件达到顶部与楼板的固定。其在工厂采用工业化生产,具有施工速度快、质量好、维修费用低的特点。

② 外挂墙板的连接

外挂墙板是建筑外围护结构或装饰结构,必须可靠地固定在主体结构上。外挂墙板与主体结构通常通过预埋件和钢筋进行结构性连接。锚固连接破坏通常属于脆性破坏,一旦发生,会产生十分严重的后果。因此,外挂墙板与主体结构的锚固连接必须牢固、可靠;连接件与主体结构的锚固承载力应通过计算或试验确认,并需适当留有余地,任何情况下不允许发生锚固破坏。支承外挂墙板的结构连接件、锚固件以及主体结构、结构构件,设计时应当以外挂墙板传递的荷载、地震作用为基本依据,避免发生承载力破坏或过大的变形,影响外挂墙板的质量或安全。

根据《装配式混凝土建筑技术标准》(GB/T 51231):在正常使用状态下,外挂墙板应具有良好的工作性能。外挂墙板在多遇地震作用下应能正常使用;在设防烈度地震作用下经修理后应仍可使用;在预估的罕遇地震作用下不应整体脱落。抗震设计时候,外挂墙板与主体结构的连接节点在墙板平面内应具有不小于主体结构在设防烈度地震作用下弹性层间位移角 3 倍的变形能力。

外挂墙板与主体结构的柔性连接可分为滑动型、转动型和固定型,如表 4-10 所示。

➤ 滑动型连接

外挂墙板的承重边水平固定于主体构件上,非承重边与主体可以相对错动,连接节点可采用单边线支承、点支承或点线组合支承。

➤ 转动型连接

外挂墙板相对于主体结构能绕其中一个承重点发生相对转动,连接形式可采用固定线支承或点支承。

➤ 固定型连接

外挂墙板完全固定于主体结构梁或柱上,连接形式可采用固定线支承或点支承。

表 4-10　柔性连接外挂墙板与主体结构的相对变形

	滑动型	转动型	固定型
弯曲变形主结构中的墙板			
剪切变形主结构中的墙板			

根据《装配式混凝土建筑技术标准》(GB/T 51231),外挂墙板与主体结构采用点支承连接时,节点构造应符合下列规定:

a. 连接点数量和位置应根据外挂墙板形状、尺寸确定,连接点不应少于 4 个,承重连接点不应多于 2 个。

b. 在外力作用下,外挂墙板相对主体结构在墙板平面内应能水平滑动或转动。

c. 连接件的滑动孔尺寸应根据穿孔螺栓直径、变形能力需求和施工允许偏差等因素确定。

根据《装配式混凝土建筑技术标准》(GB/T 51231),外挂墙板与主体结构采用线支承连接时(图 4-39),节点构造应符合下列规定:

a. 外挂墙板顶部与梁连接,且固定连接区段应避开梁端 1.5 倍梁高长度范围。

b. 外挂墙板与梁的结合面应采用粗糙面并设置键槽;接缝处应设置连接钢筋,连接钢筋数量应经过计算确定且钢筋直径不宜小于 10 mm,间距不宜大于 200 mm;连接钢筋在外挂墙板和楼面梁后浇混凝土

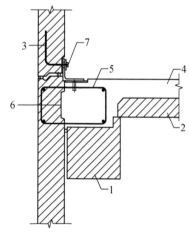

图 4-39　外挂墙板线支承连接示意图

1—预制梁;2—预制板;3—预制外挂墙板;
4—后浇混凝土;5—连接钢筋;
6—剪力键槽;7—面外限位连接件

中的锚固应符合现行国家标准《混凝土结构设计规范》(GB 50010)的有关规定。

c. 外挂墙板的底端应设置不少于 2 个仅对墙板有平面外约束的连接节点。

d. 外挂墙板的侧边不应与主体结构连接。

③ 外挂墙板的计算

根据《装配式混凝土结构技术规程》(JGJ 1),计算外挂墙板及连接节点的承载力时,荷载组合效应设计值应符合下列规定:

a. 持久设计状况:

当风荷载效应起控制作用时:

$$S = \gamma_G S_{Gk} + \gamma_w S_{wk} \tag{4-1-1}$$

当永久荷载效应起控制作用时:

$$S = \gamma_G S_{Gk} + \psi_w \gamma_w S_{wk} \tag{4-1-2}$$

b. 地震设计状况:

在水平地震作用下:

$$S_{Eh} = \gamma_G S_{Gk} + \gamma_{Eh} S_{Ehk} + \psi_w \gamma_w S_{wk} \tag{4-1-3}$$

在竖向地震作用下:

$$S_{Ev} = \gamma_G S_{Gk} + \gamma_{Ev} S_{Evk} \tag{4-1-4}$$

式中: S—— 基本组合的效应设计值;

S_{Eh}—— 水平地震作用组合的效应设计值;

S_{Ev}—— 竖向地震作用组合的效应设计值;

S_{Gk}—— 永久荷载的效应标准值;

S_{wk}—— 风荷载的效应标准值;

S_{Ehk}—— 水平地震作用的效应标准值;

S_{Evk}—— 竖向地震作用的效应标准值;

γ_G—— 永久荷载分项系数;

γ_w—— 风荷载分项系数,取 1.4;

γ_{Eh}—— 水平地震作用分项系数,取 1.3;

γ_{Ev}—— 竖向地震作用分项系数,取 1.3;

ψ_w——风荷载组合系数。在持久设计状况下取 0.6,地震设计状况下取 0.2。

在持久设计状况、地震设计状况下,进行外挂墙板的连接节点的承载力设计时,永久荷载分项系数 γ_G 应按下列规定取值:

a. 进行外挂墙板平面外承载力设计时,γ_G 应取为 0;进行外挂墙板平面内承载力设计时,γ_G 应取为 1.2;

b. 进行连接节点承载力设计时,在持久设计状况下,当风荷载效应起控制作用时,γ_G 应取为 1.2,当永久荷载效应起控制作用时,γ_G 应取为 1.35;在地震设计状况下,γ_G 应取为 1.2，当永久荷载效应对连接节点承载力有利时，γ_G 应取为 1.0。

在计算外挂墙板的地震作用标准值时，可采用等效侧力法，并按下式计算：

$$q_{Ek} = \beta_E \alpha_{max} \frac{G_k}{A} \qquad (4-2)$$

式中：q_{Ek}——分布水平地震作用标准值（kN/m^2），当验算连接节点承载力时，连接节点地
　　　　　　震作用效应标准值应乘以 2.0 的增大系数；

　　　β_E——动力放大系数，不应小于 5.0；

　　　α_{max}——水平多遇地震影响系数最大值，应符合现行国家标准《建筑抗震设计规范》
　　　　　　（GB 50011）有关规定；

　　　G_k——外挂墙板的重力荷载标准值（kN）；

　　　A——外挂墙板的平面面积（m^2）。

④ 算例：大开洞线支承预制混凝土外挂墙板的设计方法

Ⅰ. 设计内容

➢ 墙板配筋；

➢ 连接节点设计。

Ⅱ. 内力计算模型

➢ 墙板的配筋

平面外受力验算⇨等效简支梁（图 4-40）。

平面内受力验算⇨等效单层 U 形刚架（图 4-41）。

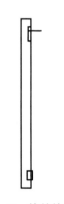
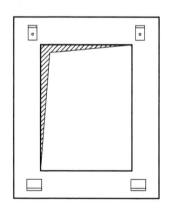

图 4-40　等效简支梁　　　图 4-41　等效单层 U 形刚架

➢ 连接设计标准（表 4-11）

表 4-11　连接设计标准

连接部位	设计标准
线支承钢筋	多遇地震工况弹性，罕遇地震工况不屈服
节点（底部限位连接件）	多遇地震工况弹性

Ⅲ. 荷载工况及组合

➤ 荷载工况

· 自重标准值

$$G_k = \gamma_p V \tag{4-3}$$

式中：γ_p——混凝土容重；

V——为混凝土体积。

· 风荷载标准值

$$S_{wk} = \beta_{gz}\mu_{s1}\mu_z w_0 A_0 \tag{4-4}$$

式中：β_{gz}——高度 z 处的阵风系数；

μ_{s1}——风荷载局部体型系数；

μ_z——风压高度变化系数；

w_0——基本风压(kN/m^2)；

A_0——外挂墙板的平面面积(m^2)。

· 地震荷载标准值

水平地震荷载标准值：

$$S_{Ehk} = \beta_E \alpha_{max} G_k \tag{4-5}$$

式中：β_E——动力放大系数，不应小于 5.0；

α_{max}——水平多遇地震影响系数最大值，应符合现行国家标准《建筑抗震设计规范》(GB 50011) 的有关规定；

G_k——外挂墙板的重力荷载标准值(kN)。

竖向地震荷载标准值：

$$S_{Evk} = 0.65 S_{Ehk} \tag{4-6}$$

➤ 荷载组合

· 面外水平荷载组合设计值

$$S_{1h} = \max\{S_{Eh}, S_w\} \tag{4-7}$$

水平地震基本组合：

$$S_{Eh} = 1.3 S_{Ehk} + 0.28 S_{wk} \tag{4-8}$$

风荷载基本组合：

$$S_w = 1.4 S_{wk} \tag{4-9}$$

· 面外水平荷载组合标准值(使用阶段)

$$S_{1hk} = \max\{S_{Ehk}, S_{wk}\} \tag{4-10}$$

水平地震标准组合：

$$S_{Eh} = S_{Ehk} + 0.2S_{wk} \tag{4-11}$$

风荷载标准组合：

$$S_w = S_{wk} \tag{4-12}$$

· 面外施工工况标准组合设计值

$$G = \max\{G_a, G_b\} \tag{4-13}$$

脱模吸附力组合设计值：

$$G_a = 1.2G_k + A_1 f \tag{4-14}$$

式中：A_1——墙板和模具接触面积(m^2)；

f——脱模吸附力，取 $1.5\ kN/m^2$。

自重组合设计值：

$$G_b = \gamma_c G_k \tag{4-15}$$

式中：γ_c——动力系数，取 1.5。

· 平面内水平荷载组合设计值

$$S_{2h} = \gamma_{Eh} S_{Ehk} \tag{4-16}$$

式中：γ_{Eh}——水平地震作用分项系数。

· 平面内水平荷载组合标准值

$$S_{2hk} = S_{Ehk} \tag{4-17}$$

· 平面内竖向荷载设计值

$$S_v = \gamma_G G_k + \gamma_{Ev} S_{Evk} \tag{4-18}$$

式中：γ_G——重力荷载分项系数，一般情况应取 1.2，当重力荷载效应对构件承载能力有利时，不应大于 1.0；

γ_{Ev}——竖向地震作用分项系数。

➤ 设计时荷载组合的选取（表 4-12）

表 4-12　荷载组合选取

项　　目	选　　取
墙板配筋	S_{1h}, S_{2h}, G
墙板裂缝	S_{1hk}, S_{2hk}, G
连接节点平面外、内水平及竖向受力验算	S_{1h}, S_{2h}, S_v

Ⅳ. 内力计算

➤ 平面外

$$M = \alpha_M S L_0^2 \tag{4-19}$$

式中：α_M——内力值系数，使用阶段取 0.125（简支），施工阶段取 0.021（双悬臂）；

S——荷载；

L_0——外挂墙板的计算跨度。

• 承载力极限状态

墙板分布筋配筋计算：

$$\alpha_1 f_c b x = f_y A_s \tag{4-20}$$

$$M \leqslant \alpha_1 f_c b x \left(h - \frac{x}{2} \right) \tag{4-21}$$

式中：M——墙板计算截面的弯矩设计值。

其他参数选取可按照《混凝土结构设计规范》（GB 50010）取值。

设计时应注意最大配筋率 ρ_{max} 和最小配筋率 ρ_{min} 的检查。最小配筋率可按照《混凝土结构设计规范》（GB 50010）取值。最大配筋率按照下式计算：

$$\rho_{max} = \frac{\xi_b \alpha_1 \beta_1 f_c}{f_y} \tag{4-22}$$

式中：ξ_b—— 相对界限受压区高度；

α_1 ——系数，混凝土等级不超过 C50 时，取 1.0；当混凝土强度等级为 C80 时，取 0.94；其间按线性内插法确定；

f_c —— 混凝土抗压强度设计值；

f_y ——钢筋抗拉强度设计值。

• 正常使用极限状态

$$w_{max} \leqslant 0.2 \text{ mm} \tag{4-23-1}$$

$$\delta = \alpha \frac{M_k L_0^2}{B} \leqslant \frac{L_0}{200} \tag{4-23-2}$$

式中：w_{max} —— 最大裂缝宽度，按照《混凝土结构设计规范》（GB 50010）确定；

α——挠度系数（简支梁取 5/48）；

M_k——按荷载的标准组合计算的弯矩，取计算区段内的最大弯矩值；

B——考虑荷载长期影响的刚度，可取 $E_c I_k$，其中 E_c 为混凝土弹性模量，I_k 为墙板计算截面的惯性矩；

L_0——外挂墙板的计算跨度。

➤ 平面内

• U 形刚架内力（图 4-42）

$$M_{2a} = \frac{(6k+2)S_{2h}h_0}{4(6k+1)} \quad (4\text{-}24\text{-}1)$$

$$M_{2b} = \frac{6kS_{2h}h_0}{4(6k+1)} \quad (4\text{-}24\text{-}2)$$

$$M_2 = \max\{M_{2a}, M_{2b}\} \quad (4\text{-}24\text{-}3)$$

式中：k——梁柱线刚度比。

· 承载力极限状态

M_2 求出后，A_s 计算同平面外。

· 正常使用极限状态

正常使用极限状态计算同平面外计算方法。

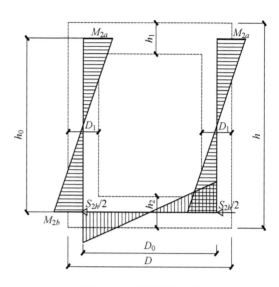

图 4-42　平面内弯矩图

Ⅴ. 节点设计

➤ 线支承连接钢筋

水平及竖向剪力：

$$V \leqslant V_{UE} \quad (4\text{-}25\text{-}1)$$

多遇地震：

$$V_{UE} = 1.65A_{sd}\sqrt{f_c f_y} \quad (4\text{-}25\text{-}2)$$

罕遇地震：

$$V_{UE} = 1.65A_{sd}\sqrt{f_{ck} f_{yk}} \quad (4\text{-}25\text{-}3)$$

式中：A_{sd}——线支承钢筋截面积；

　　　f_c——混凝土抗压强度设计值；

　　　f_y——钢筋抗拉强度设计值；

　　　f_{ck}——混凝土抗压强度标准值；

　　　f_{yk}——钢筋抗拉强度标准值。

➤ 底部限位连接板

底部限位连接板的设计应满足《混凝土结构设计规范》(GB 50010)9.7 节的相关规定，并满足《钢结构设计规范》(GB 50017)的相关要求。

$$S \leqslant R \quad (4\text{-}26)$$

式中：S——承载能力极限状态下作用组合的效应设计值；

　　　R——结构构件抗力设计值。

4.3.6　轻质隔墙

轻质隔墙板轻质、坚固耐用、强度高，并且免涂、不裂缝、易施工，防火、防水、隔声效果

图 4-43　ALC 轻质混凝土隔墙板

好,轻质隔墙板环保、节能,可数次利用、使用寿命长,广泛应用于各类预制装配式结构的非承重墙体。

1. ALC 轻质混凝土隔墙板

ALC 是英文 Autoclaved Lighweight Concrete 的缩写,中文全称为"蒸压轻质加气混凝土"(图 4-43)。ALC 轻质混凝土隔墙板是在加气混凝土中铺设经防腐处理的钢筋网片,经特殊工艺制成的新型轻质墙体材料,主要用于钢结构、混凝土框架结构、工业与民用建筑等。ALC 轻质混凝土隔墙板自重轻,可在楼板上自由布置墙体,对结构整体刚度影响小;具有很好的隔音性能和防火性能,是一种适宜推广的绿色环保材料;其安装快捷、无砌筑、无抹灰,缩短工期、提高效率。

2. 陶粒轻质隔墙板

轻质陶粒采用优质黏土、页岩或粉煤灰为主要原料,通过回转窑高温焙烧,经膨化而成,是一种优良的混凝土轻骨料,由于其内部呈蜂窝状结构,因而具有轻质、高强、导热系数低、吸水率小等特点。建筑陶粒厂一般以它为原料制成的轻骨料混凝土空心砌块、梁、板等,已成为我国发展新型墙体材料、代替实心黏土砖的主导产品,近年来广泛应用于工业与民用建筑中,尤其是在高层建筑物中的内隔墙(图 4-44)。

陶粒轻质隔墙板具有重量轻、板材薄、防潮、防火、隔声和保温等优良性能,并具有良好的可加工性,施工简便,湿作业少,安装效率高,可广泛用于框架建筑的内隔墙、各类建筑的分隔墙,以及大开间灵活隔断建筑体系的内隔墙,特别适用于各种快装房的建造和旧房的加层等。应用陶粒轻质隔墙板可以减轻建筑物自重,降低基础和结构造价,增加建筑物实际使用面积。

3. 轻钢龙骨隔墙

轻钢龙骨隔墙采用薄壁型钢做骨架,两侧铺钉饰面板,这种隔墙是机械化程度较高的一种干作业墙体,具有施工速度快、成本低、劳动强度小、装饰美观,以及防火、隔声性能好等特点,因此是应用较为广泛的一种隔墙(图 4-45)。

图 4-44　陶粒轻质隔墙板

图 4-45　轻钢龙骨隔墙

4.3.7 预制楼梯

预制楼梯(图 4-46)是最能体现装配式结构优势的构件。预制楼梯工厂提前预制生产,现场安装,质量、效率大大提高,节约了工时、人力资源,减少了现场施工耗材的浪费。安装后一次完成,无需再做饰面,清水混凝土面直接交房,外观好,结构施工阶段支撑少,生产工厂和安装现场无垃圾产生。预制装配式钢筋混凝土楼梯按其构造方式可分为梁承式和墙承式等。

图 4-46 预制楼梯

1. 预制装配梁承式钢筋混凝土楼梯

预制装配梁承式钢筋混凝土楼梯是指梯段由平台梁支承的楼梯构造方式。预制构件可按梯段(板式或梁式梯段)、平台梁、平台板三部分进行划分。

梯段

a. 板式梯段

板式梯段由梯段板组成(图 4-47)。一般梯段板两端各设一根平台梁,梯段板支承在平台梁上。由于梯段板跨度较小,也可做成折板形式,安装方便,免抹灰,节省施工费用。

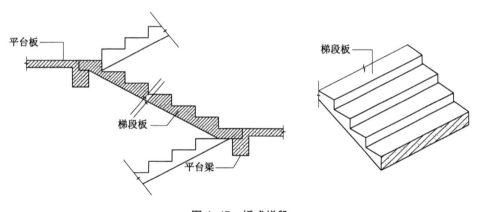

图 4-47 板式梯段

b. 梁式梯段

梁式梯段为整块或数块带踏步条板,其上下端直接支承在平台梁上(图 4-48)。其有效断面厚度可按 $L/20 \sim L/30$ 估算,其中,L 为楼梯跨度。由于梯段板厚度较梯斜梁小,使平台梁位置相应抬高,增大了平台下净空高度。为了减轻梯段板自重,也可做成空心构件,有横向抽孔和纵向抽孔两种方式。横向抽孔较纵向抽孔合理易行,较为常用。

平台梁

为了便于安装梯斜梁或梯段板,平衡梯段水平分力并减少平台梁所占结构空间,一般将平台梁做成 L 形断面。其构造高度按 $L/12$ 估算(L 为平台梁跨度)。设计时应注意挑

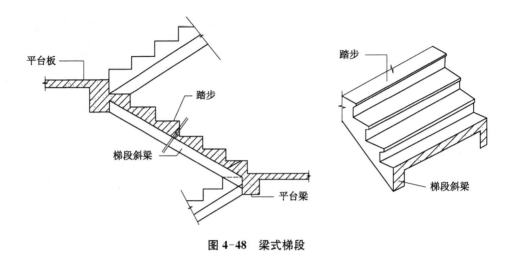

图 4-48　梁式梯段

耳部分的剪扭设计。

平台板

平台板可根据需要采用钢筋混凝土空心板、槽板或平板。需要注意的是,在平台上有管道井处,不宜布置空心板。

2. 预制装配墙承式钢筋混凝土楼梯

预制装配墙承式钢筋混凝土楼梯是指预制钢筋混凝土踏步板直接搁置在墙上的一种楼梯形式(图 4-49)。其踏步板一般采用一字形、L 形断面。预制装配墙承式钢筋混凝土楼梯由于踏步两端均有墙体支承,不需设平台梁和梯斜梁,也不必设栏杆,需要时设靠墙

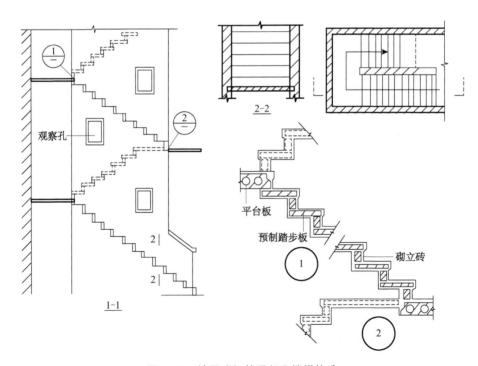

图 4-49　墙承式钢筋混凝土楼梯构造

扶手,可节约钢材和混凝土。但由于每块踏步板直接安装入墙体,对墙体砌筑和施工速度影响较大。同时,踏步板入墙端形状、尺寸与墙体砌块模数不容易吻合,砌筑质量不易保证,影响砌体强度。这种楼梯由于在梯段之间有墙,搬运家具不方便,也阻挡视线,上下人流易相撞。通常在中间墙上开设观察口,以使上下人流视线流通。也可将中间墙靠平台部分局部收进,以使空间通透,有利于改善视线和搬运家具物品。但这种方式对抗震不利,施工也较麻烦。

以上两种楼梯的特点及适用性如表 4-13 所示:

表 4-13 各类楼梯特点

楼梯类型	梁承式楼梯:梁式梯段	梁承式楼梯:板式梯段	墙承式楼梯
荷载能力	强	强	较强
构件拆分灵活性	可大可小,灵活性强	可大可小,灵活性强	以小型构件为主,灵活性较弱
施工难度	根据拆分构件不同,施工难度有所不同,总体难度一般	施工简单,质量宜于保证	施工不便,质量不易保证
自重	一般	较轻	较轻
占用空间	较大	较小	较大

现行国家标准构造图集提供的预制板式楼梯与平台的连接方式分为三种:①高端固定铰支座,低端滑动铰支座连接方式;②高端固定支座,低端滑动支座;③两端固定支座。

图 4-50 为高端固定铰支座,低端滑动铰支座连接。梯段板按简支计算模型考虑,楼梯不参与整体抗震计算。构件制作时,梯板上下端各预留两个孔,不需预留胡子筋,成品保护及运输简单。该方式应先施工梁板,待现场楼梯平台达到强度要求后再进行构件安装,梯板吊装就位后采用灌浆料灌实除空腔外的预留孔,施工方便快捷。

图 4-51 为高端固定支座,低端滑动支座连接。其与传统现浇楼梯的滑移支座相似,楼梯不参与整体抗震计算,上端纵向钢筋需要伸出梯板,要求楼梯预制时在模具两端留出穿筋孔,使得构件加工时钢筋入模、出模以及堆放、运输、安装困难。施工时,需先放置楼梯,待楼梯吊装就位后,绑扎平台梁上部受力筋,现场施工较困难。

图 4-52 为两端固定支座连接。其类似于楼梯与主体结构整浇,需考虑楼梯对主体结构的影响,尤其是框架结构,楼梯应参与整体抗震计算,并满足相应的抗震构造要求。该形式楼梯上下端纵向钢筋均伸出梯板,制作、堆放、运输、安装和施工均比前两种支承方式困难。

现浇混凝土结构,楼梯多采用两端固定的连接方式,楼梯参与结构体系的抗震验算。装配式混凝土结构,楼梯与主体结构的连接宜采用简支或一端固定一端滑动的连接方式。

《装配式混凝土结构技术规程》(JGJ 1)关于楼梯连接方式的规定:预制楼梯与支承构件之间宜采用简支连接。

采用简支连接时,应符合下列规定:①预制楼梯宜一端设置固定铰,另一端设置滑动铰,其转动及滑动变形能力应满足结构层间位移的要求,且预制楼梯端部在支承构件上的最小搁置长度应符合表 4-14 的规定;②预制楼梯设置滑动铰的端部应采取防止滑落的构造措施。

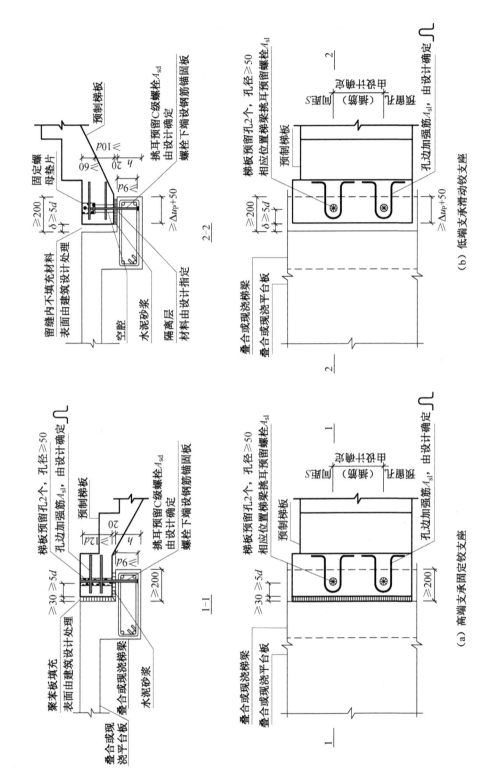

图 4-50 高端固定铰支座、低端滑动铰支座连接

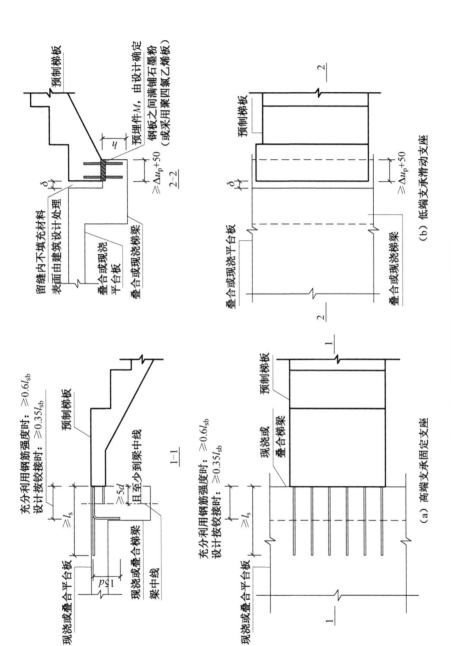

图 4-51　高端固定支座,低端滑动支座

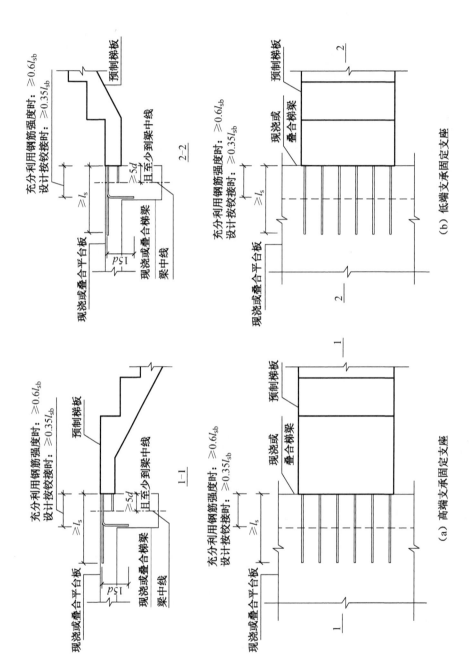

（a）高端支承固定支座

（b）低端支承固定支座

图 4-52　两端固定支座

表 4-14　预制楼梯在支承构件上的最小搁置长度

抗震设防烈度	6 度	7 度	8 度
最小搁置长度(mm)	75	75	100

4.3.8　预制阳台板

预制阳台板为悬挑板式构件,有叠合式和全预制式两种类型,全预制式又分为全预制板式和全预制梁式。

《装配式混凝土结构技术规程》(JGJ 1)对于阳台板等悬挑板有以下规定:

阳台板、空调板宜采用叠合构件或预制构件。预制构件应与主体结构可靠连接;叠合构件的负弯矩钢筋应在相邻叠合板的后浇混凝土中可靠锚固,叠合构件中预制板底钢筋的锚固应符合下列规定:

(1)当板底为构造配筋时,其钢筋应符合以下规定:叠合板支座处,预制板内的纵向受力钢筋宜从板端伸出并锚入支承梁或墙的后浇混凝土中,锚固长度不应小于 5d(d 为纵向受力钢筋直径),且宜过支座中心线。

(2)当板底为计算要求配筋时,钢筋应满足受拉钢筋的要求。

图 4-53 为预制叠合阳台板。

图 4-53　预制叠合阳台板

现行国家建筑标准设计图集《预制钢筋混凝土阳台板、空调板及女儿墙图集》(15G 368—1)给出了不同类型阳台板的连接形式,如图 4-54 至图 4-56 所示。

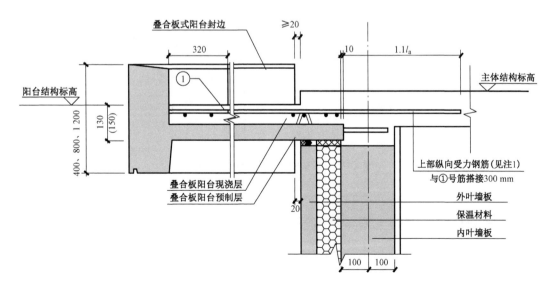

图 4-54　叠合式阳台板连接节点

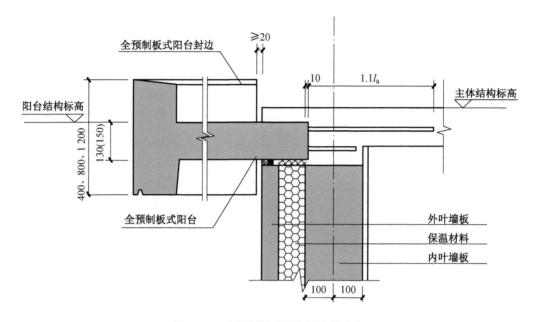

图 4-55　全预制板式阳台板连接节点

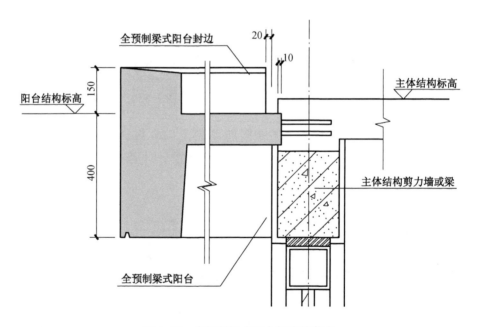

图 4-56　全预制梁式阳台板连接节点

4.4　装配整体式混凝土框架结构设计

　　装配整体式混凝土框架结构一般由预制框架柱、预制叠合梁、预制叠合板、预制外墙板、预制楼梯、预制阳台板、成品内墙板等构件组成,如图 4-57 所示。结构装配效率高,现浇湿作业少,是最适合进行预制装配化的结构形式。主要用于需要开敞大空间的厂房、仓库、商场、停车场、办公楼、教学楼、医务楼、商务楼等建筑,近年来也逐渐应用于居民住宅等民用建筑。

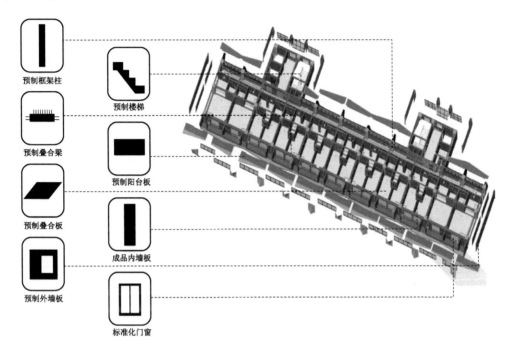

图 4-57　装配整体式框架结构的组成

装配整体式框架结构的设计一般要符合以下要求:

(1) 建筑设计应遵循少规格、多组合的原则;

(2) 宜采用主体结构、装修和设备管线的装配化集成技术;

(3) 建筑设计应符合建筑模数协调标准;

(4) 围护结构及建筑部品等宜采用工业化、标准化产品;

(5) 宜选用大开间、大进深的平面布置;

(6) 宜采用规则平面和立面布置。

总体来讲,装配整体式框架结构的设计分为以下几个方面:

1. 结构最大适用高度和抗震等级的确定

装配整体式框架结构的房屋最大适用高度、最大高宽比和结构抗震等级应按《装配式混凝土结构技术规程》(JGJ 1)确定,并符合《建筑抗震设计规范》(GB 50011)和《高层建筑混凝土结构技术规程》(JGJ 3)的相关要求。

2. 结构整体计算分析

由于装配整体式框架结构的连接技术较为成熟,可以达到与现浇框架结构等同的结构性能,装配整体式框架结构的计算分析方法与现浇结构相同,当梁—柱节点连接构造不能使装配式结构成为等同现浇型混凝土结构时,应根据结构体系的受力性能、节点和连接的特点采取合理准确的计算模型,并应考虑连接节点对结构内力分布和整体刚度的影响。楼面荷载导荷方式等应根据工程实际确定,采用叠合楼板的装配式楼面梁的刚度增大系数可比相应的现浇楼板情况适当减小。

3. 预制构件拆分设计

装配整体式框架结构拆分应符合以下原则:

(1) 装配式框架结构中预制混凝土构件的拆分位置除宜在构件受力较小的地方拆分和依据套筒的种类、产业化政策指标、外部条件、结构弹塑性分析结果(塑性铰位置)来确定外,还应考虑生产方式、道路运输、吊装能力及施工方便等因素。

(2) 梁拆分位置可以设置在梁端,也可以设置在梁跨中,拆分位置在梁的端部时,梁纵向钢筋套管连接位置距离柱边不宜小于 $1.0h$(h 为梁高),不应小于 $0.5h$(考虑塑性铰,塑性铰区域内存在的套管连接,不利于塑性铰转动)。

(3) 柱拆分位置一般设置在楼层标高处,底层柱一般现浇,若采用预制形式则拆分位置应避开柱脚塑性铰区域。

4. 预制构件设计

预制构件设计应满足《装配式混凝土结构技术规程》(JGJ 1)、《装配式混凝土建筑技术标准》(GB/T 51231)、《混凝土结构设计规范》(GB 50010)和《建筑抗震设计规范》(GB 50011)的相关规定,高层框架结构尚应满足《高层建筑混凝土结构设计规程》(JGJ 3)的相关规定。

5. 连接节点设计

装配整体式框架结构应重视预制构件连接节点的选型和设计,应根据设防烈度、建筑高度及抗震等级选择适当的节点连接方式和构造措施。重要且复杂的节点与连接的受力性能应通过试验研究确定,试验方法应符合相应规定。连接节点的选型和设计应注重概念设计,满足承载能力极限状态和正常使用极限状态及耐久性的要求。通过合理的连接节点与构造,保证构件的连续性和结构的整体性、稳定性,使整个结构具有必要的承载能力、刚度和延性,以及良好的抗风、抗震和抗偶然荷载的能力,并避免结构体系出现连续倒塌。

6. 预制构件深化设计

在主体设计方案的基础上,结合构件生产及施工现场实际情况,对图纸进行完善、补充、细化,绘制成具有可用于构件生产制作的施工图纸。深化设计后的图纸应满足原主体设计技术要求,符合相关地域设计规范和施工规范,并通过审查。

4.4.1 基本规定

1. 结构布置

(1) 平面

《装配式混凝土结构技术规程》(JGJ 1)关于装配式混凝土结构平面形状的规定与《高层建筑混凝土结构技术规程》(JGJ 3)关于混凝土结构平面布置的规定相同,即满足以下要求：

　　① 平面形状宜简单、规则、对称，质量、刚度分布宜均匀；不应采用严重不规则的平面布置；

　　② 平面长度不宜过长（图 4-58），长宽比（L/B）宜按表 4-15 采用；

　　③ 平面突出部分的长度 l 不宜过大，宽度 b 不宜过小（图 4-58），l/B_{max}、l/b 宜按表 4-15 采用；

　　④ 平面不宜采用角部重叠或细腰形平面布置。

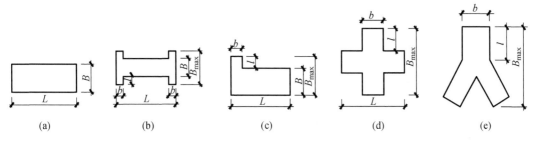

图 4-58　建筑平面规则性

表 4-15　平面尺寸及突出部位尺寸的比值限值

抗震设防烈度	L/B	l/B_{max}	l/b
6、7 度	≤6.0	≤0.35	≤2.0
8 度	≤5.0	≤0.30	≤1.5

（2）立面

《装配式混凝土结构技术规程》（JGJ 1）规定：装配式结构竖向布置应连续、均匀，应避免抗侧力结构的侧向刚度和承载力沿竖向突变，并应符合现行国家标准《建筑抗震设计规范》（GB 50011）的有关规定。

2. 结构整体分析

　　根据国内外多年的研究成果，有抗震设防要求的装配整体式框架结构，当采取了可靠的节点连接方式和合理的构造措施后，其性能可等同于现浇混凝土框架结构。装配整体式混凝土框架结构在满足现行国家标准《装配式混凝土结构技术规程》（JGJ 1）、《装配式混凝土建筑技术标准》（GB/T 51231）的相关规定时，可采用与现浇混凝土框架结构相同的方法进行结构分析。当同一层内既有预制又有现浇抗侧力构件时，地震设计状况下宜对现浇抗侧力构件在地震作用下的弯矩和剪力进行适当放大。

　　《装配式混凝土结构技术规程》（JGJ 1）规定：在结构内力与位移计算时，对现浇楼盖和叠合楼盖，均可假定楼盖在其自身平面内为无限刚性；楼面梁的刚度可计入翼缘作用予以增大；梁刚度增大系数可根据翼缘情况近似取为 1.3～2.0（现浇楼盖），也可取合理的增大系数（叠合楼盖）。

　　《装配式混凝土建筑技术标准》（GB/T 51231）规定：主体结构计算时，应按下列规定计入外挂墙板的影响：

（1）应计入支承于主体结构的外挂墙板的自重。

（2）当外挂墙板相对于其支承构件有偏心时，应计入外挂墙板重力荷载偏心产生的不利影响。

（3）采用点支承与主体结构相连的外挂墙板，连接节点具有适应主体结构变形的能力时，可不计入其刚度影响。

（4）采用线支承与主体结构相连的外挂墙板，应根据刚度等代原则计入其刚度影响，但不得考虑外挂墙板的有利影响。

在进行结构的内力和变形计算时，应考虑填充墙及外围护墙对结构刚度的影响。当采用轻质墙板填充墙时，可采用周期折减的方法考虑其对结构刚度的影响；对于框架结构，周期折减系数可取 0.7～0.9。

3. 连接要求

《装配式混凝土建筑技术标准》(GB/T 51231)规定：装配式混凝土结构中，节点及接缝处的纵向钢筋连接宜根据接头受力、施工工艺等要求选用套筒灌浆连接、机械连接、浆锚搭接连接、焊接连接、绑扎连接等连接方式。直径大于 20 mm 的钢筋不宜采用浆锚搭接连接，直接承受动力荷载的构件纵向钢筋不应采用浆锚搭接连接。当采用套筒灌浆连接时，应符合现行行业标准《钢筋套筒灌浆连接应用技术规程》(JGJ 355)的规定；当采用机械连接时，应符合现行行业标准《钢筋机械连接技术规程》(JGJ 107)的规定；当采用焊接连接时，应符合现行行业标准《钢筋焊接及验收规程》(JGJ 18)的规定。

预制构件的拼接应符合下列规定：

（1）预制构件拼接部位的混凝土强度等级不应低于预制构件的混凝土强度等级；

（2）预制构件的拼接位置宜设置在受力较小的部位；

（3）预制构件的拼接应考虑温度作用和混凝土收缩徐变的不利影响，宜适当增加配筋。

纵向钢筋采用挤压套筒连接时应符合下列规定：

（1）连接框架柱、框架梁、剪力墙边缘构件纵向钢筋的挤压套筒接头应满足Ⅰ级接头的要求，连接剪力墙竖向分布钢筋、楼板分布钢筋的挤压套筒接头应满足Ⅰ级接头抗拉的要求；

（2）被连接的预制构件之间应预留后浇段，后浇段的高度或长度应根据挤压套筒接头安装工艺确定，应采取措施保证后浇段的混凝土浇筑密实。

4.4.2　关键部位承载力计算

装配整体式结构中，接缝的正截面承载力应符合现行国家标准《混凝土结构设计规范》(GB 50010)的规定。接缝的受剪承载力应符合下列规定：

（1）持久设计状况

$$\gamma_0 V_{jd} \leqslant V_u \qquad (4\text{-}27\text{-}1)$$

（2）地震设计状况

$$V_{jdE} \leqslant \frac{V_{uE}}{\gamma_{RE}} \qquad (4-27-2)$$

在梁、柱端部箍筋加密区及剪力墙底部加强部位，尚应符合以下规定：

$$\eta_j V_{mua} \leqslant V_{uE} \qquad (4-27-3)$$

式中：γ_0——结构重要性系数，安全等级为一级时不应小于 1.1，安全等级为二级时不应小于 1.0；

V_{jd}——持久设计状况下接缝剪力设计值；

V_{jdE}——地震设计状况下接缝剪力设计值；

V_u——持久设计状况下梁端、柱端、剪力墙底部接缝受剪承载力设计值；

V_{uE}——地震设计状况下梁端、柱端、剪力墙底部接缝受剪承载力设计值；

V_{mua}——被连接构件端部按实配钢筋面积计算的斜截面受剪承载力设计值；

η_j——接缝受剪承载力增大系数，取 1.2。

1. 叠合梁端竖向接缝受剪承载力

叠合梁端竖向接缝主要包括框架梁与节点区的接缝、梁自身连接的接缝以及次梁与主梁的接缝几种类型。叠合梁端竖向接缝受剪承载力的组成主要包括：新旧混凝土结合面的粘结力、键槽的抗剪能力、后浇混凝土叠合层的抗剪能力、梁纵向钢筋的销栓抗剪作用。

行业标准《装配式混凝土结构技术规程》（JGJ 1）不考虑新旧混凝土结合面的粘结力，取混凝土抗剪键槽的受剪承载力、后浇层混凝土部分的受剪承载力、穿过结合面的钢筋销栓抗剪作用之和。地震往复作用下，对后浇层混凝土部分的受剪承载力进行折减，参照混凝土斜截面受剪承载力设计方法，折减系数取 0.6。

混凝土叠合梁端竖向接缝的受剪承载力设计值应按下列公式计算：

（1）持久设计状况

$$V_u = 0.07 f_c A_{cl} + 0.10 f_c A_k + 1.65 A_{sd} \sqrt{f_c f_y} \qquad (4-28-1)$$

（2）地震设计状况

$$V_{uE} = 0.04 f_c A_{cl} + 0.06 f_c A_k + 1.65 A_{sd} \sqrt{f_c f_y} \qquad (4-28-2)$$

式中：A_{cl}——叠合梁端截面后浇混凝土叠合层截面面积；

f_c——预制构件混凝土轴心抗压强度设计值；

f_y——垂直穿过结合面钢筋抗拉强度设计值；

A_k——各键槽的根部截面面积之和（图 4-59），按后浇键槽根部截面和预制键槽根部截面分别计算，并取二者的较小值；

A_{sd}——垂直穿过结合面除预应力筋外的所有钢筋的面积，包括叠合层内的纵向钢筋。

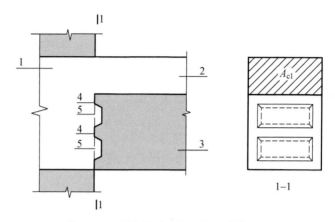

图 4-59 叠合梁端受剪承载力计算示意

1—后浇节点区；2—后浇混凝土叠合层；3—预制梁；
4—预制键槽根部截面；5—后浇键槽根部截面

例：

选取一实际工程项目中的次梁为例计算，次梁截面尺寸见图 4-60 所示。混凝土强度等级为 C35，$f_c = 16.7$ N/mm²，$f_t = 1.57$ N/mm²；钢筋采用 HTRB600E，抗拉强度设计值为 500 N/mm²。次梁端部伸入主梁底部配筋 2 根 Φ 25，上部 5 根 Φ 25，由计算结果查得梁端剪力设计值为 360 kN。

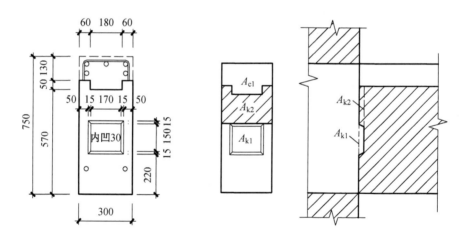

图 4-60 次梁截面尺寸

根据《装配式混凝土结构技术规程》（JGJ 1—2014）中第 7.2.2 条：

① 持久设计状态

$$V_u = 0.07 f_c A_{cl} + 0.10 f_c A_k + 1.65 A_{sd} \sqrt{f_c f_y} \qquad (4-29)$$

其中：

$$A_{cl} = 130 \times 300 + 50 \times 180 = 48\ 000\ \text{mm}^2$$

$$A_{k1} = 180 \times 200 = 36\ 000\ \text{mm}^2$$

$$A_{k2} = (570 - 220 - 180) \times 300 = 51\ 000\ \text{mm}^2$$

$$A_k = \min\{A_{k1}, A_{k2}\} = 36\ 000\ \text{mm}^2$$

$$A_{sd} = 7 \times 490 = 3\ 430\ \text{mm}^2$$

可知梁端受剪承载力设计值为：

$$V_u = 0.07 \times 16.7 \times 48\ 000 + 0.10 \times 16.7 \times 36\ 000 + 1.65 \times 3\ 430 \times \sqrt{16.7 \times 500}$$

$$= 633.4\ \text{kN} \geqslant 360\ \text{kN}$$

② 地震设计状况

$$V_{uE} = 0.04 f_c A_{cl} + 0.06 f_c A_k + 1.65 A_{sd} \sqrt{f_c f_y}$$

$$= 0.04 \times 16.7 \times 48\ 000 + 0.06 \times 16.7 \times 36\ 000 + 1.65 \times 3\ 430 \times \sqrt{16.7 \times 500}$$

$$= 585.3\ \text{kN} \geqslant 360\ \text{kN}$$

满足要求。

2. 预制柱底水平接缝受剪承载力

预制柱底水平接缝处的受剪承载力的组成包括：新旧混凝土结合面的粘结力、粗糙面或键槽的抗剪能力、轴压产生的摩擦力、柱纵向钢筋的销栓抗剪作用或摩擦抗剪作用，其中后者为抗剪承载力的主要组成部分。在地震往复作用下，混凝土粘结作用及粗糙面的受剪承载力丧失较快，计算不考虑。当柱受压时，计算轴压产生的摩擦力，柱底接缝灌浆层上下表面接触的混凝土均有粗糙面及键槽构造，因此摩擦系数取 0.8。当柱受拉时，没有轴压力产生的摩擦力，且由于钢筋受拉，计算钢筋销栓作用时，需要根据钢筋中的拉应力结果对销栓受剪承载力进行折减。因此在柱全截面受拉的情况下，不宜采用装配式构件。

根据《装配式混凝土结构技术规程》(JGJ 1)，在地震设计状况下，预制柱底水平接缝的受剪承载力设计值应按下列公式计算：

(1) 当预制柱受压时

$$V_{uE} = 0.8N + 1.65 A_{sd} \sqrt{f_c f_y} \tag{4-30-1}$$

(2) 当预制柱受拉时

$$V_{uE} = 1.65 A_{sd} \sqrt{f_c f_y \left[1 - \left(\frac{N}{A_{sd} f_y} \right)^2 \right]} \tag{4-30-2}$$

式中：f_c—— 预制构件混凝土轴心抗压强度设计值；

f_y—— 垂直穿过结合面钢筋抗拉强度设计值；

N—— 与剪力设计值 V 相应的垂直于结合面的轴向力设计值，取绝对值进行计算；

A_{sd}—— 垂直穿过结合面除预应力筋外的所有钢筋的面积，包括叠合层内的纵向钢筋；

V_{uE}—— 地震设计状况下接缝受剪承载力设计值。

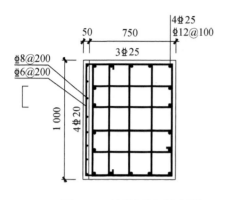

图 4-61 柱截面尺寸及配筋

例：

以一实际工程中的柱为例(图 4-61)。矩形柱截面计算参数：$b=800$ mm，$h=1\,000$ mm；混凝土强度等级为 C45，$f_c=21.10$ N/mm^2，$f_t=1.80$ N/mm^2；钢筋采用 HRB400，$f_y=360$ N/mm^2；柱截面的纵向钢筋面积为 $A_s=314.16\times8+490.87\times10=7\,422$ mm^2；由计算结果查得柱的轴向力设计值为 4 051 kN，与此轴向力相应的柱底剪力设计值为 $V=234.78$ kN。

预制柱底水平接缝的受剪承载力设计值为：

$$V_{uE}=0.8N+1.65A_{sd}\sqrt{f_cf_y}$$
$$=0.8\times4\,051\times10^3+1.65\times7\,422\times\sqrt{21.1\times360}$$
$$=4\,308\ \text{kN}\geqslant234.78\ \text{kN}$$

满足要求。

3. 叠合板受剪承载力计算

未配置抗剪钢筋的叠合板，水平叠合面的受剪承载力可按照下式计算：

$$\frac{V}{bh_0}\leqslant0.4(\text{N/mm}^2) \tag{4-31}$$

式中：V——叠合板验算截面处剪力；

　　　b——叠合板宽度；

　　　h_0——叠合板有效高度。

4. 梁柱节点核心区验算

对抗震等级一、二、三级的装配整体式框架，应进行梁柱节点核心区抗震受剪承载力验算；对四级框架可不进行验算。梁柱节点核心区抗震受剪承载力验算和构造应符合现行国家标准《混凝土结构设计规范》(GB 50010)及《建筑抗震设计规范》(GB 50011)的有关规定。

4.4.3 节点设计

装配整体式混凝土框架结构连接节点种类繁多且构造复杂，节点质量对整体结构的性能影响较大，因此需要重视连接节点的设计。装配整体式混凝土框架结构连接方式主要有：柱—柱连接，梁—梁连接，梁—柱连接等。

1. 柱—柱连接

常用的柱—柱连接其受力钢筋的连接方式有套筒灌浆连接、机械连接、钢筋焊接等。以下根据相关规范主要介绍套筒灌浆连接和挤压套筒连接的构造要求。

（1）套筒灌浆连接

套筒灌浆方式在欧美、日本等国家有长期、大量的实践经验，国内也有充分的试验研究、一定的应用经验及相关产品的标准和技术规程。当房屋层数较多时，如房屋高度大于 12 m 或层数超过 3 层时，柱的纵向钢筋采用套筒灌浆连接可以保证结构的安全。

当采用套筒灌浆连接时，预制柱中钢筋接头处套筒外侧箍筋的混凝土保护层厚度不应小于 20 mm；为保证施工过程中套筒之间的混凝土可以浇筑密实，套筒之间的净距不应小于 20 mm。

采用套筒灌浆技术的柱—柱连接要素为钢筋、混凝土粗糙面、键槽。由于后浇混凝土、灌浆料或坐浆材料与预制构件结合面的粘结抗剪强度往往低于预制构件本身混凝土的抗剪强度，因此，接缝一般采用强度等级高于构件的后浇混凝土、灌浆料或坐浆料。根据江苏省地方标准《装配整体式混凝土框架结构技术规程》（DGJ 32 TJ 219）规定：当预制柱纵向钢筋采用套筒灌浆连接时，预制柱顶、底应与后浇节点区之间设置拼缝（图 4-62），并应符合下列规定：

① 预制柱顶及后浇节点区顶面应做成粗糙面，凹凸深度不小于 6 mm；

② 预制柱底面应设置键槽；

③ 预制柱底面与后浇核心区之间应设置接缝，接缝厚度为 15 mm，并应采用灌浆料填实。

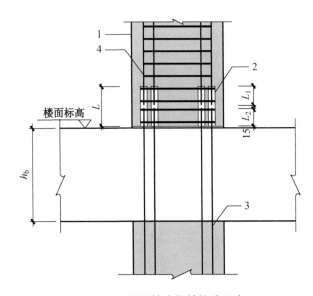

图 4-62　预制柱底接缝构造示意

1—预制柱；2—套筒连接器；3—下部预制柱主筋；4—上部预制柱主筋；
L—钢筋套筒连接器全长；h_b—梁高；L_1—预制固定端；L_2—现场插入端

（2）挤压套筒连接

根据《装配式混凝土建筑技术标准》（GB/T 51231）规定：上、下层相邻预制柱纵向受力钢筋采用挤压套筒连接时（图 4-63），柱底后浇段的箍筋应满足下列要求：

① 套筒上端第一道箍筋距离套筒顶部不应大于 20 mm,柱底部第一道箍筋距柱底面不应大于 50 mm,箍筋间距不宜大于 75 mm;

② 抗震等级为一、二级时,箍筋直径不应小于 10 mm,抗震等级为三、四级时,箍筋直径不应小于 8 mm。

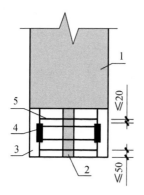

图 4-63　柱底后浇段箍筋配置示意

1—预制柱；2—支腿；3—柱底后浇段；
4—挤压套筒；5—箍筋

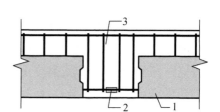

图 4-64　叠合梁连接节点示意

1—预制梁；2—钢筋连接接头；3—后浇段

2. 梁—梁连接

(1) 叠合梁对接

根据《装配式混凝土结构技术规程》(JGJ 1),叠合梁可采用对接连接(图 4-64)并应符合下列规定:

① 连接处应设置后浇段,后浇段的长度应满足梁下部纵向钢筋连接作业的空间需求;

② 梁下部纵向钢筋在后浇段内宜采用机械连接、套筒灌浆连接或焊接连接;

③ 后浇段内的箍筋应加密,箍筋间距不应大于 $5d$(d 为纵向钢筋直径),且不应大于 100 mm。

(2) 次梁与主梁后浇段连接

对于叠合楼盖结构,次梁与主梁的连接可采用后浇混凝土节点,即主梁上预留后浇段,混凝土断开而钢筋连通,以便穿过和锚固次梁钢筋。次梁与主梁宜采用铰接连接,也可采用刚接连接。

当采用刚接连接并采用后浇段的形式时应符合《装配式混凝土结构技术规程》(JGJ 1)的规定:

① 在端部节点处,次梁下部纵向钢筋深入主梁后浇段内的长度不应小于 $12d$。次梁上部纵向钢筋应在主梁后浇段内锚固。当采用弯折锚固(图 4-65a)或锚固板时,锚固直段长度不应小于 $0.6l_{ab}$;当钢筋应力不大于钢筋强度设计值的 50% 时,锚固直线段长度不应小于 $0.35l_{ab}$;弯折锚固的弯折后直段长度不应小于 $12d$(d 为纵向钢筋直径)。

② 在中间节点处,两侧次梁的下部纵向钢筋深入主梁后浇段内长度不应小于 $12d$(d

为纵向钢筋直径);次梁上部纵向钢筋应在现浇层内贯通(图 4-65b)。

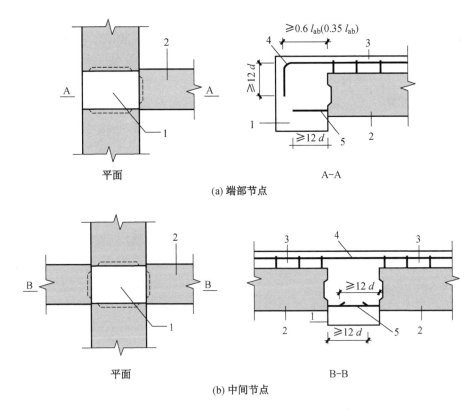

(a) 端部节点

(b) 中间节点

图 4-65 主次梁连接节点构造示意

1—主梁后浇段;2—次梁;3—后浇混凝土叠合层;4—次梁上部纵向钢筋;5—次梁下部纵向钢筋

(3) 次梁与主梁企口连接

当次梁与主梁采用铰接连接时,可采用企口连接或钢企口连接形式,采用企口连接时应符合现行国家标准的有关规定。

根据《装配式混凝土建筑技术标准》(GB/T 51231),当次梁不直接承受动力荷载且跨度不大于 9 m 时,可采用钢企口连接(图 4-66),并应符合下列规定:

① 钢企口两侧应对称布置抗剪栓钉,钢板厚度不应小于栓钉直径的 0.6 倍;预制主梁与钢企口连接处应设置预埋件;次梁端部 1.5 倍梁高范围内,箍筋间距不应大于 100 mm。

② 钢企口接头(图 4-67)的承载力验算,除应符合现行国家标准《混凝土结构设计规范》

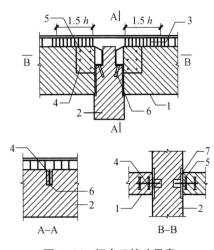

图 4-66 钢企口接头示意

1—预制次梁;2—预制主梁;
3—次梁端部加密箍筋;4—钢板;
5—栓钉;6—预埋件;7—灌浆料

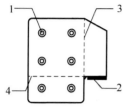

图 4-67 钢企口示意

1—栓钉；2—预埋件；
3—截面 A；4—截面 B

（GB 50010）、《钢结构设计规范》（GB 50017）的有关规定外，尚应符合下列规定：

  a. 钢企口接头应能够承受施工及使用阶段的荷载；

  b. 应验算企口截面 A 处在施工及使用阶段的抗弯、抗剪强度；

  c. 应验算钢企口截面 B 处在施工及使用阶段的抗弯强度；

  d. 凹槽内灌浆料未达到设计强度前，应验算钢企口外挑部分的稳定性；

  e. 应验算栓钉的抗剪强度；

  f. 应验算钢企口搁置处的局部受压承载力。

③ 抗剪栓钉的布置，应符合下列规定：

  a. 栓钉杆直径不宜大于 19 mm，单侧抗剪栓钉排数及列数均不应小于 2；

  b. 栓钉间距不应小于杆径的 6 倍且不宜大于 300 mm；

  c. 栓钉至钢板边缘的距离不宜小于 50 mm，至混凝土构件边缘的距离不应小于 200 mm；

  d. 栓钉钉头内表面至连接钢板的净距不宜小于 30 mm；

  e. 栓钉顶面的保护层厚度不应小于 25 mm。

（4）主梁与钢企口连接处应设置附加横向钢筋，相关计算及构造要求应符合现行国家标准《混凝土结构设计规范》（GB 50010）的有关规定。

3. 梁—柱连接

常用的梁—柱连接方式有整浇式连接、牛腿连接等。

（1）整浇式节点

整浇式节点是柱与梁通过后浇混凝土形成刚性节点，这种节点的优点是梁柱构件外形简单，制作和吊装方便，节点整体性好。

在预制柱叠合梁框架节点中，梁钢筋在节点中的锚固及连接方式是决定施工可行性以及节点受力性能的关键。梁、柱构件受力钢筋应尽量采用较粗直径，较大间距的布置方式，节点区的主筋较少，有利于节点的装配施工，保证施工质量。在设计过程中，应充分考虑施工装配的可行性，合理确定梁、柱截面尺寸及钢筋的数量、间距及位置。梁、柱纵向钢筋在后浇节点区内采用直线锚固、弯折锚固或机械锚固的方式时，其锚固长度应符合现行国家标准《混凝土结构设计规范》（GB 50010）中的有关规定；当梁、柱纵向钢筋采用锚固板时，应符合现行国家标准《钢筋锚固板应用技术规程》（JGJ 256）中的有关规定。

根据《装配式混凝土建筑技术标准》（GB/T 51231），采用预制柱及叠合梁的装配整体式框架节点，梁纵向受力钢筋应伸入后浇节点区内锚固或连接，并应符合下列规定：

① 框架梁预制部分的腰筋不承受扭矩时，可不伸入梁柱节点核心区。

② 对框架中间层中节点，节点两侧的梁下部纵向受力钢筋宜锚固在后浇节点核心区内（图 4-68a），也可采用机械连接或焊接的方式连接（图 4-68b）；梁的上部纵向受力钢筋应贯穿后浇节点核心区。

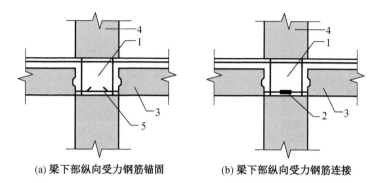

(a) 梁下部纵向受力钢筋锚固　　　(b) 梁下部纵向受力钢筋连接

图 4-68　预制柱及叠合梁框架中间层中节点构造示意

1—后浇区；2—梁下部纵向受力钢筋连接；
3—预制梁；4—预制柱；5—梁下部纵向受力钢筋锚固

③ 对框架中间层端节点，当柱截面尺寸不满足梁纵向受力钢筋的直线锚固要求时，宜采用锚固板锚固(图 4-69)，也可采用 90°弯折锚固。

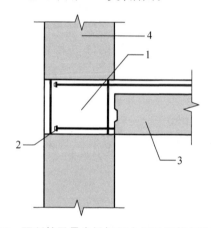

图 4-69　预制柱及叠合梁框架中间层端节点构造示意

1—后浇区；2—梁纵向钢筋锚固；3—预制梁；4—预制柱

④ 对框架顶层中节点，梁纵向受力钢筋的构造应符合本条第②款规定。柱纵向受力钢筋宜采用直线锚固；当梁截面尺寸不满足直线锚固要求时，宜采用锚固板锚固(图 4-70)。

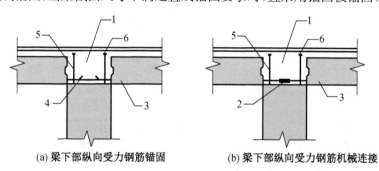

(a) 梁下部纵向受力钢筋锚固　　　(b) 梁下部纵向受力钢筋机械连接

图 4-70　预制柱及叠合梁框架顶层中节点构造示意

1—后浇区；2—梁下部纵向受力钢筋连接；3—预制梁；4—梁下部纵向受力钢筋锚固；
5—柱纵向受力钢筋；6—锚固板

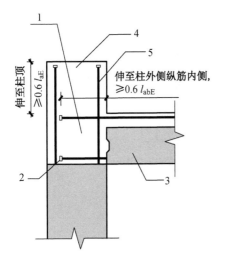

**图 4-71　预制柱及叠合梁框架顶层
端节点构造示意**

1—后浇区；2—梁下部纵向受力钢筋锚固；
3—预制梁；4—柱延伸段；5—柱纵向受力钢筋

⑤ 对框架顶层端节点，柱宜伸出屋面并将柱纵向受力钢筋锚固在伸出段内（图 4-71），柱纵向受力钢筋宜采用锚固板的锚固方式，此时锚固长度不应小于 $0.6l_{abE}$。伸出段内箍筋直径不应小于 $d/4$（d 为柱纵向受力钢筋的最大直径），伸出段内箍筋间距不应大于 $5d$（d 为柱纵向受力钢筋的最小直径）且不应大于 100 mm；梁纵向受力钢筋应锚固在后浇节点区内，且宜采用锚固板的锚固方式，此时锚固长度不应小于 $0.6l_{abE}$。

根据《装配式混凝土建筑技术标准》（GB/T 51231），采用叠合梁及预制柱的装配式框架中节点，两侧叠合梁底部水平钢筋采用挤压套筒连接时，可在核心区外一侧梁端后浇段内连接（图 4-72），也可在核心区外两侧梁端后浇段内连接（图 4-73），连接接头距柱边不小于 $0.5h_b$（h_b 为叠合梁截面高度）且不小于 300 mm，叠合梁后浇叠合层顶部的水平钢筋应贯穿后浇核心区。梁端后浇段的箍筋尚应满足下列要求：

① 箍筋间距不宜大于 75 mm；

② 抗震等级为一、二级时，箍筋直径不应小于 10 mm，抗震等级为三、四级时，箍筋直径不应小于 8 mm。

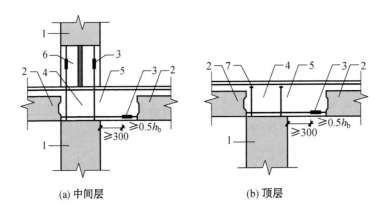

(a) 中间层　　　　　　　　　(b) 顶层

图 4-72　框架节点叠合梁底部水平钢筋在一侧梁端后浇段内采用挤压套筒连接示意

（2）牛腿式节点

牛腿凭借较高的承载力及其可靠的竖向传力方式，是应用较为广泛的一种干连接方式。这种节点形式分为明牛腿式和暗牛腿式两种。

对于暗牛腿，可以有很多种做法，如型钢暗牛腿、混凝土暗牛腿等。型钢暗牛腿（图 4-74）传力明确，变形性能良好，具有很好的应用前景。该节点将型钢直接伸出来而不用

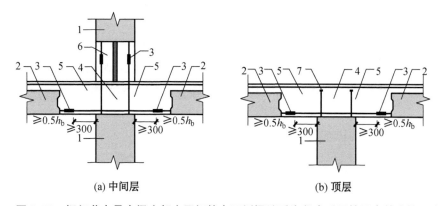

图 4-73　框架节点叠合梁底部水平钢筋在两侧梁端后浇段内采用挤压套筒连接示意

1—预制柱；2—叠合梁预制部分；3—挤压套筒；4—后浇区；5—梁端后浇段；
6—柱底后浇段；7—锚固板

混凝土包裹直接做成暗牛腿,梁端的剪力可以直接
通过牛腿传递到柱子上,梁端的弯矩可以通过梁端
和牛腿顶部设置的预埋件传递。当剪力较大时,用
型钢做成的牛腿还可以减小暗牛腿的高度,相应地
增加梁端缺口梁的高度以增加抗剪能力。

　　明牛腿节点主要用于厂房等工业建筑,是一种
常用的框架节点形式。此类节点主要由牛腿支撑
竖向荷载及梁端剪力,大部分牛腿节点设计被看成
铰接节点。除现浇混凝土可做成牛腿节点外,螺
栓、焊接等方式也常用于牛腿连接。

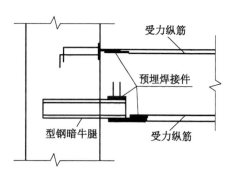

图 4-74　型钢暗牛腿连接

　　焊接牛腿连接(图 4-75):该焊接连接的抗震性能不理想,在反复地震荷载作用下焊
缝处容易发生脆性破坏,所以其能量耗散性能较差。但是焊接连接的施工方法避免了现
场浇筑混凝土,也不必进行养护,可以节省工期。开发变形性能较好的焊接连接构造也是
当前干式连接构造的发展方向。

　　螺栓牛腿连接(图 4-76):牛腿具有很好的竖向承载力,但需要较大的建筑空间,影响建
筑外观,因此用于一些厂房建筑中。牛腿连接配合焊接及螺栓,形成的节点形式多样,可做成
刚接形式,也可做成铰接形式,适用范围更广。

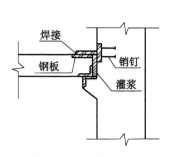

图 4-75　焊接牛腿连接

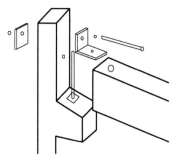

图 4-76　螺栓牛腿连接

4. 底层柱—基础连接

框架底层柱一般采用现浇施工,当确有必要并采取相应的技术措施后,底层柱也可采用预制。预制柱与现浇基础的连接可以参考江苏省规范《装配整体式混凝土框架结构技术规程》(DGJ 32 TJ 219),当底层预制柱与基础连采用套筒灌浆连接时,应满足下列要求:

(1)连接位置宜伸出基础顶面一倍柱截面高度;

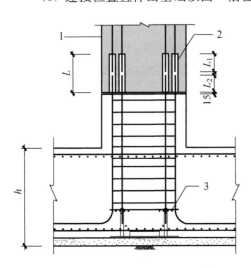

图 4-77 预制柱与现浇基础的连接示意

1—预制柱;2—灌浆套筒;3—主筋定位架;
h—基础高度;L—钢筋套筒连接器全长;
L_1—预制固定端;L_2—现场插入端

(2)基础内的框架柱插筋下端宜做成直钩,并伸至基础底部钢筋网上,同时应满足锚固长度的要求,宜设置主筋定位架辅助主筋定位;

(3)预制柱底应设置键槽,基础伸出部分的顶面应设置粗糙面,凹凸深度不应小于 6 mm;

(4)柱底接缝厚度为 15 mm,并应采用灌浆料填实(图 4-77)。

5. 叠合板连接

叠合板可根据预制板接缝构造、支座构造、长宽比按单向板或双向板设计。当预制板之间采用分离式接缝(图 4-78a)时,宜按单向板设计,此时应注意结构整体分析时面荷载的导荷方式按单向板方向。对长宽比不大于 3 的四边支承叠合板,当其预制板之间采用整体式接缝(图 4-78b)或无接缝(图 4-78c)时,可按双向板设计。

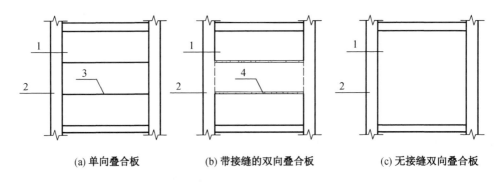

(a) 单向叠合板　　(b) 带接缝的双向叠合板　　(c) 无接缝双向叠合板

图 4-78 叠合板的预制板布置形式示意

1—预制板;2—梁或墙;3—板侧分离式接缝;4—板侧整体式接缝

(1)分离式拼缝

当叠合板按照单向板设计时,几块叠合板各自作为单向板进行设计,板侧采用分离式拼缝连接,如图 4-79 所示。

根据《装配式混凝土结构技术规程》(JGJ 1),单向叠合板板侧的分离式接缝宜配置附

加钢筋,并应符合下列规定:

① 接缝处紧邻预制板顶面宜设置垂直于板缝的附加钢筋,附加钢筋伸入两侧后浇混凝土叠合层锚固长度不应小于 $15d$(d 为附加钢筋直径)。

② 附加钢筋截面面积不宜小于预制板中该方向钢筋面积,钢筋直径不宜小于 6 mm,间距不宜大于 250 mm。

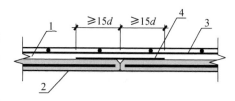

图 4-79　单向叠合板板侧分离式
拼缝构造示意图

1—后浇混凝土叠合层;2—预制板;
3—后浇层内钢筋;4—附加钢筋

(2) 整体式拼缝

当叠合板按照双向板设计时,同一块板内,可采用整块的叠合双向板或几块叠合板通过整体式接缝组合成的叠合双向板。整体式接缝一般采用后浇带的形式,后浇带应具有一定的宽度以保证钢筋在后浇带内的连接或者锚固的空间,保证后浇混凝土与预制板的整体性。双向叠合板板侧的整体式接缝宜设置在次要受力方向上且宜避开最大弯矩截面。

根据《装配式混凝土建筑技术标准》(GB/T 51231),整体式拼缝后浇带应符合下列规定:

① 后浇带宽度不宜小于 200 mm。

② 后浇带两侧板底纵向受力钢筋可在后浇带中焊接、搭接、弯折锚固、机械连接。

③ 当后浇带两侧板底纵向受力钢筋在后浇带中搭接连接时,应符合下列规定:

a. 预制板板底外伸钢筋为直线形时(图 4-80a),钢筋搭接长度应符合现行国家标准《混凝土结构设计规范》(GB 50010)的有关规定;

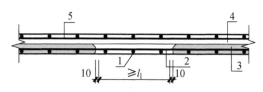

(a) 板底纵筋直线搭接

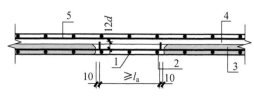

(b) 板底纵筋末端带90°弯钩搭接

b. 预制板板底外伸钢筋端部为 90°或 135°弯钩(图 4-80b、c)时,钢筋搭接长度应符合现行国家标准《混凝土结构设计规范》(GB 50010)有关钢筋锚固长度的规定,90°和 135°弯钩钢筋弯后直段长度分别为 $12d$ 和 $5d$(d 为钢筋直径)。

④ 当有可靠依据时,后浇带内的钢筋也可采用其他连接方式。

(3) 支座节点构造

叠合楼板通过现浇层与叠合梁或墙连接为整体,叠合楼板现浇层钢筋与梁或墙之间的连接和现浇结构完全相同,主要区别在于叠合楼板下层钢筋与梁或楼板的连接。

根据《装配式混凝土结构技术规程》(JGJ 1),叠合板支座处的纵向钢筋应符合下列规定:

① 板端支座处(图 4-81a),预制板内的

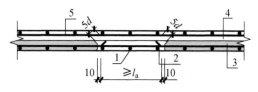

(c) 板底纵筋末端带135°弯钩搭接

图 4-80　双向叠合板整体式接缝构造示意

1—通长钢筋;2—纵向受力钢筋;3—预制板;
4—后浇混凝土叠合层;5—后浇层内钢筋

纵向受力钢筋宜从板端伸出并锚入支承梁或墙的后浇混凝土中,锚固长度不应小于5d(d为纵向受力钢筋直径),且宜伸过支座中心线。

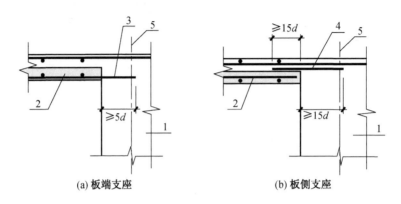

(a) 板端支座　　　　　　(b) 板侧支座

图 4-81　叠合板端及板侧支座构造示意

1—支承梁或墙；2—预制板；3—纵向受力钢筋；4—附加钢筋；5—支座中心线

② 单向叠合板的板侧支座处(图 4-81b),当预制板内的板底分布钢筋伸入支承梁或墙的后浇混凝土中时,应符合本条第 1 款的要求;当板底分布钢筋不伸入支座时,宜在紧邻预制板顶面的后浇混凝土叠合层中设置附加钢筋,附加钢筋截面面积不宜小于预制板内的同向分布钢筋面积,间距不宜大于 600 mm,在板的后浇混凝土叠合层内锚固长度不应小于 15d,在支座内锚固长度不应小于 15d(d 为附加钢筋直径)且宜伸过支座中心线。

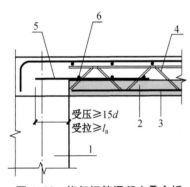

图 4-82　桁架钢筋混凝土叠合板板端构造示意

1—支承梁或墙；2—预制板；
3—板底钢筋；4—桁架钢筋；
5—附加钢筋；6—横向分布钢筋

根据《装配式混凝土建筑技术标准》(GB/T 51231),当桁架钢筋混凝土叠合板的后浇混凝土叠合层厚度不小于 100 mm 且不小于预制板厚度的 1.5 倍时,支承端预制板内纵向受力钢筋可采用间接搭接方式锚入支承梁或墙的后浇混凝土中(图 4-82),并应符合下列规定:

① 附加钢筋的面积应通过计算确定,且不应少于受力方向跨中板底钢筋面积的 1/3;

② 附加钢筋直径不宜小于 8 mm,间距不宜大于 250 mm;

③ 当附加钢筋为构造钢筋时,伸入楼板的长度不应小于与板底钢筋的受压搭接长度,伸入支座的长度不应小于 15d(d 为附加钢筋直径)且宜伸过支座中心线;当附加钢筋承受拉力时,伸入楼板的长度不应小于与板底钢筋的受拉搭接长度,伸入支座的长度不应小于受拉钢筋锚固长度;

④ 垂直于附加钢筋的方向应布置横向分布钢筋,在搭接范围内不宜少于 3 根,且钢筋直径不宜小于 6 mm,间距不宜大于 250 mm。

4.5 装配整体式剪力墙结构设计

装配整体式剪力墙结构体系,其主要预制构件包括承重墙(预制剪力墙)、非承重墙(外填充墙、内隔墙等)、预制楼梯(预制楼梯梯段端部伸出连接钢筋,伸入叠合平台板,通过叠合现浇形成整体楼梯)、预制阳台板(根据建筑要求,整体预制各种样式的阳台板,板边缘伸出连接钢筋,伸入叠合楼板,通过叠合现浇实现阳台板与主体结构的可靠连接)、叠合楼板(预制薄板,既是楼板的一部分,又可作为施工阶段叠合楼板的底模,设置桁架钢筋,增强薄板的刚度和强度,钢筋桁架节点又可兼做吊点),如图 4-83 所示:

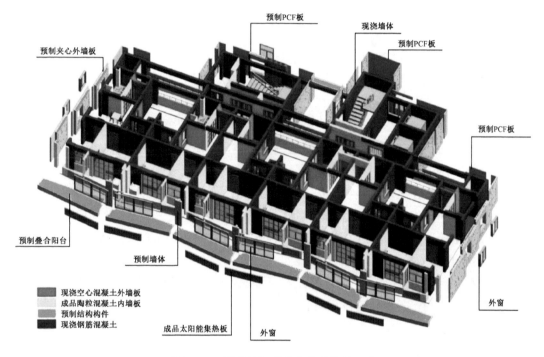

图 4-83 装配整体式剪力墙结构的组成

对于高层住宅建筑而言,预制装配整体式剪力墙结构具有良好的实用性。首先,这种建造方式现场施工少,受高层建筑施工中垂直运输的不便影响小;其次,这种结构建筑速度快,由于它是经过预制或者半预制而成的,因此在建造过程中速度很快,满足了建筑产业化、现代化的趋势。装配整体式剪力墙结构不仅施工效率高,而且现场污染少,构件质量稳定,更容易实现机械化施工。

装配整体式剪力墙结构的设计主要包括以下几个方面:

1. 概念设计

对于预制建筑的概念设计应该得到充分重视。由于其直接影响建筑的整体效益和质量,因此应在概念设计时充分了解项目定位、产业政策定位及外部条件。

(1)注重建筑设计方案的概念设计,控制建筑的高宽比,比现浇结构的控制稍严。

（2）根据现场土质情况，采取合理适宜的地基方案，加强地下室结构的刚度和整体性，适当提高基础结构的整体性和刚度，尽量避免结构产生不均匀沉降。

（3）重视无侧支墙体的稳定性验算及加强相应的技术措施。

（4）因结构底部加强部位属于结构抗震设计的重要部位，为提高装配整体式剪力墙结构的整体抗震性能，底部加强区一般采用全现浇结构。

（5）严格控制剪力墙墙肢的轴压比和剪压比，避免墙肢出现拉应力，加强屋面结构的整体性，屋面宜采用现浇混凝土梁板。

2. 结构计算

装配整体式剪力墙结构的计算分析方法与现浇剪力墙结构相同，墙采用墙元模拟，预制墙板之间采用整体式拼缝，预制墙板和拼缝作为同一墙肢建模。梁采用叠合梁，板采用叠合板，结构内力与位移计算考虑叠合板对梁刚度的增大作用，中梁刚度增大系数和边梁刚度增大系数可以按实际情况确定，比现浇结构略小。

3. 预制墙板设计

预制墙板在工厂生产，其强度可靠度不低于现浇剪力墙结构，所以预制墙板四周连接面的形态与现浇拼缝的质量直接决定整体结构的抗震性能。在设计中，预制墙板水平结合面采用粗糙面，竖向结合面做成键槽，键槽长度方向垂直于主剪力方向。

4. 墙板间的连接设计

预制墙板间的连接设计是装配整体式剪力墙结构设计的重要内容，包括预制墙板水平缝连接与竖向缝连接。预制墙板间钢筋的连接方式主要有三种：一是套筒灌浆连接；二是约束浆锚搭接连接；三是波纹管浆锚搭接连接。第一种是钢筋直接连接，第二、三种是钢筋间接连接。

由于存在后浇拼缝，使结构整体刚度有所削弱，在地震作用和风荷载作用下的实际位移略大于现浇结构。若预制墙板间采取可靠的连接方式，可具备等同现浇剪力墙结构的受力性能和承载力。

5. 叠合梁、叠合板设计

预制墙板洞口上方的预制连梁应与水平现浇带形成叠合连梁。预制连梁的箍筋应伸出其上表面，水平现浇带的纵筋应穿在箍筋内。如预制墙板为倒 L 形，预制连梁一端宜设置现浇边缘构件，连梁纵筋应锚固在现浇边缘构件内，连梁端部应做成粗糙面或者设置键槽。

叠合板按同厚度的现浇板进行计算。叠合板跨度较大时，楼板内力和挠度应考虑预制板拼缝的影响进行调整，并根据计算结果设置抗剪钢筋，楼板采用钢筋桁架板。

4.5.1　基本规定

1. 结构布置

《装配式混凝土建筑技术标准》（GB/T 51231）规定装配式剪力墙结构的布置应满足下列要求：

（1）应沿两个方向布置剪力墙；

（2）剪力墙的平面布置宜简单、规则，自下而上宜连续布置，避免层间侧向刚度突变；

（3）剪力墙门窗洞口宜上下对齐、成列布置，形成明确的墙肢和连梁；抗震等级为一、二、三级的剪力墙底部加强部位不应采用错洞墙，结构全高均不应采用叠合错洞墙。

根据《装配式混凝土结构技术规程》(JGJ 1)，抗震设计时，高层装配式剪力墙结构不应全部采用短肢剪力墙；抗震设防烈度为 8 度时，不宜采用具有较多短肢剪力墙的剪力墙结构。当采用具有较多短肢剪力墙的剪力墙结构时，应符合下列规定：

（1）在规定的水平地震作用下，短肢剪力墙承担的力矩不宜大于结构底部总地震倾覆力矩的 50%；

（2）房屋适用高度应比本书第 2 章表 2-3 中规定的装配整体式剪力墙结构的最大适用高度适当降低，抗震设防烈度为 7 度和 8 度时，宜分别降低 20 m。

2. 结构整体分析

装配整体式剪力墙结构可采用与现浇剪力墙结构相同的方法进行计算分析，应符合现行国家标准《混凝土结构设计规范》(GB 50010)、《建筑抗震设计规范》(GB 50011)、《装配式混凝土结构技术规程》(JGJ 1)、《装配式混凝土建筑技术标准》(GB/T 51231)和《高层建筑混凝土结构技术规程》(JGJ 3)的有关规定。

《装配式混凝土结构技术规程》(JGJ 1)规定：对同一层内既有现浇墙肢也有预制墙肢的装配整体式剪力墙结构，现浇墙肢水平地震作用下的弯矩、剪力宜乘以不小于 1.1 的增大系数。此项规定是考虑预制剪力墙的接缝会造成墙肢抗侧刚度的削弱，所以对弹性计算的内力进行调整，适当放大现浇墙肢在水平地震作用下的剪力和弯矩。

3. 连接要求

预制装配整体式剪力墙结构的连接应符合下列要求：

（1）预制装配整体式剪力墙结构各构件间的连接应能保证结构的整体性。

（2）预制装配整体式剪力墙结构各构件间的连接破坏不应先于构件破坏。

（3）预制装配整体式剪力墙结构各构件间的连接的破坏形式不能出现钢筋锚固破坏等脆性破坏形式。

（4）预制装配整体式剪力墙结构各构件间的连接构造应符合整体结构的受力模式及传力途径。

4.5.2　结构计算

1. 截面验算

预制装配整体式剪力墙结构应进行构件截面承载力计算，包括正截面、斜截面、扭曲截面、受冲切、局部承压等承载力计算，具体计算应按现行国家标准《混凝土结构设计规范》(GB 50010)的规定执行。

预制装配整体式剪力墙结构应进行构件截面抗震验算，具体计算应按现行国家标准《建筑抗震设计规范》(GB 50011)的规定执行。

2. 正常使用极限状态验算

预制装配整体式剪力墙结构应进行使用阶段下的裂缝控制验算,裂缝宽度计算及限值应按现行国家标准《混凝土结构设计规范》(GB 50010)的规定执行和确定。

预制装配整体式剪力墙结构应进行挠度验算。挠度验算可按现行国家标准《混凝土结构设计规范》(GB 50010)的规定执行,结构挠度验算应考虑荷载长期作用的影响,取构件长期刚度进行计算。挠度限值可按现行国家标准《混凝土结构设计规范》(GB 50010)的规定确定。

3. 施工阶段承验算

施工阶段承载能力验算应按下列规定进行:

(1)预制装配整体式剪力墙结构的预制构件应对脱模、起吊、运输和安装等工况进行承载能力极限状态计算,包括构件截面承载力计算以及必要的抗倾覆和稳定验算。

(2)预制装配整体式剪力墙结构预制构件在脱模、起吊、运输和安装等工况应选取相应的荷载设计值,选用合理的计算简图进行计算,应将构件自重乘以脱模吸附系数或动力系数。其中,脱模吸附系数可取 1.5,构件自重的动力系数取 1.2,脱模吸附力应根据构件和模具的实际状况取用,且不宜小于 1.5 kN/m^2。

施工阶段抗裂及变形验算应按下列规定进行:

(1)预制装配整体式剪力墙结构预制构件应进行正截面抗裂验算。正截面抗裂验算应按现行国家标准《混凝土结构设计规范》(GB 50010)的规定进行,并按一般要求不出现裂缝的构件验算。

(2)预制装配整体式剪力墙结构预制构件应进行挠度验算,挠度验算应按现行国家标准《混凝土结构设计规范》(GB 50010)的规定执行。预制构件挠度验算可不考虑荷载长期作用的影响,取构件短期刚度进行验算。构件挠度限值可按现行国家标准《混凝土结构设计规范》(GB 50010)的规定执行,并按使用上对挠度有较高要求的构件进行取值。

(3)预制装配整体式剪力墙结构预制构件应按施工阶段实际的受力情况、边界条件,选取合理的计算简图以及荷载组合进行正截面抗裂以及挠度验算。安装阶段应考虑临时支撑的有利作用。

4. 整体稳定性验算

高度大于 24 m 和 10 层以上,或高宽比较大的预制装配整体式剪力墙结构应进行结构整体稳定性验算,具体计算应按现行行业规程《高层建筑混凝土结构技术规程》(JGJ 3)的规定执行,即应满足下式要求:

$$EJ_d \geqslant 1.4H^2 \sum_{i=1}^{n} G_i \qquad (4-32)$$

式中:EJ_d——结构一个主轴方向的弹性等效侧向刚度,可按倒三角形分布荷载作用下结构顶点位移相等的原则,将结构的侧向刚度折算为竖向悬臂受弯构件的等效侧向刚度;

H—— 房屋高度；

G_i—— 第 i 楼层重力荷载设计值，取 1.2 倍的永久荷载标准值与 1.4 倍的楼面可变荷载标准值的组合值。

5. 抗倾覆验算

预制装配整体式剪力墙结构应进行整体结构抗倾覆验算。抗倾覆验算应满足下列计算公式要求：

$$M \leqslant \frac{[M]}{K} \tag{4-33}$$

式中：M—— 倾覆力矩，由风荷载或地震作用的基础顶面处的最大倾覆力矩，应考虑两者的不利组合；

$[M]$—— 抗倾覆力矩，由竖向荷载对房屋基础边缘取矩所得的总力矩，楼层活荷载取 50%，恒荷载取 100%；

K—— 抗倾覆安全系数，当建筑高宽比大于 4 时，取 3.0；当建筑高宽比小于 4 时，取 2.3。

6. 变形验算

预制装配整体式剪力墙结构应进行多遇地震作用下的抗震变形验算。结构弹性层间位移应符合下式要求：

$$\Delta u_e \leqslant [\theta_e]h \tag{4-34}$$

式中：Δu_e—— 多遇地震标准值产生的楼层内最大的弹性层间位移，应计入扭转变形，各作用分项系数均取 1.0，构件截面刚度可采用弹性刚度；

$[\theta_e]$—— 弹性层间位移角限值，对预制装配整体式剪力墙结构，取为 1/1 000；

h—— 计算楼层层高。

预制装配整体式剪力墙结构应进行罕遇地震作用下的结构薄弱层（部位）弹塑性变形验算，具体计算应按现行国家标准《建筑抗震设计规范》(GB 50011) 的规定进行。结构薄弱层（部位）弹塑性层间位移应符合下式要求：

$$\Delta u_p \leqslant [\theta_p]h \tag{4-35}$$

式中：Δu_p—— 弹塑性层间位移；

$[\theta_p]$—— 弹塑性层间位移角限值，对预制装配整体式剪力墙结构，取为 1/120；

h—— 计算楼层层高。

7. 水平接缝验算

预制装配剪力墙水平接缝的受剪承载力设计值应按下式计算：

$$V_{uE} \leqslant 0.6 f_y A_{sd} + 0.8N \tag{4-36}$$

式中：V_{uE}—— 水平接缝受剪承载力设计值；

f_y—— 垂直穿过水平结合面的钢筋或螺杆抗拉强度设计值；

A_{sd}—— 垂直穿过水平结合面的抗剪钢筋或螺杆面积；

N—— 与剪力设计值 V 相应的垂直于水平结合面的轴向力设计值,压力时取正,拉力时取负;当大于 $0.6f_cbh_0$ 时,取 $0.6f_cbh_0$;此处 f_c 为混凝土的轴心抗压强度设计值,b 为剪力墙厚度,h_0 为剪力墙截面有效高度。

例:

选取一实际工程中的装配剪力墙,墙体构件施工图见图 4-84 所示。钢筋采用 HRB400,$f_y=360$ N/mm^2;剪力墙结合面的抗剪钢筋为 11 根 Φ 16,钢筋面积 $A_s=2\,211.7$ mm^2,由计算结果查得剪力墙轴向力设计值为 $N=4\,577.2$ kN,与之相应的剪力墙底部剪力设计值为 $V=347.5$ kN。

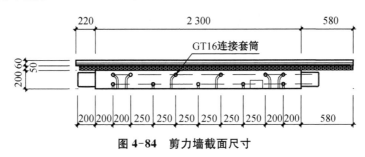

图 4-84 剪力墙截面尺寸

根据《装配式混凝土结构技术规程》(JGJ 1—2014)中第 8.3.7 条,剪力墙水平接缝的受剪承载力设计值:

$$V_{uE} = 0.6f_yA_{sd} + 0.8N$$
$$= 0.6 \times 360 \times 2\,211.7/10^3 + 0.8 \times 4\,577.2 = 4\,139.5 \text{ kN} \geqslant 347.5 \text{ kN}$$

满足要求。

4.5.3 连接设计

1. 墙板间的连接

预制装配整体式剪力墙结构预制墙板间的连接方式可分为竖向缝连接和水平缝连接。

(1) 竖向缝连接

根据《装配式混凝土建筑技术标准》(GB/T 51231),楼层内相邻预制剪力墙之间应采用整体式接缝连接,且应符合下列规定:

① 当接缝位于纵横墙交接处的约束边缘构件区域时,约束边缘构件的阴影区域(图 4-85)宜全部采用后浇混凝土,并应在后浇段内设置封闭箍筋。

② 当接缝位于纵横墙交接处的构造边缘构件区域时,构造边缘构件宜全部采用后浇混凝土(图 4-86),当仅在一面墙上设置后浇段时,后浇段的长度不宜小于 300 mm(图 4-87)。

③ 边缘构件内的配筋及构造要求应符合现行国家标准《建筑抗震设计规范》(GB 50011)的有关规定;预制剪力墙的水平分布钢筋在后浇段内的锚固、连接应符合现行国家标准《混凝土结构设计规范》(GB 50010)的有关规定。

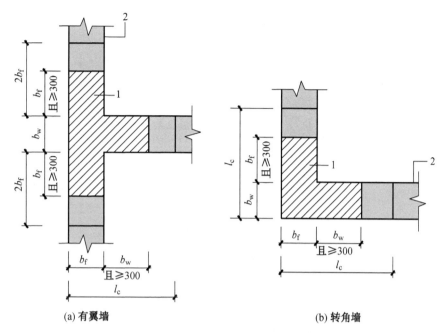

图 4-85　约束边缘构件阴影区域全部后浇构造示意

（阴影区域为斜线填充范围）
1—后浇段；2—预制剪力墙

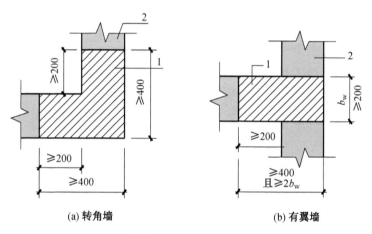

图 4-86　构造边缘构件全部后浇构造示意

（阴影区域为构造边缘构件范围）
1—后浇段；2—预制剪力墙

④ 非边缘构件位置，相邻预制剪力墙之间应设置后浇段，后浇段的宽度不应小于墙厚且不宜小于 200 mm；后浇段内应设置不少于 4 根竖向钢筋，钢筋直径不应小于墙体竖向分布钢筋直径且不应小于 8 mm；两侧墙体的水平分布钢筋在后浇段内的锚固、连接应符合现行国家标准《混凝土结构设计规范》(GB 50010)的有关规定。

（2）水平缝连接

预制剪力墙水平接缝宜设置在楼面标高处，预制剪力墙竖向钢筋一般采用套筒灌浆

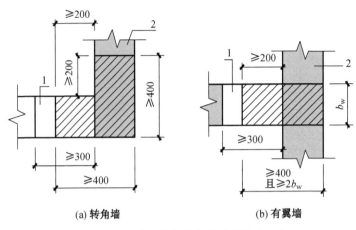

(a) 转角墙　　　　　　　　(b) 有翼墙

图 4-87　构造边缘构件部分后浇构造示意

（阴影区域为构造边缘构件范围）
1—后浇段；2—预制剪力墙

连接、浆锚搭接连接或挤压套筒连接。

根据《装配式混凝土建筑技术标准》（GB/T 51231），当采用套筒灌浆连接和浆锚搭接连接时候，上下层预制剪力墙的竖向钢筋连接应符合下列规定：

① 边缘构件的竖向钢筋应逐根连接。

② 预制剪力墙的竖向分布钢筋宜采用双排连接。

③ 除下列情况外，墙体厚度不大于 200 mm 的丙类建筑预制剪力墙的竖向分布钢筋可采用单排连接，且在计算分析时不应考虑剪力墙平面外刚度及承载力。

　a. 抗震等级为一级的剪力墙；

　b. 轴压比大于 0.3 的抗震等级为二、三、四级的剪力墙；

　c. 一侧无楼板的剪力墙；

　d. 一字形剪力墙、一端有翼墙连接但剪力墙非边缘构件区长度大于 3 m 的剪力墙以及两端有翼墙连接但剪力墙非边缘构件区长度大于 6 m 的剪力墙。

④ 抗震等级为一级的剪力墙以及二、三级底部加强部位的剪力墙，剪力墙的边缘构件竖向钢筋宜采用套筒灌浆连接。

Ⅰ. 套筒灌浆连接

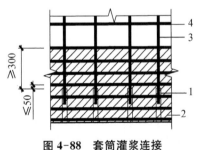

图 4-88　套筒灌浆连接

1—灌浆套筒；
2—水平分布钢筋加密区域（阴影区域）；
3—竖向钢筋；4—水平分布钢筋

根据《装配式混凝土建筑技术标准》（GB/T 51231），预制剪力墙竖向钢筋采用套筒灌浆连接时，自套筒底部至套筒顶部并向上延伸 300 mm 范围内，预制剪力墙的水平分布筋应加密（图 4-88），加密区水平分布钢筋的最大间距及最小直径应符合表 4-16 的规定，套筒上端第一道水平分布钢筋距离套筒顶部不应大于 50 mm。

表 4-16　加密区水平分布钢筋要求

抗震等级	最大间距(mm)	最小直径(mm)
一、二级	100	8
三、四级	150	8

根据《装配式混凝土建筑技术标准》(GB/T 51231),当上下层预制剪力墙竖向钢筋采用套筒灌浆连接时,应符合下列规定:

- 当竖向分布钢筋采用"梅花形"部分连接时(图 4-89),连接钢筋的配筋率不应小于现行国家标准《建筑抗震设计规范》(GB 50011)规定的剪力墙竖向分布钢筋最小配筋率要求,连接钢筋的直径不应小于 12 mm,同侧间距不应大于 600 mm,且在剪力墙构件承载力设计和分布钢筋配筋率计算中不得计入未连接的分布钢筋;未连接的竖向分布钢筋直径不应小于 6 mm。

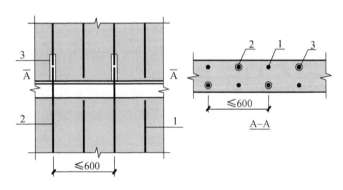

图 4-89　竖向分布钢筋"梅花形"套筒灌浆连接构造示意

1—未连接的竖向分布钢筋;2—连接的竖向分布钢筋;3—灌浆套筒

- 当竖向分布钢筋采用单排连接时(图 4-90),应满足接缝正截面承载力及受剪承载力要求,剪力墙两侧竖向分布钢筋与配置于墙体厚度中部的连接钢筋搭接连接,连接钢筋位于内、外侧被连接钢筋的中间;连接钢筋受拉承载力不应小于上下层被连接钢筋受拉承载力较大值的 1.1 倍,间距不宜大于 300 mm;下层剪力墙连接钢筋自下层预制墙顶算起的埋置长度不应小于 $1.2 l_{aE} + b_w/2$(b_w 为墙体厚度),上层剪力墙连接钢筋自套筒顶面算起的埋置长度不应小于 l_{aE},上层连接钢筋顶部至套筒底部的长度尚不应小于 $1.2 l_{aE} + b_w/2$,l_{aE} 按连接钢筋直径计算。钢筋连接长度范围内应配置拉筋,同一连接接头内的拉筋配筋面积不应小于连接钢筋的面积;拉筋沿竖向的间距不应大于水平分布钢筋间距,且不宜大于 150 mm;拉筋沿水平方向的间距不应大于竖向分布钢筋间距,直径不应小于 6 mm;拉筋应紧靠连接钢筋,并钩住最外层分布钢筋。

Ⅱ. 挤压套筒连接

根据《装配式混凝土建筑技术标准》(GB/T 51231),当上下层预制剪力墙竖向钢筋采用挤压套筒连接时,应符合下列规定:

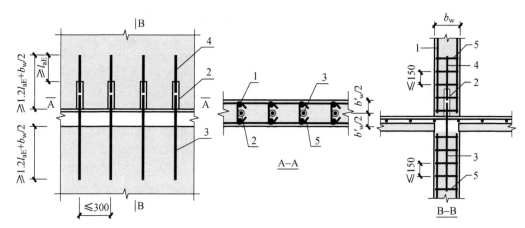

图 4-90 竖向分布钢筋单排套筒灌浆连接构造示意

1—上层预制剪力墙竖向分布钢筋；2—灌浆套筒；3—下层剪力墙中连接钢筋；
4—上层剪力墙连接钢筋；5—拉筋

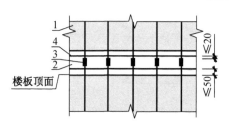

**图 4-91 预制剪力墙底后浇段
水平钢筋配置示意**

1—预制剪力墙；2—墙底后浇段；
3—挤压套筒；4—水平钢筋

- 预制剪力墙底后浇段内的水平钢筋直径不应小于 10 mm 和预制剪力墙水平分布钢筋直径的较大值,间距不宜大于 100 mm;楼板顶面以上第一道水平钢筋距楼板顶面不宜大于 50 mm,套筒上端第一道水平钢筋距套筒顶部不宜大于 20 mm(图 4-91)。

- 当竖向分布钢筋采用"梅花形"部分连接时(图 4-92),连接钢筋的配筋率不应小于现行国家标准《建筑抗震设计规范》(GB 50011)规定的剪力墙竖向分布钢筋最小配筋率要求,连接钢筋的直径不应小于 12 mm,同侧间距不应大于 600 mm,且在剪力墙构件承载力设计和分布钢筋配筋率计算中不得计入未连接的分布钢筋;未连接的竖向分布钢筋直径不应小于 6 mm。

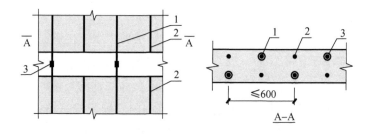

图 4-92 竖向分布钢筋"梅花形"挤压套筒连接构造示意

1—连接的竖向分布钢筋；2—未连接的竖向分布钢筋；3—挤压套筒

Ⅲ. 浆锚搭接连接

根据《装配式混凝土建筑技术标准》(GB/T 51231),预制剪力墙竖向钢筋采用浆锚搭接连接时,应符合下列规定:

• 墙体底部预留灌浆孔道直线段长度应大于下层预制剪力墙连接钢筋伸入孔道内的长度 30 mm,孔道上部应根据灌浆要求设置合理弧度。孔道直径不宜小于 40 mm 和 2.5d(d 为伸入孔道的连接钢筋直径)的较大值,孔道之间的水平净间距不宜小于 50 mm;孔道外壁至剪力墙外表面的净距不宜小于 30 mm。当采用预埋金属波纹管成孔时,金属波纹管的钢带厚度及波纹高度应满足现行行业标准《预应力混凝土用金属波纹管》(JG 225)的有关规定;当采用其他成孔方式时,应对不同预留成孔工艺、孔道形状、孔道内壁的粗糙度或花纹深度及间距等形成的连接接头进行力学性能以及适用性的试验验证。

• 竖向钢筋连接长度范围内的水平分布钢筋应加密,加密范围自剪力墙底部至预留灌浆孔道顶部(图 4-93),且不应小于 300 mm。剪力墙竖向分布钢筋连接长度范围内未采取有效横向约束措施时,水平分布钢筋加密范围内的拉筋应加密;拉筋沿竖向的间距不宜大于 300 mm 且不少于 2 排;拉筋沿水平方向间距不宜大于 300 mm 且不少于 2 排。拉筋应紧靠被连接钢筋,并钩住最外层分布钢筋。

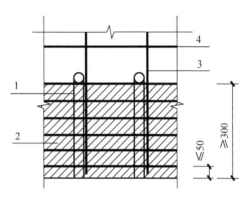

图 4-93　钢筋浆锚搭接连接

1—预留灌浆孔道;
2—水平分布钢筋加密区域(阴影区域);
3—竖向钢筋;4—水平分布钢筋

• 边缘构件竖向钢筋连接长度范围内应采取加密水平封闭箍筋的横向约束措施或其他可靠措施。当采用加密水平封闭箍筋约束时,应沿预留孔道直线段全高加密。箍筋沿竖向的间距,一级不应大于 75 mm,二、三级不应大于100 mm,四级不应大于 150 mm;箍筋沿水平方向的肢距不应大于竖向钢筋间距,且不宜大于 200 mm;箍筋直径一、二级不应小于 10 mm,三、四级不应小于 8 mm,宜采用焊接封闭箍筋(图 4-94)。

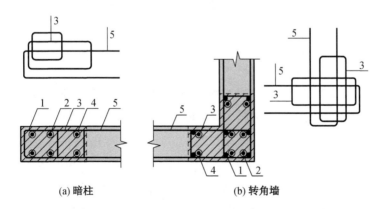

(a) 暗柱　　　　　　　　(b) 转角墙

图 4-94　钢筋浆锚搭接连接长度范围内加密水平封闭箍筋约束构造示意

1—上层预制剪力墙边缘构件竖向钢筋;2—下层剪力墙边缘约束构件竖向钢筋;
3—封闭箍筋;4—预留灌浆孔道;5—水平分布钢筋

根据《装配式混凝土建筑技术标准》(GB/T 51231),当上下层预制剪力墙的竖向钢筋

采用浆锚搭接连接时,应符合下列规定:

- 当竖向钢筋非单排连接时,下层预制剪力墙连接钢筋伸入预留灌浆孔道内的长度不应小于 $1.2l_{aE}$(图 4-95)。

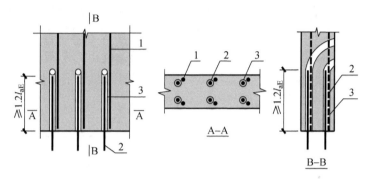

图 4-95　竖向钢筋浆锚搭接连接构造示意图

1—上层预制剪力墙竖向钢筋;2—下层剪力墙竖向钢筋;3—预留灌浆孔道

- 当竖向分布钢筋采用"梅花形"部分连接时(图 4-96),连接钢筋的配筋率不应小于现行国家标准《建筑抗震设计规范》(GB 50011)规定的剪力墙竖向分布钢筋最小配筋率要求,连接钢筋的直径不应小于 12 mm,同侧间距不应大于 600 mm,且在剪力墙构件承载力设计和分布钢筋配筋率计算中不得计入未连接的分布钢筋;未连接的竖向分布钢筋直径不应小于 6 mm。

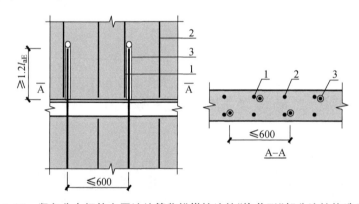

图 4-96　竖向分布钢筋金属波纹管浆锚搭接连接"梅花形"部分连接构造示意

1—连接的竖向分布钢筋;2—未连接的竖向分布钢筋;3—金属波纹管

- 当竖向分布钢筋采用单排连接时(图 4-97),竖向分布钢筋应满足接缝正截面承载力及受剪承载力;剪力墙两侧竖向分布钢筋与配置于墙体厚度中部的连接钢筋搭接连接,连接钢筋位于内、外侧被连接钢筋的中间;连接钢筋受拉承载力不应小于上下层被连接钢筋受拉承载力较大值的 1.1 倍,间距不宜大于 300 mm;下层剪力墙连接钢筋自下层预制墙顶算起的埋置长度不应小于 $1.2 l_{aE} + b_w/2$(b_w 为墙体厚度),上层剪力墙连接钢筋自套筒顶面算起的埋置长度不应小于 l_{aE},上层连接钢筋顶部至套筒底部的长度尚不应小于 $1.2l_{aE} + b_w/2$,l_{aE} 按连接钢筋直径计算。钢筋连接长度范围内应配置拉筋,同一连接接头内的拉筋配筋面积不应小于连接钢筋的面积;拉筋沿竖向的间距不应大于水平分布钢筋间距,且不宜大于 150 mm;拉筋沿水平方向的间距不应大于竖向分布钢筋间距,直径不应小于 6 mm;拉筋应紧靠连接钢筋,并钩住最外层分布钢筋。

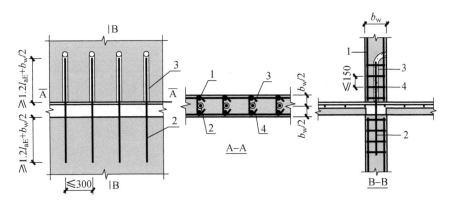

图 4-97　竖向分布钢筋单排浆锚搭接连接构造示意

1—上层预制剪力墙竖向钢筋;2—下层剪力墙连接钢筋;3—预留灌浆孔道;4—拉筋

2. 后浇圈梁

封闭连接的后浇混凝土圈梁是保证结构整体性和稳定性,连接楼盖结构与预制剪力墙的关键构件,应在楼层收进及屋面处设置(图 4-98),并应符合下列规定:

(1) 圈梁截面宽度不应小于剪力墙的厚度,截面高度不宜小于楼板厚度及 250 mm 的较大值;圈梁应与现浇或者叠合楼、屋盖浇筑成整体。

(2) 圈梁内配置的纵向钢筋不应小于 4φ12,且按全截面计算的配筋率不应小于 0.5% 和水平分布筋配筋率的较大值,纵向钢筋竖向间距不应大于 200 mm;箍筋间距不应大于 200 mm,且宜直径不小于 8 mm。

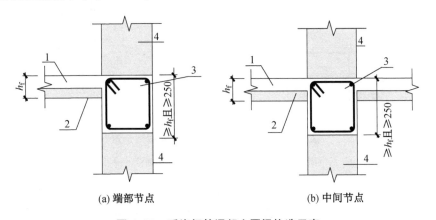

(a) 端部节点　　　　　　　　　　(b) 中间节点

图 4-98　后浇钢筋混凝土圈梁构造示意

1—后浇混凝土叠合层;2—预制板;3—后浇圈梁;4—预制剪力墙

3. 水平后浇带

在不设置圈梁的楼层处,水平后浇带及在其内设置的纵向钢筋也可起到保证整体性和稳定性,与连接楼盖结构与预制剪力墙的作用。因此,在各层楼面位置,预制剪力墙顶部无后浇圈梁时,应设置水平后浇带(图4-99),水平后浇带应符合下列规定:

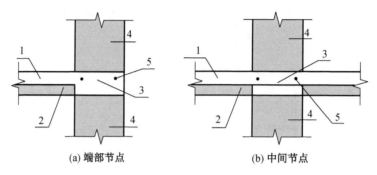

图 4-99　水平后浇带构造示意

1—后浇混凝土叠合层;2—预制板;3—水平后浇带;4—预制墙板;5—纵向钢筋

(1) 水平后浇带应取剪力墙的厚度,高度应不小于楼板厚度;水平后浇带应与现浇或者叠合楼、屋盖浇筑成整体。

(2) 水平后浇带内应配置不少于2根连接纵向钢筋,其直径不宜小于12 mm。

4. 墙—连梁连接

根据《装配式混凝土结构技术规程》(JGJ 1),预制剪力墙洞口上方的预制连梁宜与后浇圈梁或水平后浇带形成叠合连梁(图4-100),叠合连梁的配筋及构造要求应符合现行国家标准《混凝土结构设计规范》(GB 50010)的有关规定。

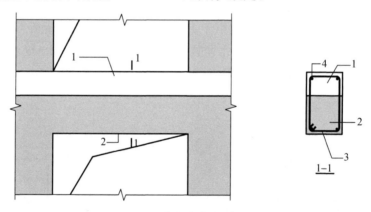

图 4-100　预制剪力墙叠合连梁构造示意

1—后浇圈梁或后浇带;2—预制连梁;3—箍筋;4—纵向钢筋

预制叠合连梁的预制部分宜与剪力墙整体预制,也可在跨中拼接或在端部与预制剪力墙拼接。当预制叠合连梁端部与预制剪力墙在平面内拼接时,接缝构造应符合下列规定:

(1) 当墙端边缘构件采用后浇混凝土时,连梁纵向钢筋应在后浇段中可靠锚固(图4-101a)或连接(图4-101b)。

(2) 当预制剪力墙端部上角预留局部后浇节点区时,连梁的纵向钢筋应在局部后浇节点区内可靠锚固(图4-101c)或连接(图4-101d)。

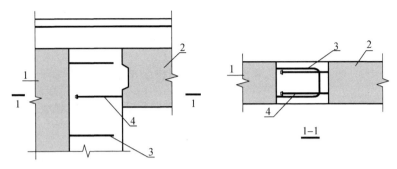

(a) 预制连梁钢筋在后浇段内锚固构造示意

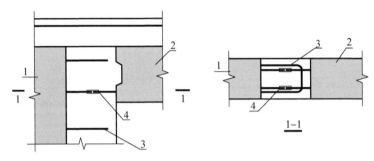

(b) 预制连梁钢筋在后浇段内与预制剪力墙预留钢筋连接构造示意

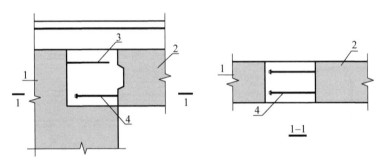

(c) 预制连梁钢筋在预制剪力墙局部后浇段内锚固构造示意

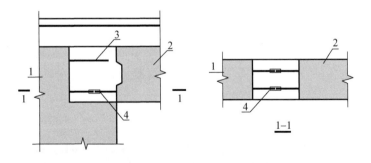

(d) 预制连梁钢筋在预制剪力墙局部后浇段内与墙板预留钢筋连接构造示意

图 4-101　同一平面内预制连梁与预制剪力墙连接构造示意

1—预制剪力墙；2—预制连梁；3—边缘构件箍筋；4—连梁下部纵向受力钢筋锚固或连接

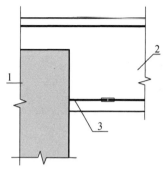

**图 4-102 后浇连梁与预制剪力
墙连接构造示意**

1—预制墙板；2—后浇连梁；
3—预制剪力墙伸出纵向受力钢筋

当采用后浇连梁时,宜在预制剪力墙端伸出预留纵向钢筋,并与后浇连梁的纵向钢筋可靠连接(图 4-102)。

4.5.4 预制墙板间拼装节点构造

预制装配整体式剪力墙结构的预制墙板间的水平连接节点按墙体相交情况可分为一字形、T 形、L 形、十字形等典型构造形式;竖向连接节点按墙体所在部位及受力性质可分为预制结构内墙板间、预制结构外墙板间以及预制非结构墙板间竖向连接节点。

1. 水平连接节点构造

一字形节点

根据国家建筑标准设计图集《装配式混凝土结构连接节点构造(剪力墙)》(15G310-2),预制墙板间一字形节点的连接可采用图 4-103 的形式。图中灰色部分"▨"代表预制构件,白色部分"☐"代表后浇混凝土。

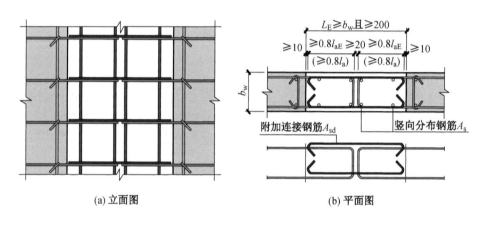

(a) 立面图   (b) 平面图

图 4-103 一字形节点构造

T 形节点

预制墙板间的 T 形水平连接节点可采用图 4-104 所示典型构造形式。图中灰色部分"▨"代表预制构件,白色部分"☐"代表后浇混凝土,斜线部分"▨"代表剪力墙边缘构件阴影区。

L 形节点

预制墙板间的 L 形水平连接节点可采用图 4-105 所示典型构造,分为构造边缘转角墙(图 4-105a)和部分后浇边缘转角墙(图 4-105b)两种形式。图中灰色部分"▨"代表预制构件,白色部分"☐"代表后浇混凝土,斜线部分"▨"代表剪力墙边缘构件阴影区。

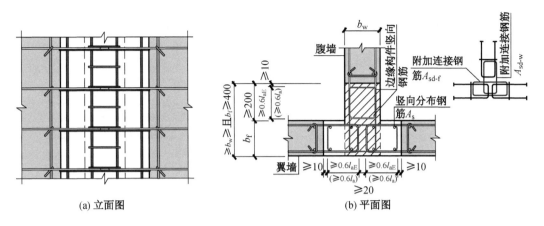

(a) 立面图 (b) 平面图

图 4-104 T 形节点构造

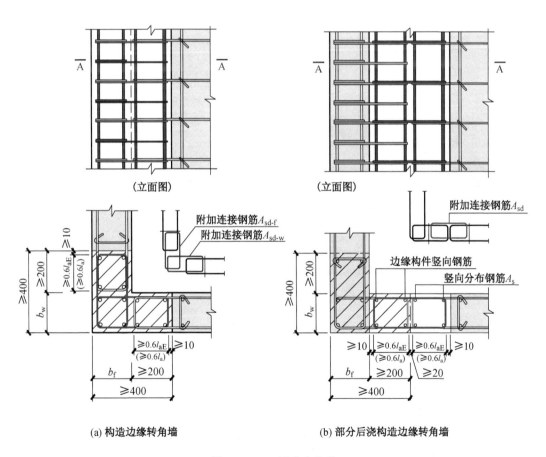

(立面图) (立面图)

(a) 构造边缘转角墙 (b) 部分后浇构造边缘转角墙

图 4-105 L 形节点构造

十字形节点

预制墙板间的十字形水平连接节点可采用图 4-106 所示典型构造。图中灰色部分"▨"代表预制构件,白色部分"□"代表后浇混凝土。

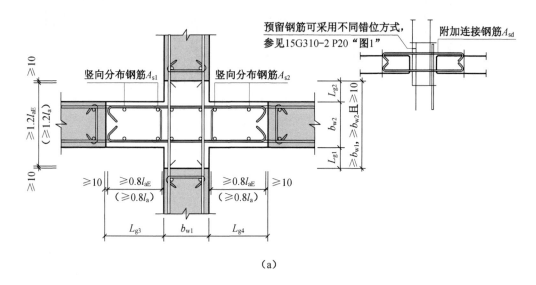

（a）

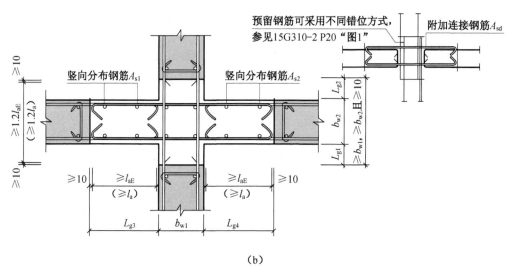

（b）

图 4-106　十字形节点构造

2. 竖向连接节点构造

根据国家建筑标准设计图集《装配式混凝土结构连接节点构造》(15G310-2),预制内墙板间的竖向连接可采用图 4-107 和图 4-108 的典型节点构造形式,通过套筒灌浆实现钢筋连接。预制外墙板间的竖向连接可采用图 4-109 的典型节点构造形式,通过钢筋浆锚接头实现钢筋连接。拼缝截面采用内高外低的防雨水渗漏构造。图中灰色部分"□"代表预制构件,白色部分"□"代表后浇混凝土,斜线部分"▨"代表剪力墙边缘构件阴影区,加点区域"▨"代表灌浆部位。

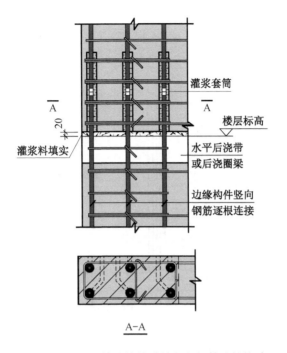

图 4-107　预制墙边缘构件的竖向钢筋连接构造

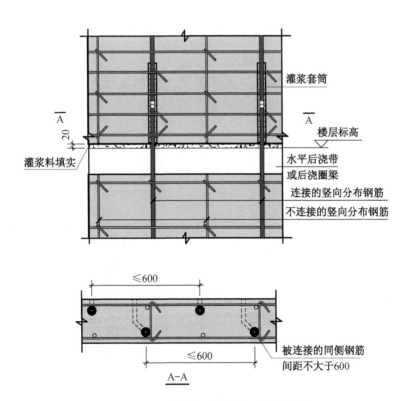

图 4-108　预制墙竖向分布钢筋部分连接

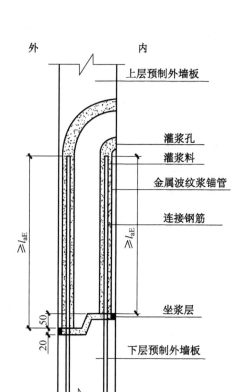

图 4-109　预制外墙板间竖向连接节点构造

3. 叠合梁与预制墙板的连接构造

根据国家建筑标准设计图集《装配式混凝土结构连接节点构造（楼盖和楼梯）》（15G310-1），叠合梁与预制墙板的连接可采用图 4-110 和图 4-111 的形式。

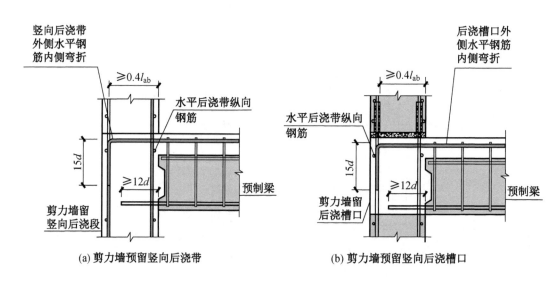

(a) 剪力墙预留竖向后浇带　　　　　　(b) 剪力墙预留竖向后浇槽口

图 4-110　端部节点

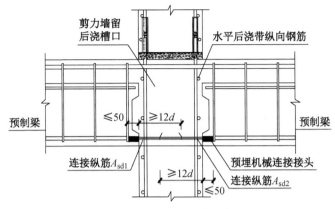

(a) 剪力墙预留竖向后浇槽口

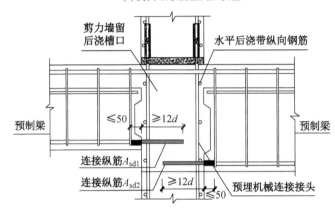

(b) 剪力墙预留竖向后浇槽口（次梁底面有高差）

图 4-111　中间节点

4.6　多层装配式墙板结构设计

多层建筑是指 6 层及以下的建筑。由于建筑高度低,多层装配式墙板结构比高层装配整体式剪力墙结构简单。

4.6.1　一般规定

根据现行国家标准,多层装配式墙板结构设计一般应符合以下规定:

(1) 结构抗震等级在设防烈度为 8 度时取三级,设防烈度 6、7 度时取四级;

(2) 预制墙板厚度不宜小于 140 mm,且不宜小于层高的 1/25;

(3) 预制墙板的轴压比,三级时不应大于 0.15,四级时不应大于 0.2;轴压比计算时,墙体混凝土强度等级超过 C40,按 C40 计算。

多层装配式墙板结构的最大适用层数和最大适用高度应符合表 4-17 的规定:

表 4-17 多层装配式墙板结构的最大适用层数和最大适用高度

设防烈度	6 度	7 度	8 度(0.2g)
最大适用层数	9	8	7
最大适用高度(m)	28	24	21

多层装配式墙板结构的高宽比不宜超过表 4-18 的数值。

表 4-18 多层装配式墙板结构适用的最大高宽比

设防烈度	6 度	7 度	8 度(0.2g)
最大高宽比	3.5	3.0	2.5

4.6.2 计算要求

根据现行国家标准,多层装配式墙板结构的计算应符合下列规定:

(1)可采用弹性方法进行结构分析,并应按结构实际情况建立分析模型;在计算中应考虑接缝连接方式的影响。

(2)采用水平锚环灌浆连接墙体可作为整体构件考虑,结构刚度宜乘以 0.85~0.95 的折减系数。

(3)墙肢底部的水平接缝可按照整体式接缝进行设计,并取墙肢底部的剪力进行水平接缝的受剪承载力验算。

(4)在风荷载或多遇地震作用下,按弹性方法计算的楼层层间最大水平位移与层高之比 $\Delta u_c/h$ 不宜大于 1/1 200。

4.6.3 水平接缝承载力计算

预制剪力墙底部的水平接缝需要进行受剪承载力计算。

由于多层装配式剪力墙结构中,预制剪力墙水平接缝中采用坐浆材料而非灌浆料,接缝受剪时的静摩擦系数较低,取 0.6。《装配式混凝土结构技术规程》(JGJ 1)规定:在地震设计状况下,预制剪力墙水平接缝的受剪承载力设计值应按下式计算:

$$V_{uE} \leqslant 0.6f_y A_{sd} + 0.6N \tag{4-37}$$

式中:V_{uE}——水平接缝受剪承载力设计值;

f_y——垂直穿过结合面的钢筋抗拉强度设计值;

A_{sd}——垂直穿过结合面的抗剪钢筋面积;

N——与剪力设计值 V 相应的垂直于结合面的轴向力设计值,压力时取正,拉力时取负。

4.6.4 连接设计

1. 钢筋锚环灌浆连接

根据现行国家标准,多层装配式墙板结构纵横墙板交接处及楼层内相邻承重墙板之

间可采用水平钢筋锚环灌浆连接(图 4-112),并应符合下列规定:

(1) 应在交接处的预制墙板边缘设置构造边缘构件。

(2) 竖向接缝处应设置后浇段,后浇段横截面面积不宜小于 0.01 m²,且截面边长不宜小于 80 mm;后浇段应采用水泥基灌浆料灌实,水泥基灌浆料强度不应低于预制墙板混凝土强度等级。

(3) 预制墙板侧边应预留水平钢筋锚环,锚环钢筋直径不应小于预制墙板水平分布筋直径,锚环间距不应大于预制墙板水平分布筋间距;同一竖向接缝左右两侧预制墙板预留水平钢筋锚环的竖向间距不宜大于 $4d$,且不应大于 50 mm(d 为水平钢筋锚环的直径);水平钢筋锚环在墙板内的锚固长度应满足现行国家标准《混凝土结构设计规范》(GB 50010)的有关规定;竖向接缝内应配置截面面积不小于 200 mm² 的节点后插钢筋,且应插入墙板侧边的钢筋锚环内;上下层节点后插筋可不连接。

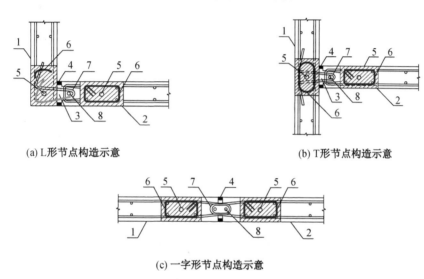

(a) L形节点构造示意　　　　　　　　(b) T形节点构造示意

(c) 一字形节点构造示意

图 4-112　水平钢筋锚环灌浆连接构造示意

1—纵向预制墙体;2—横向预制墙体;3—后浇段;4—密封条;5—边缘构件纵向受力钢筋;
6—边缘构件箍筋;7—预留水平钢筋锚环;8—节点后插纵筋

2. 暗柱

多层剪力墙结构中,预制剪力墙水平接缝比较简单,其整体性及抗震性能主要依靠后浇暗柱及圈梁的约束作用来保证,因此对于三级抗震结构的转角、纵横墙交接部位应设置后浇混凝土暗柱。暗柱设置应符合以下规定:

(1) 后浇混凝土暗柱截面高度不宜小于墙厚,且不应小于 250 mm,截面宽度可取墙厚(图 4-113)。

(2) 后浇混凝土暗柱内应配置竖向钢筋和箍筋,配筋应满足墙肢截面承载力的要求,并满足表 4-19 要求。

(3) 预制剪力墙的水平分布钢筋在后浇混凝土暗柱内的锚固、连接应符合现行国家标准《混凝土结构设计规范》(GB 50010)的有关规定。

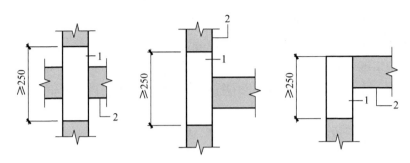

图 4-113 多层装配式剪力墙结构后浇混凝土暗柱示意

1—后浇段；2—预制剪力墙

表 4-19 多层装配式剪力墙结构后浇混凝土暗柱配筋要求

	底层			其他层		
纵向钢筋最小量	箍筋（mm）		纵向钢筋最小量	箍筋（mm）		
	最小直径	最大间距		最小直径	最大间距	
4φ12	6	200	4φ10	6	250	

3. 构造边缘构件

根据现行国家标准，预制墙板应在水平或竖向尺寸大于 800 mm 的洞边、一字墙墙体端部、纵横墙交接处设置构造边缘构件，并应满足下列要求：

（1）采用配置钢筋的构造边缘构件时，应符合下列规定：

① 构造边缘构件截面高度不宜小于墙厚，且不宜小于 200 mm，截面宽度同墙厚。

② 构造边缘构件内应配置纵向受力钢筋、箍筋、箍筋架立筋，构造边缘构件的纵向钢筋除应满足设计要求外，尚应满足表 4-20 的要求。

③ 上下层构造边缘构件纵向受力钢筋应直接连接，可采用灌浆套筒连接、浆锚搭接连接、焊接连接或型钢连接件连接；箍筋架立筋可不伸出预制墙板表面。

（2）采用配置型钢的构造边缘构件时，应符合下列规定：

① 可由计算和构造要求得到钢筋面积并按等强度计算相应的型钢截面。

② 型钢应在水平缝位置采用焊接或螺栓连接等方式可靠连接。

③ 型钢为一字形或开口截面时，应设置箍筋和箍筋架立筋，配筋量应满足表 4-20 的要求。

④ 当型钢为钢管时，钢管内应设置竖向钢筋并采用灌浆料填实。

表 4-20 构造边缘构件的构造配筋要求

抗震等级	底层				其他层			
	纵筋最小量	箍筋架立筋最小量	箍筋（mm）		纵筋最小量	箍筋架立筋最小量	箍筋（mm）	
			最小直径	最大间距			最小直径	最大间距
三级	1φ25	4φ10	6	150	1φ22	4φ8	6	200
四级	1φ22	4φ8	6	200	1φ20	4φ8	6	250

4. 竖缝后浇段连接

采用后浇混凝土连接的接缝有利于保证结构的整体性,且接缝的耐久性、防水、防火性能均比较好。楼层内相邻预制剪力墙采用后浇段连接应符合下列规定:

(1) 后浇段内应设置竖向钢筋,竖向钢筋配筋率不应小于墙体竖向分布筋配筋率,且不宜小于 2φ12。

(2) 预制剪力墙的水平分布钢筋在后浇段内的锚固、连接应符合现行国家标准《混凝土结构设计规范》(GB 50010)的有关规定。

5. 水平连接

根据现行国家标准,预制剪力墙水平接缝宜设置在楼面标高处,并应符合下列要求:

(1) 接缝厚度宜为 20 mm。

(2) 接缝处应设置连接节点,连接节点间距不宜大于 1.1 m;穿过接缝的连接钢筋数量应满足接缝受剪承载力的要求,且配筋率不应低于墙板竖向钢筋配筋率,连接钢筋直径不应小于 14 mm。

(3) 连接钢筋可采用套筒灌浆连接、浆锚搭接连接、螺栓连接、焊接连接,并应满足行业标准《装配式混凝土结构技术规程》附录 A 的规定。

6. 预制剪力墙与连梁连接

连梁宜与剪力墙整体预制,也可在跨中拼接。预制剪力墙洞口上方的预制连梁可与后浇混凝土圈梁或水平后浇带形成叠合连梁;叠合连梁的配筋及构造要求应符合现行国家标准《混凝土结构设计规范》(GB 50010)的有关规定。

7. 预制剪力墙与基础连接

根据现行国家标准,预制剪力墙与基础连接应符合下列规定:

(1) 基础顶面应设置现浇混凝土圈梁,圈梁上表面应设置粗糙面。

(2) 预制剪力墙与圈梁顶面的构造应符合《装配式混凝土结构技术规程》9.3.3 条的规定,连接钢筋应在基础中可靠锚固,且宜深入到基础底部。

(3) 剪力墙后浇暗柱和竖向接缝内的纵向钢筋应在基础中可靠锚固,且宜深入到基础底部。

4.7 装配式混凝土结构设计在软件中的实现

现阶段国家建筑在大力推广装配式建筑,装配式住宅正在逐步广泛应用,相应的国家技术标准、各地的地方标准、国标图集也都纷纷编制与出版。为了适应装配式结构的设计要求,PKPM 与 YJK 主流结构设计软件研发了装配式结构设计的相关模块。

4.7.1 PKPM-PC 装配式建筑设计软件简介

为了适应装配式的设计要求,PKPM 编制了装配式住宅设计软件 PKPM-PC,提供了预制混凝土构件的脱模、运输、吊装过程中的计算工具,实现整体结构分析及相关内力调整、连接设计,在 BIM 平台下实现预制构件库的建立、三维拆分与预拼装、碰撞检查、构件详图、材料统计、BIM 数据直接接力到生产加工设备。PKPM-PC 为广大设计单位设计装配式住宅提供设计工具,提高设计效率,减小设计错误,推动住宅产业化的进程。

1. 启动界面与主要功能

PKPM-PC 包括如下几个主要功能模块:①装配式建模;②装配式方案;③装配式深化设计;④装配式施工图;⑤导出加工数据。图 4-114 是装配式启动主界面。

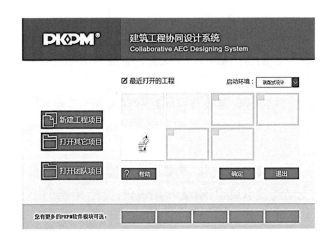

图 4-114 装配式启动主界面

2. 构件库

共享库的类型包括两种:装配构件库、装配式附件库,通过左上角的下拉菜单进行切换,当切换到装配式构件库的时候,会把装配单元按类型在左侧的树形列表中进行罗列,可通过点击树形列表的节点对右侧数据展示区的内容进行更新显示(图 4-115)。

构件库中的类型包括:叠合板、预制剪力墙、预制外墙板、预制楼梯、叠合阳台、预制阳台、预制空调板等。

附件库是用来管理装配式构件中更小的一些标准件,这些标准件可能会和加工厂能生产的型号及类型由直接关系,同时作为程序中对于模型进行自动化设计时选取材料的一个依据,用户可以指定程序只能从固有的附件库中选择合适的标准件来完成装配式构件的组装。

附件库中的类型包括:钢筋套筒组件、吊装连接件、预埋支撑螺母、预埋线盒、预埋管件等。

3. 装配方案确定

(1) 装配式模型建立

装配式结构模型建立可通过以下途径(图 4-116):

① 导入建筑数据(建筑转结构);

② 交互建模(现浇结构建模再拆分或构件库拼装);

③ 导入 PM 数据。

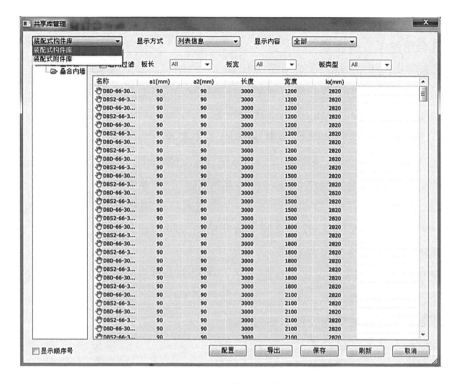

图 4-115　共享库管理

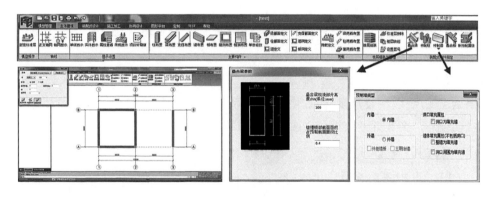

图 4-116　装配式建筑建模界面

（2）装配式结构设计指标

装配式结构设计主要依据规范:《装配式混凝土结构技术规程》(JGJ 1—2014)、《装配式混凝土建筑技术标准》(GB/T 51231—2016)、《混凝土结构工程施工规范》(GB 50666—2011)、《混凝土结构工程施工质量验收规范》(GB 50204—2015)、《钢筋套筒灌浆连接应用技术规程》(JGJ 355—2015)。

《装配式混凝土结构技术规程》(JGJ 1—2014)对装配整体式混凝土结构采用的是等同现浇结构设计,在 SATWE 软件现浇设计的基础上完成下述设计内容:

☐ 既有预制又有现浇时,现浇部分地震内力放大

☐ 现浇部分、预制部分承担的规定水平力地震剪力百分比统计

☐ 叠合梁纵向抗剪计算

☐ 预制梁端竖向接缝的受剪承载力计算

☐ 预制柱底水平连接缝的受剪承载力计算

☐ 预制剪力墙水平接缝的受剪承载力计算

在 SATWE 分析参数的结构体系中增加 4 类装配式结构体系：装配整体式框架结构、装配整体式剪力墙结构、装配整体式部分框支剪力墙结构、装配整体式预制框架-现浇剪力墙结构，并调整信息中提供了：现浇部分地震内力放大系数。

装配式结构采用等同现浇的设计方法，在实现现浇结构所有分析、调整及相关设计的基础上针对装配式，SATWE 软件增加下面几项的分析与设计：

☐ 现浇部分地震内力放大

☐ 现浇部分、预制部分承担的规定水平力地震剪力百分比统计

☐ 叠合梁纵向抗剪计算

☐ 预制梁端竖向接缝的受剪承载力计算

☐ 预制柱底水平连接缝的受剪承载力计算

☐ 预制剪力墙水平接缝的受剪承载力计算

4. 深化设计

(1) 装配式在模型中的三维预拼装（包括围护墙、设备管线等）

通过三维预拼装，在设计阶段就能避免冲突或安装不上的问题，模拟施工，确定施工安装顺序。

(2) 拆分工具

根据运输尺寸、吊装重量、模数化要求，自动完成构件拆分；能根据国家设计规范要求完成自动设计。交互拆分及拆分修改见图 4-117 所示：

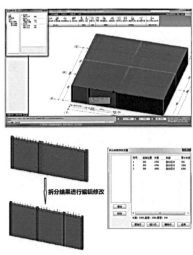

图 4-117 交互拆分及拆分修改

（3）交互布置

能交互布置构件、预埋件、预留孔洞等。

（4）装配率、算量统计

提供材料统计，并自动计算预制率与装配率。

统计内容配置：该配置界面的操作方式与构件库中配置界面的操作时一致的，只是配置的类型及具体参数略有不同，此处不再重复说明。

构件用量统计报表会将各种类型本身的参数进行统计，同时也可以对各类附属件进行统计。统计的内容及显示方式由配置信息决定。该报表支持直接打印，也支持导入Excel中再编辑。构件用量统计报表界面见图 4-118 所示：

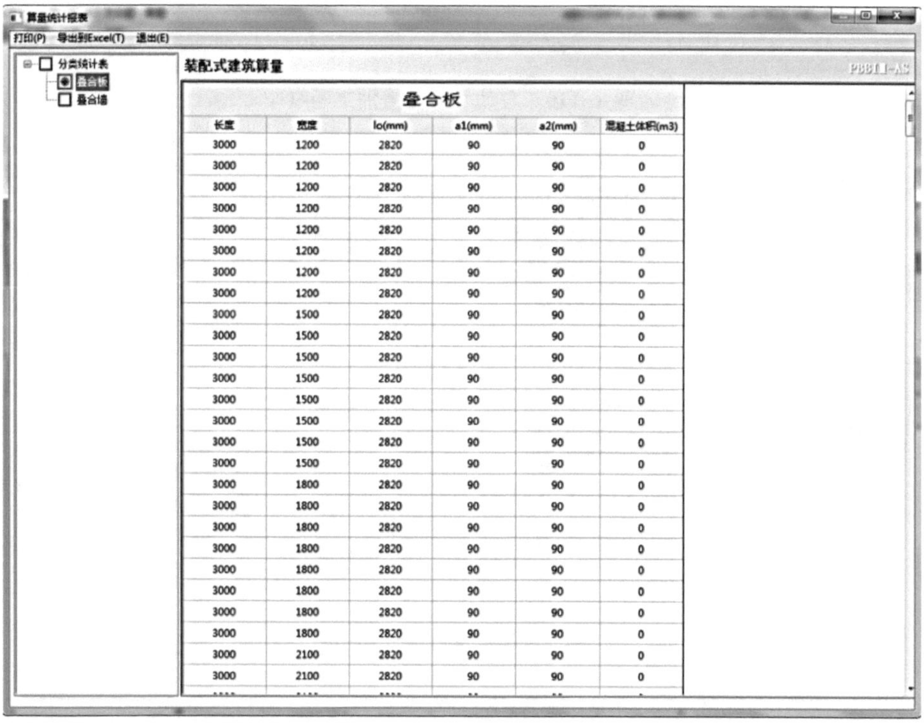

图 4-118　构件用量统计报表界面

5. 构件加工图

基于 BIM 平台的预制构件详图自动化生成研发，装配式结构图要细化到每个构件的详图，详图工作量很大，BIM 平台下的详图自动化生成，保证模型与图纸的一致性，既能够增加设计效率，又能提高构件详图图纸的精度，减少错误。图 4-119 是自动导出全楼加工图纸，图 4-120 是预制构件详图。

4.7.2　YJK 装配式混凝土结构设计简要说明

YJK-AMCS 在 YJK 的上部结构建模、计算模块功能的基础上，扩充钢筋混凝土预制

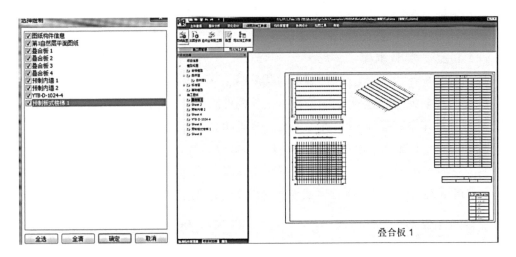

图 4-119 自动导出全楼加工图纸

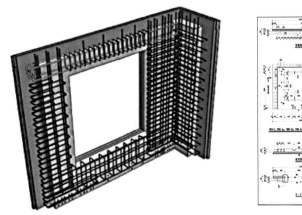
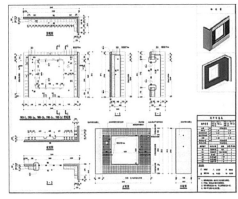

图 4-120 预制构件详图

构件的指定、预制构件的相关计算、预制构件的布置图和大样详图的绘制等工作。YJK-
AMCS 为一单独打包的设计软件提供用户,该安装包安装后,菜单中将出现装配式建筑
需要的相关菜单和设计功能,其余功能及菜单同普通的 YJK 结构设计软件模块。

预制构件的类型有钢筋混凝土预制叠合楼板、预制柱、预制梁、预制剪力墙、预制楼梯
以及预制阳台。

软件按 2014 年 10 月发布实施的《装配式混凝土结构技术规程》(JGJ 1—2014)编制。
软件还参照 2015 年 5 月发布的国家标准图《装配式混凝土结构连接节点构造》15G310-1~2
编制。

1. 混凝土叠合板楼板设计

建模的楼板布置菜单下设置了叠合板菜单,进行预制叠合板底板的布置和修改。预
制叠合板菜单见图 4-121 所示。

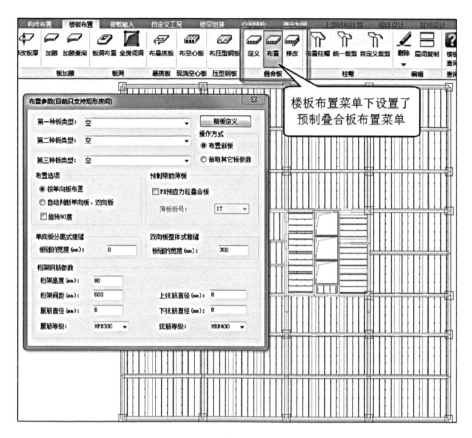

图 4-121　预制叠合板菜单

叠合板的菜单有 3 个:定义、布置、修改。布置菜单进行叠合板底板的自动排块,修改菜单可对自动排块的房间人工修改板块和板缝的排列顺序。

(1) 叠合板的定义

图 4-122 是预制叠合板定义弹出的对话框,需定义每种叠合板底板的板宽、预制板厚,预制板的名称在这里可以不输,因为最终在图纸上的叠合板名称可以自动地经过归并生成。

图 4-122　预制叠合板定义

（2）预制叠合板布置

图 4-123 为点取叠合板布置弹出的对话框。叠合板布置以房间为单元进行。叠合板布置需要用户输入叠合板的宽度、布置方式（按单向板布置或者自动判断单向板和双向板布置）、双向板的接缝宽度、桁架钢筋参数。

支座搁置宽度：指叠合板底板在非板跨方向上的房间端部搁置在支座的宽度。

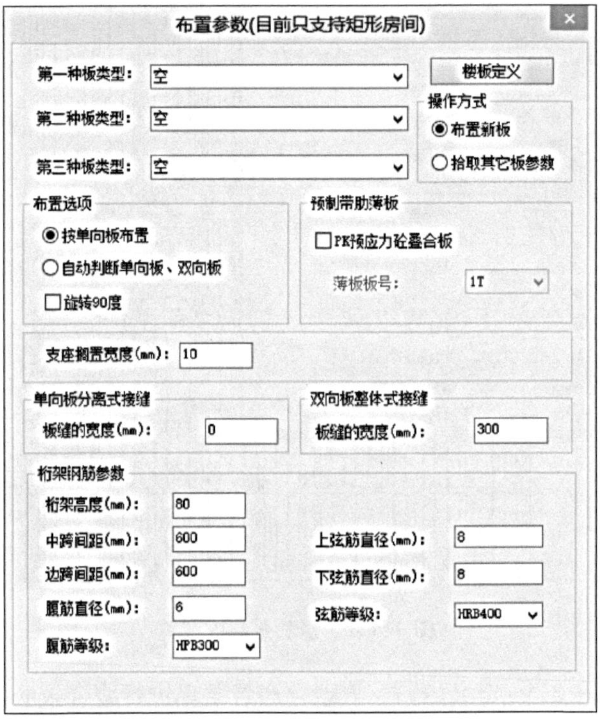

图 4-123 预制叠合板布置

（3）自动排块

布置以房间为单元进行，软件在所选房间内对叠合板底板自动排块。软件只可在矩形房间上布置叠合板，如果为非矩形房间，可布置虚梁将其改为多个矩形房间再进行布置。

排块时的房间尺寸按排块方向的房间净跨度＋20 mm，软件认为预制底板和支座的搭接长度为 10 mm，这也是避免后浇混凝土时漏浆的措施。叠合底板跨度方向和支座的搭接长度也是 10 mm，即软件形成的叠合底板长度为房间净跨度＋20 mm。

（4）输入桁架钢筋

桁架钢筋数据需要在叠合板布置对话框中输入。

桁架钢筋须沿着板跨方向布置，因目前标准图上的桁架钢筋均为沿板跨方向布置，软件暂不支持桁架钢筋在垂直于板跨的方向布置。埋入预制底板的桁架钢筋的下部两根钢筋将成为底板板跨方向受力钢筋的一部分，即软件根据计算钢筋减去桁架钢筋的剩余部分配置底板板跨方向的钢筋。桁架钢筋的间距分为边跨间距和中跨间距两个参数，它们必须是受力钢筋间距的整数倍数。

（5）叠合板房间的楼板计算

叠合板房间的楼板计算和叠合板底板的平面布置图、底板大样详图均在楼板施工图菜单下进行。图 4-124 为楼板施工图菜单。

图 4-124　楼板施工图菜单

2. 预制柱的设计

（1）预制柱相关参数

预制柱的指定、钢筋修改、柱底抗剪验算及绘图等功能在"预制构件施工图"中操作。上部结构计算完成后，在预制构件施工图菜单下，执行重绘新图菜单后软件将首先按照现浇柱的模式生成柱的实配钢筋构造。图 4-125 为预制柱参数设置。

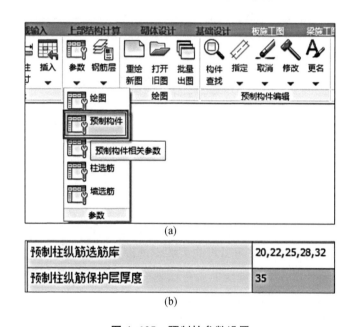

(a)

预制柱纵筋选筋库	20,22,25,28,32
预制柱纵筋保护层厚度	35

(b)

图 4-125　预制柱参数设置

在参数菜单下的"预制构件"菜单中设置好预制柱的相关参数，预制柱参数在该参数对话框的最后。主要有：预制柱纵筋选筋库，默认直径是 20、22、25、28、32 共五种；预制柱纵筋保护层厚度，由于预制柱纵筋保护层厚度与现浇柱不同，软件对预制柱纵筋保护层按这里的数值设置。

（2）预制柱指定

进入施工图菜单下的预制构件施工图菜单，选定楼层，点取"重绘新图"菜单，软件将读取上部结构计算的柱配筋结果,生成当前层的柱钢筋平法施工图,如果不希望同时生成的梁钢筋平法图、剪力墙钢筋平法图的内容也显示在当前图中,可以使用标注开关菜单将它们关闭。

对于预制柱的指定就在当前的图上操作。

预制柱的指定、取消、修改及命名的操作在"预制构件编辑"菜单操作(图 4-126)。

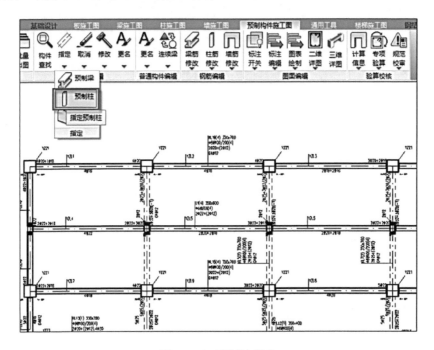

图 4-126 预制柱指定

各菜单含义如下:

"指定":用鼠标点取或框选某些柱为预制柱。

指定需要预制的柱后,软件自动生成预制柱的长度尺寸,并在相邻梁和上层柱之间生成后浇节点。软件对预制柱将按照尽可能大的纵筋间距重新选择柱的实配钢筋,并控制最小直径 20 mm,随后软件对当前层的所有预制柱进行归并并形成每片预制柱的名称和编号。名称为 YZZ-X,X 为归并编号。

软件在当前柱的平法图上标注预制柱名称编号。

"取消":取消预制柱定义,该柱按现浇柱处理。

"修改":修改预制柱截面尺寸。

"更名":修改预制柱名称。

(3)预制柱钢筋编辑

通过"柱筋修改"菜单对软件自动生成的钢筋布置进行修改(图 4-127)。

(4)预制柱平面布置图

预制柱平面布置图是在柱钢筋平法图上增加了预制柱的编号标注。预制柱的布置和

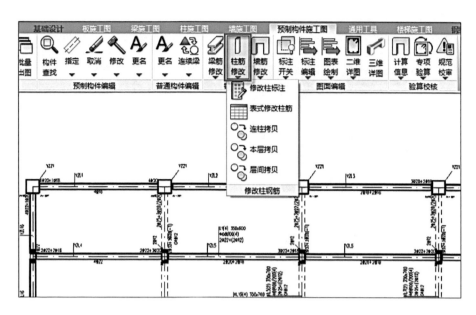

图 4-127 预制柱钢筋编辑

修改就是在柱钢筋平法图上操作的,预制柱布置完成后,软件将对该平面上的预制柱进行归并,相同尺寸和钢筋构造的预制柱段归并为一个编号,对预制柱的编号为"YZZ-＊",＊为序号。

(5)预制柱大样详图

通过"二维绘图"菜单下的"预制柱详图"菜单绘制预制柱的大样详图(图 4-128)。

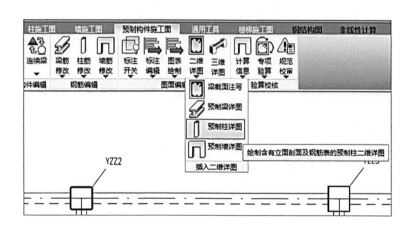

图 4-128 预制柱详图菜单

3. 预制梁的设计

预制梁的指定、钢筋修改、施工缝验算及绘图等功能在"预制构件施工图"中操作。上部结构计算完成后,在预制构件施工图菜单下,执行重绘新图菜单后软件将首先按照现浇梁的模式生成梁的实配钢筋构造。

（1）预制梁相关参数

在参数菜单下的"预制构件"菜单，可为预制梁设置相关参数（图 4-129）。

图 4-129　预制梁参数设置

（2）预制梁指定

进入施工图菜单下的预制构件施工图菜单，选定楼层，点取"重绘新图"菜单，软件将读取上部结构计算的梁配筋结果，生成当前层的梁钢筋平法施工图，如果不希望同时生成的墙钢筋平法图、柱钢筋平法图的内容也显示在当前图中，可以使用标注开关菜单将它们关闭。对于预制梁的指定就在当前的图上操作。预制梁的指定、取消、修改及命名的操作在"预制构件编辑"菜单操作（图 4-130）。

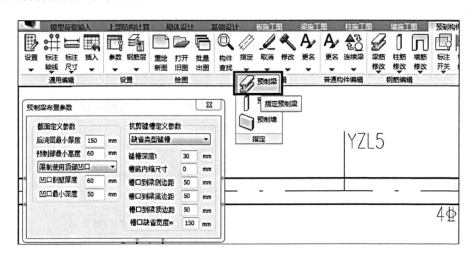

图 4-130　预制梁指定

各菜单含义如下：

"指定"：用鼠标点取或框选某些梁为预制梁。

指定预制梁时，屏幕上弹出预制梁布置参数，主要是预制梁两侧的抗剪键槽和预制梁顶部的凹口尺寸参数。

当指定需要预制的梁后,软件自动生成预制梁的长度尺寸,即以两柱之间或柱与次梁之间的净跨作为预制梁的长度,并在相邻梁和上层柱之间生成后浇节点。软件对预制梁将按照尽可能大的纵筋间距重新选择梁的实配钢筋。

预制梁布置完成后软件对当前层的所有预制梁进行归并,并形成每片预制梁的名称和编号,软件对预制梁定义名称为 YZL-∗,∗ 为类别序号。软件在当前层的梁平法图上标注预制梁名称编号。

"取消":取消预制梁定义,可以鼠标点选或者拉窗口选择需要取消预制梁定义的梁,预制梁设计梁按现浇梁处理。

"修改":修改预制梁截面尺寸。

"更名":修改预制梁名称。

(3) 预制梁布置参数

预制梁布置的时候可以通过对话框确定预制梁的截面尺寸以及端部抗剪键槽形状(图 4-131)。对话框左半部分是截面定义参数,包括预制梁后浇层的最小厚度、预制梁预制部分的最小高度、预制梁顶部凹口的定义等内容。从顶部凹口侧壁上皮算起,后浇层厚度需大于梁侧板厚;从凹口底部算起,后浇层厚度需大于对话框中的后浇层最小厚度。《装配式混凝土结构技术规程》中规定从凹口底部算起的后浇层厚度,对于框架梁不宜小于 150 mm,对于非框架梁不宜小于 120 mm。"预制部最小高度"为顶部凹口底到梁底的距离,此参数可以防止形成不合理的预制梁(例如梁高度过小或侧板过厚的情况)。对于顶部凹口的布置,软件提供三个选项:"不使用顶部凹口",任何情况下都生成没有凹口的矩形预制截面;"限制使用顶部凹口",只有在梁边板厚小于后浇层最小厚度才会使用顶部凹口补足;"尽量使用顶部凹口",生成的预制梁一般都会带顶部凹口,除非加了凹口会导致预制梁底部高度不足。预制梁凹口的尺寸通过"凹口侧壁厚度"和"凹口最小深度"确定。

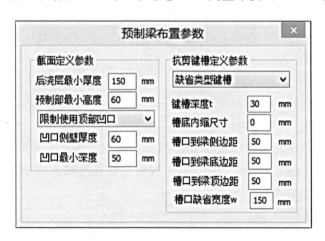

图 4-131　预制梁布置参数

(4) 预制梁钢筋编辑

通过"梁筋修改"菜单对软件自动生成的钢筋布置进行修改(图 4-132)。

图4-132 预制梁钢筋编辑

此处设置的钢筋修改菜单和梁的平法施工图中的钢筋修改菜单相同。梁钢筋修改可能引起预制梁的重新归并以及编号重排,因此对预制梁钢筋的修改最好在预制梁布置之前完成。

（5）预制梁平面布置图

预制梁平面布置图就是在梁钢筋平法图上增加了预制梁的编号标注。预制梁的布置和修改就是在梁钢筋平法图上操作的,预制梁布置完成后,软件将对该平面上的预制梁进行归并,相同尺寸和钢筋构造的预制梁段归并为一个编号,对预制梁的编号为"YZL-*",*为序号。

（6）预制梁大样详图

通过"二维绘图"菜单下的"预制梁详图"菜单绘制预制梁的大样详图（图4-133）。

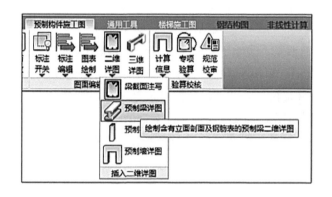

图4-133 预制梁详图菜单

4. 预制剪力墙设计

预制墙的边缘构件、墙身、墙梁的配筋构造同普通墙。上部结构计算完成后,可进入预制构件施工图菜单,点重绘新图菜单后软件首先自动生成所有墙的边缘构件、墙身、墙梁的配筋构造。用户指定需要预制的墙后,软件自动生成预制墙的长度尺寸,并在预制墙之间生成后浇节点。随后软件对当前层的所有预制墙进行归并,并形成每片预制墙的名称和编号。

（1）预制剪力墙相关参数

在参数菜单下的"预制构件"菜单,可为预制墙设置相关参数（图4-134）。

（2）预制剪力墙指定

进入施工图菜单下的预制构件施工图菜单,选定楼层,点取"重绘新图"菜单,软件将读取上部结构计算的剪力墙配筋结果,生成当前层的墙钢筋平法施工图,如果不希望同时

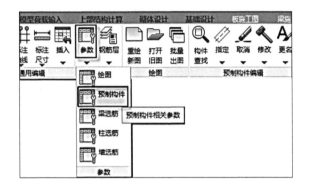

预制非框架梁箍筋形式	组合封闭箍筋
预制梁中间节点纵筋连接方式	支座中部连接
预制墙最小长度	400
边缘构件增加后浇节点伸出长度的最大尺寸	150
后浇节点伸出长度	200
预制墙端伸出钢筋长度	200
预制墙上部现浇层厚度	150
预制墙水平筋末端弯钩	135度弯钩
预制外墙保温层厚度	100
预制外墙外挂板厚度	60
预制墙左侧吊点离左边界距离	325
预制墙右侧吊点离右边界距离	325
预制外墙保温板容重	1.2
预制外墙外挂板容重	25
预制墙吊杆直径	28
门洞窗下墙钢筋直径	8
门洞窗下墙横筋间距	200
门洞窗下墙纵筋间距	200
门洞窗下墙高度	630
预制外墙外挂板延伸包含拐角后浇节点	☑
预制墙连梁箍筋形式	整体封闭箍筋
预制柱纵筋选筋库	20,22,25,28,32

(a)　　　　　　　　　　　　　　　　　　(b)

图 4-134　预制剪力墙参数设置

生成的梁钢筋平法图、柱钢筋平法图的内容也显示在当前图中,可以使用标注开关菜单将它们关闭。

对于预制墙的指定就在当前的图上操作。预制墙的指定、取消、修改及命名的操作在"预制构件编辑"菜单操作(图 4-135)。

图 4-135　预制剪力墙编辑菜单

各菜单含义如下：

"指定"：用鼠标点取或框选某些墙为预制墙。

指定预制墙时，弹出预制墙布置对话框如图 4-136 所示，主要是区分内墙和外墙时的若干设置。因此指定预制墙的操作时有外墙和内墙的选项，应自己判断所选墙是外墙或内墙来正确选择。软件对预制外墙的命名前缀为"YWQ-"，对预制内墙的命名前缀为"YNQ-"。

图 4-136　预制墙指定

（3）预制剪力墙钢筋编辑

可通过"墙筋修改"菜单对软件自动生成的钢筋布置进行修改（图 4-137），这里设置了修改边缘构件钢筋、修改墙梁钢筋、修改墙身钢筋三个菜单。

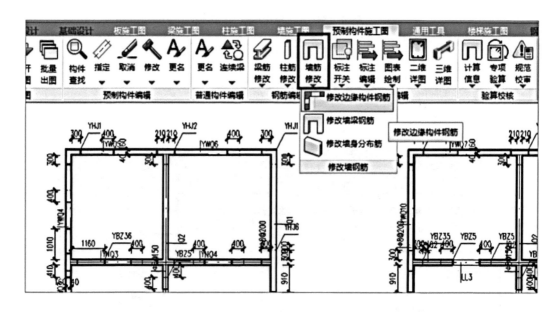

图 4-137　预制剪力墙钢筋编辑

（4）预制剪力墙大样详图

通过"二维绘图"菜单下的"预制墙详图"菜单绘制预制剪力墙的大样详图（图 4-138）。

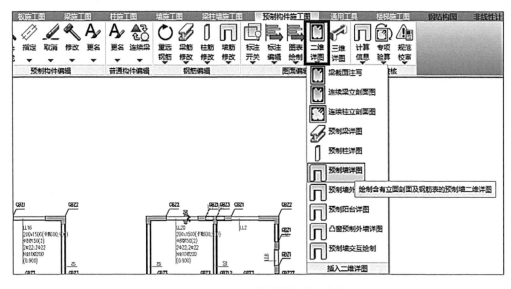

图 4-138　预制剪力墙大样图菜单

5.预制楼梯设计

（1）预制楼梯建模

在建模的构件布置菜单下的楼梯菜单下输入楼梯,按房间输入,输入楼梯前必须生成该房间的楼板。图 4-139 为某剪力墙结构输入的双跑楼梯数据,注意在楼梯输入对话框中选择 DT 梯跑类型,并输入低端和高端的平台长度。

图 4-139　预制楼梯建模

（2）预制楼梯设计参数

参数菜单下设置了预制楼梯相关的参数。主要有梯梁挑耳的尺寸、梯梁销键参数、吊点加强筋、梯板支座类型选型等（图 4-140）。

图 4-140　预制楼梯设计参数

支座类型参数下有两个选项：预留孔螺栓连接、现浇或叠合梯梁连接。对应国家建筑标准图集《装配式混凝土结构连接节点构造（楼盖和楼梯）》15G310-1 的 41～43 页的两种预制楼梯形式，第一种是预留孔螺栓连接的形式，第二种是钢筋锚入梯梁的形式。

（3）预制楼梯平面图

平面图菜单下设置了预制楼梯菜单，使用该菜单可对该层楼梯按照预制楼梯的模式画楼梯平面图（图 4-141）。

图 4-141　预制楼梯平面图菜单

（4）预制楼梯剖面图

剖面图菜单下设置了预制楼梯菜单，使用该菜单可对该层楼梯按照预制楼梯的模式画楼梯剖面图（图 4-142）。

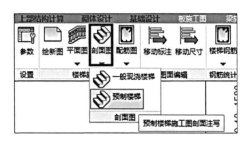

图 4-142　预制楼梯剖面图菜单

（5）预制楼梯板配筋图

配筋图菜单下设置了预制楼梯菜单，使用该菜单可对该层楼梯按照预制楼梯的模式画楼梯板的配筋图（图 4-143）。

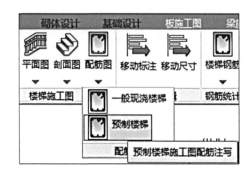

图 4-143　预制楼梯板配筋图菜单

第5章
装配式混凝土结构的深化设计

装配式混凝土结构的深化设计是装配式混凝土结构设计的重要组成部分,深化设计补充并完善了方案设计对构件生产和施工实施方案考虑的不足,有效解决了生产和施工中因方案设计与实际现场产生的诸多冲突,最终也保障了方案设计的有效实施,因此深化设计在装配式混凝土结构设计中必不可少。

装配式结构的深化设计应在方案设计阶段与建设单位积极配合,根据建筑、结构、设备、装修等专业设计要求,结合构件生产和施工安装条件,采用标准化定型技术进行构件的拆分和节点设计,最终输出构件装配施工图和构件加工图,采用三维设计软件和 BIM技术等手段审核验证深化设计成果,保证深化图纸的准确性和可实施性。

5.1 深化设计与各专业之间的关系

传统设计习惯了专业分割模式,因为建筑、结构、机电、精装修等各个专业的信息在各个专业的图纸上,而一个预制构件的所有信息需要综合,信息之间有可能发生碰撞与冲突,此外还有很多信息在设计图纸中是不反映的。在施工之前,需要把以上所有信息都综合在一张图纸上,就是最终完成的深化图纸。深化设计的主要目的就是整合所有专业图纸信息,并融合现场施工、构件生产阶段的施工措施,使构件在生产、运输、安装、维运各阶段施工顺利,减少或者杜绝可能出现的设计变更。

1. 深化设计与建筑设计的关系

预制构件的深化设计应在建筑方案设计阶段介入,这样可以从装配式混凝土结构的视角对建筑方案给出建议,协助确定建筑平面方案,如预制构件的拆分对外立面、外饰面材料、建筑面积、容积率、保温形式等的影响。

2. 深化设计与结构设计的关系

在结构设计阶段,应综合考虑后期预制构件深化设计的需求进行结构方案的布置,如暗柱位置、楼板开洞、梁板布置、梁高、板厚,配筋等。

3. 深化设计与暖通、给排水、电气、装修等专业的关系

预制构件的深化设计应与暖通、给排水、机电、装修等各专业沟通商定预制构件的细部构造,避免出现各专业图纸信息有可能出现的碰撞与冲突,增加设计负担。

4. 深化设计与构件生产、运输、施工、维运的关系

预制构件的深化设计应考虑构件的生产、堆放、运输、施工、维运等各个环节的可操作性，如构件的生产流程、构件脱模、构件生产平台尺寸，构件起吊设备、构件运输条件，构件生产方式等。此外，预制构件深化设计还应考虑经济性，如模具成本及重复利用率、装车运能，人工消耗等问题。预制构件深化设计与各专业的关系见图 5-1 所示：

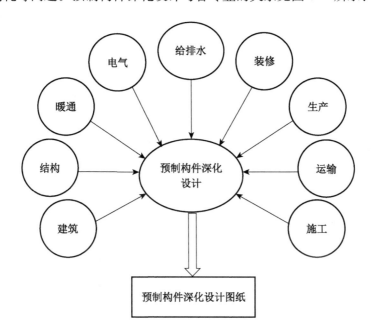

图 5-1　预制构件深化设计与各专业的关系

5.2　深化设计基本要求

1. 预制构件深化设计特点

预制构件深化设计是将各专业需求转换为实际可操作图纸的过程，涉及专业交叉、多专业协同等问题。深化设计应由一个具有综合各专业能力、有各专业施工经验的组织（施工总承包方）来承担，通过施工总承包方的收集、协调，把各专业的信息需求集中反映给构件厂，构件厂根据自身构件制作的工艺需求，将各需求明确反映于深化图纸中，并与施工总承包方进行协调，尽可能实现一图多用，将各专业需求统筹安排，并把各专业的需求在构件加工中实现。

深化设计特点如下：

（1）构件深化设计前，各方需求由施工总承包方进行整合与集成，然后交由深化设计人进行设计，深化设计交接界面应简单，易区分。

（2）深化设计中的需求整合工作由具备综合专业能力的总承包单位完成，避免由于深化设计人员专业局限性而造成对各专业需求理解偏差。

（3）深化设计成果由总承包方进行审核，可较容易检验是否正确满足了各方需求。

（4）由于总承包方对各专业方提出的需求进行整合与集成，避免了各方可能存在的矛盾，深化设计集合度显著提高。

2. 预制构件的拆分

预制构件的拆分原则：预制构件的拆分应遵循受力合理、连接简单、施工方便、少规格、多组合的原则，选择适宜的预制构件尺寸和重量，以减少构件规格和接口种类，方便加工运输，提高工程质量，控制建设成本。

柱一般按层高进行拆分，也可以拆分为多节柱。主梁一般按柱网拆分为单跨梁；次梁以主梁间距为单元划分为单跨梁。预制剪力墙最好全部拆分为两维构件。单个构件的重量一般不大于 5 t，最大构件控制在 10 t 以内；楼板拆分时分单向叠合板拆分设计和双向叠合板拆分设计；外挂墙板作为装配式混凝土结构上的非承重外围护挂板，其划分宜限于一个层高和一个开间。

预制构件的拆分图包括平面拆分布置图和立面拆分布置图，应标注每个构件的编号，与现浇混凝土（包括后浇混凝土连接节点）应进行区分，标识不同颜色和图例。

➤ 平面拆分图

（1）平面拆分图给出一个楼层预制构件的平面布置，标识预制柱、梁和墙体。

（2）凡是布置不一样或构件拆分不一样的楼层都应当绘制该楼层的平面布置图。

（3）预制柱、梁结构，柱与梁布置图宜分开为好。

（4）平面面积较大的建筑，除整体平面图外，还可分成几个平面区域给出区域构件平面布置分图。

➤ 楼板拆分图

（1）楼板拆分图给出一个楼层预制楼板的布置，标识预制楼板。

（2）凡是布置不一样或楼板拆分不一样的楼层都应当绘制该楼层楼板布置图。

（3）平面面积较大的建筑，除整体楼板拆分图外，还可分成几个平面区域给出预制楼板布置图。

➤ 立面拆分图

（1）给出每个立面的预制构件布置图，标识该立面的预制构件。

（2）楼层较多的高层装配式建筑，除整体立面拆分图外，还可以分成几个高度区域给出区域立面拆分图。

3. 构件制作阶段承载力验算

与现浇混凝土结构不同，装配式结构预制构件需要对构件制作环节的脱模、翻转、堆放、运输环节的卸载、支承，安装环节的吊装、定位、临时支承等进行综合分析和最不利工况组合的承载力验算。《装配式混凝土结构技术规程》（JGJ 1）要求：对制作、运输和堆放、安装等短暂设计状况下的预制构件验算，应符合现行国家标准《混凝土结构工程施工规范》（GB 50666）的有关规定。制作与施工环节结构与构造设计内容应包括：

（1）脱模吊点位置设计、结构计算与设计；

（2）翻转吊点位置设计、结构计算与设计；

（3）吊运验算及吊点设计；

（4）堆放支承点位置设计及验算；

（5）易开裂敞口构件运输拉杆设计；

（6）运输支承点位置设计；

（7）安装定位装置设计；

（8）安装临时支承设计等。

4. 预制构件深化设计图纸

装配式混凝土结构预制构件的深化设计分为施工图和预制构件加工图两阶段。施工图阶段应完成装配式结构的平面、立面、剖面设计，结构构件的截面和配筋设计，节点连接构造设计，结构构件的安装图等，其内容和深度应满足施工安装的要求。预制构件加工详图应根据建筑、结构和设备各专业以及设计、制作和施工各环节的综合要求就行深化设计，协调各专业和各阶段所用预埋件，确定合理的制作和安装公差等，其内容和深度应能满足构件加工的要求。深化设计图纸应包括以下几个方面：

➤ 现浇构件（现浇梁、板、柱及墙等详图）

（1）纵剖面、长度、定位尺寸、标高及钢筋、梁和板的支座（可利用标准图中的纵剖面图），现浇预应力混凝土构件尚应绘出预应力筋定位图并提出锚固及张拉要求；

（2）横剖面、定位尺寸、截面尺寸、配筋（可利用标准图中的横剖面图）；

（3）必要时绘制墙体立面图；

（4）若钢筋铰复杂不易表示清楚时，宜将钢筋分离绘出；

（5）对构件受力有影响的预留洞、预埋件，应注明其位置、尺寸、标高、洞边配筋及预埋件编号等；

（6）曲梁或平面折线梁宜绘制放大平面图，必要时可绘展开详图；

（7）一般的现浇结构的梁、柱、墙可采用"平面整体表示法"绘制，标注文字较密时，纵、横向梁宜分两幅平面绘制；

（8）除总说明已叙述外的需特别说明的附加内容，尤其是与所选标准图不同的要求（如钢筋锚固要求、构造要求等）；

（9）对建筑非结构构件及建筑附属机电设备与结构主体的连接，应绘制连接或锚固详图。

注：非结构构件自身的抗震设计，由相关专业人员分别负责进行。

➤ 预制构件

Ⅰ. 预制构件平面布置图

（1）绘制轴线、轴线总尺寸（或外包总尺寸）、轴线间尺寸（柱距、跨距）、预制构件与轴线的尺寸、现浇带与轴线的尺寸、门窗洞口的尺寸；当预制构件种类较多时，宜分别绘制竖向承重构件平面图、水平承重构件平面图、非承重装饰构件平面图、屋面层平面图、预埋件平面布置图；预制构件部分与现场后浇部分应采用不同图例表示。

（2）竖向承重构件平面图应标明预制构件（剪力墙内外墙板、柱、PCF 板）的编号、数量、安装方向、预留洞口位置及尺寸、转换层插筋定位、楼层的层高及标高、详图索引。

（3）水平承重构件平面图应标明预制构件（叠合板、楼梯、阳台、空调板、梁）的编号、数量、安装方向、楼板板顶标高、叠合板与现浇层的高度、预留洞口定位及尺寸、机电预留定位、详图索引。

（4）非承重装饰构件平面图应标明预制构件（混凝土外挂板、空心条板、装饰板等）的编号、数量、安装方向、详图索引。

（5）屋面层平面与楼层平面类同。

（6）埋件平面布置图应标明埋件编号、数量、埋件定位、详图索引。

（7）复杂的工程项目，必要时增加局部平面详图。

（8）选用图集节点时，应注明索引图号。

（9）图纸名称、比例。

Ⅱ．预制构件立面布置图

（1）建筑两端轴线编号。

（2）各立面预制构件的布置位置、编号、层高线，复杂的框架或框剪结构应分别绘制主体结构立面及外装饰板立面图。

（3）埋件布置在平面中表达不清楚的，可增加埋件立面布置图。

（4）图纸名称、比例。

Ⅲ．构件模板图

构件模板图应表示模板尺寸、预留洞及预埋件位置、尺寸、预埋件编号、必要的标高等；后张预应力构件尚需表示预留孔道的定位尺寸、张拉端、锚固端等。其主要包含以下几个方面：

（1）绘制预制构件主视图、俯视图、仰视图、侧视图、门窗洞口剖面图，主视图依据生产工艺的不同可绘制构件正面图，也可绘制背面图。

（2）标明预制构件与结构层高线或轴线的距离，当主要视图中不便于表达时，可通过缩略示意图的方式表达。

（3）标注预制构件的外轮廓尺寸、缺口尺寸、看线的分布尺寸、预埋件的定位尺寸。

（4）各视图中应标注预制构件表面的工艺要求（如模板面、人工压光面、粗糙面），表面有特殊要求应标明饰面做法（如清水混凝土、彩色混凝土、喷砂、瓷砖、石材等），有瓷砖或石材饰面的构件应绘制排版图。

（5）预留埋件及预留孔应分别用不同的图例表达，并在构件视图中标明埋件编号。

（6）构件信息表应包括构件编号、数量、混凝土体积、构件重量、钢筋保护层、混凝土强度。

（7）埋件信息表应包括埋件编号、名称、规格、单块板数量。

（8）说明中应包括符号说明及注释。

（9）注明索引图号。

（10）图纸名称、比例。

Ⅳ. 构件配筋图

纵剖面表示钢筋形式、箍筋直径与间距,箍筋复杂时宜将非预应力筋分离绘出;横剖面注明断面尺寸、钢筋规格、位置、数量等。其主要包括以下几个方面:

(1)绘制预制构件配筋的主视图、剖面图,当采用夹心保温构件时,应分别绘制内叶板配筋图、外叶板配筋图。

(2)标注钢筋与构件外边线的定位尺寸、钢筋间距、钢筋外露长度。钢筋连接用灌浆套筒、浆锚搭接约束筋及其他钢筋连接必须明确标注尺寸及外露长度,叠合类构件应标明外露桁架钢筋的高度。

(3)钢筋应按类别及尺寸不同分别编号,在视图中引出标注。

(4)配筋表应标明编号、直径、级别、钢筋加工尺寸、单块板中钢筋重量、备注。需要直螺纹连接的钢筋应标明套丝长度及精度等级。

(5)图纸名称、比例、说明。

注:对形状简单、规则的现浇或预制构件,在满足上述规定前提下,可用列表法绘制。

➢ 混凝土节点构造详图

(1)对于现浇钢筋混凝土结构应绘制节点构造详图(可引用标准设计、通用图集中的详图)。

(2)预制装配式结构的节点,梁、柱与墙体锚拉等详图应绘出平、剖面,注明相互定位关系,构件代号,连接材料,附加钢筋(或埋件)的规格、型号、性能、数量,并注明连接方法以及对施工安装、后浇混凝土的有关要求等。

(3)需作补充说明的内容。

➢ 其他图纸

(1)预埋件图

① 预埋件详图。绘制内容包括材料要求、规格、尺寸、焊缝高度、套丝长度、精度等级、埋件名称、尺寸标注。

② 埋件布置图。表达埋件的局部埋设大样及要求,包括埋件位置、埋设深度、外露高度、加强措施、局部构造做法。

③ 有特殊要求的埋件应在说明中注释。

④ 埋件的名称、比例。

(2)通用索引图

① 节点详图表达装配式结构构件拼接处的防水、保温、隔声、防火、预制构件连接节点、预制构件与现浇部位的连接构造节点等局部大样图。

② 预制构件的局部剖切大样图、引出节点大样图。

③ 被索引的图纸名称、比例。

(3)楼梯图

楼梯图应绘出每层楼梯结构平面布置、剖面图、梯梁、梯板详图(可用列表法绘制),注明尺寸、构件代号、标高。

（4）特种结构和构筑物

如水池、水箱、烟囱、烟道、管架、地沟、挡土墙、筒仓、大型或特殊要求的设备基础、工作平台等，均宜单独绘图；应绘出平面、特种部位剖面及配筋，注明定位关系、尺寸、标高、材料品种和规格、型号、性能。

5. 预制构件的编码

在装配式结构深化设计过程中，预制构件的种类和数量都非常多，如何清楚地对预制构件进行编号，将对预制构件在工厂的生产和现场的吊装产生直接影响。

根据《装配式混凝土结构表示方法及示例》(15G107-1)，预制构件命名规则如下：
（1）剪力墙（表5-1）

表 5-1　剪力墙编号

预制墙板类型	代号	序号
预制外墙	YWQ	××
预制内墙	YNQ	××

【例】YWQ1：表示预制外墙，编号为1。

【例】YNQ5a：某工程有一块预制混凝土内墙板与已有编号的 YNQ5 除线盒位置外，其他参数均相同，为了方便起见，将该预制内墙板序号编为5a。

（2）剪力墙后浇段（表5-2）

表 5-2　剪力墙后浇段编号

后浇段类型	代号	序号
约束边缘构件后浇段	YHJ	××
构造边缘构件后浇段	GHJ	××
非边缘构件后浇段	AHJ	××

【例】YHJ1：表示约束边缘构件后浇段，编号为1。

【例】GHJ1：表示构造边缘构件后浇段，编号为5。

【例】AHJ3：表示非边缘构件后浇段，编号为3。

（3）叠合楼板（表5-3）

表 5-3　叠合板编号

叠合板类型	代号	序号
叠合楼面板	DLB	××
叠合屋面板	DWB	××
叠合悬挑板	DXB	××

【例】DLB3：表示楼板为叠合板，序号为3。

【例】DWB2：表示屋面板为叠合板，序号为2。

【例】DXB1：表示悬挑板为叠合板，序号为 1。

（4）预制楼梯（表 5-4）

表 5-4 预制楼梯编号

预制楼梯类型	编号
双跑楼梯	ST-aa-bb
剪刀楼梯	JT-aa-bb

【例】ST-28-25：表示预制钢筋混凝土板式楼梯为双跑楼梯，层高为 2 800 mm，宽为 2 500 mm。

【例】JT-29-26：表示预制钢筋混凝土板式楼梯为剪刀楼梯，层高 2 900 mm，楼梯间净宽度为 2 600 mm。

（5）预制阳台板、空调及女儿墙（表 5-5）

表 5-5 预制阳台板、空调板及女儿墙编号

预制构件类型	代号	序号
阳台板	YYTB	××
空调板	YKTB	××
女儿墙	YNEQ	××

【例】YYTB1：表示预制阳台板，序号为 1。

【例】YKTB2：表示预制空调板，序号为 2。

【例】YNEQ5：表示预制女儿墙，序号为 5。

6. 产品信息标识

为了方便构件的识别和质量可追溯，避免出错，预制构件应标识基本信息。在生产过程中可采用二维码，条形码或者 RFID（Radio Frequency Identification）无线射频技术等方式，对预制构件进行标识。产品信息应包括下列内容：构件名称、编号、型号、安装位置、设计强度、生产日期、质检员等。

5.3 预制构件深化设计

1. 叠合板深化设计

叠合板的深化设计阶段首先应该对板进行合理的拆分和编码，然后进行各工况下叠合楼板承载力的验算，确定楼板厚度及配筋信息，最终绘制叠合板的深化设计图纸交付工厂进行构件加工生产。

（1）楼板拆分

叠合板可以根据预制板接缝构造、支座构造、长宽比按单向板或双向板设计。在进行楼板的拆分时，首先要考虑将板标准化，尽量减少模具的种类，降低工程造价。另外，还需

要考虑制作、运输、安装等一系列条件的限制。叠合板在拆分时,应考虑以下因素:

① 原则上在一个房间内进行等宽拆分,预制底板宽度一般不超过 3 m,跨度不超过 5 m,以方便卡车的运输;

② 楼板的拆分位置要考虑房间照明位置,一般灯位不宜设置在板缝处;

③ 当楼板跨度不大时,板缝也可设置在有内隔墙的部位,该做法的好处是板缝在内隔墙施工完毕后不用再处理,但板边应加强;

④ 电梯前室处楼板如果强弱电管线密集,此处楼板宜现浇;

⑤ 卫生间楼板处如果采用降板设计,楼板宜设计成现浇形式。

此外,在板分割前还应明确运输车辆及路线状况、道路限高与限宽、施工塔吊的施工半径与起吊重量等因素。

(2) 楼板编号

为了便于施工,在对楼板分割之后,应对楼板进行编号。板的编号原则应该统一,当板形状和配筋有任何不同时,板的编号也不相同。

(3) 叠合板的计算

□ 平面内抗剪计算

叠合板应进行地震作用下楼板平面内的抗剪计算,可按照以下公式进行验算:

$$V_E \leqslant 0.07 f_c t_s b + 1.5 f_y A_s b / S_s \tag{5-1}$$

式中:V_E——叠合板抗剪强度;

f_c——混凝土抗压强度设计值;

t_s——叠合板厚度;

b——叠合板宽度;

f_y——面层钢筋抗拉强度设计值;

A_s——面层钢筋面积;

S_s——面层钢筋间距。

对于叠合楼板底部钢筋未深入支座,且不设桁架钢筋的叠合楼板,只考虑现浇面层内的钢筋抵抗水平剪力。

□ 平面内抗拉计算

叠合楼板应进行地震作用下楼板平面内的抗拉计算,其拉力为剪力墙或框架之间的剪力差值。

① 如果叠合板设置桁架钢筋,或者未设置桁架钢筋但预制板底部钢筋深入支座,叠合板底部钢筋可参与地震作用下的抗拉计算;

② 如果叠合板未设置桁架钢筋,且预制板底部钢筋未深入支座,地震作用下楼板的抗拉只考虑现浇面层内的钢筋起作用。

□ 水平叠合面抗剪计算

叠合板水平结合面的抗剪承载力一般很容易满足。当预制楼板表面拉毛处理、露骨料,抗剪强度试验值可达到 1.5 MPa 以上。带桁架钢筋叠合楼板桁架钢筋可承担结合面剪力。

当仅考虑桁架腹筋抗剪时,叠合板承载力极限状态下水平结合面抗剪计算可按照下式进行:

$$Q \leqslant \mu f_y A_s \cos \theta \tag{5-2}$$

式中:μ——摩擦系数;

f_y——桁架腹筋屈服强度;

A_s——桁架腹筋截面积;

θ——桁架腹筋与叠合板的夹角。

□ 预制楼板脱模计算

脱模计算近似按照起吊点位置有悬挑的简支楼板进行,主要验算吊点位置上部混凝土抗拉强度不超过混凝土抗拉强度标准值。楼板脱模时应考虑底模吸附力和动力系数 1.5。

□ 预制楼板吊装计算

预制楼板吊装时按照两边简支板进行内力验算。上部吊点在吊装过程中不应超过混凝土抗拉强度标准值,如果脱模阶段已经验算,吊装过程可不验算上部吊点位置的裂缝。楼板吊装过程中还需要进行板跨中承载力、挠度和裂缝的验算,计算挠度时,取预制板的短期刚度。

（4）叠合板深化设计图纸

经过上述步骤,最终确定楼板的厚度、配筋等信息,绘制叠合板的深化设计图纸。图纸应标出板的形状、尺寸,板的配筋,桁架钢筋的定位标注、预埋件等,便于构件加工厂进行生产。

2. 叠合梁深化设计

（1）叠合梁的拆分

叠合梁的拆分需要综合考虑运输车辆、施工机械、施工空间以及结构本身的力学性能等因素的限制。

框架梁分割的常见方式为在梁—柱接头或梁—梁接头处进行分割,如图 5-2 所示:

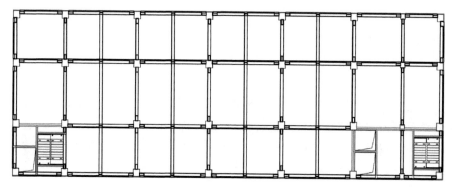

图 5-2　叠合梁拆分示意图

搭接长度一般按照以下规定:

① 主梁跨柱头,搭接搁置长度为 25 mm;

② 次梁跨主梁,搭接搁置长度为 10 mm;

③ 主梁跨主梁,搭接搁置长度为 10 mm。

剪力墙连梁一般从板顶到窗顶为梁高,窗下墙一般不做成连梁。如果窗间墙根据计算需要做成连梁,最好做成双连梁。

(2) 叠合梁编号

依据平面拆分图,对全部预制叠合梁进行编号,统计梁的数量并绘制梁的安装布置图。梁的编号原则有很多种,为了便于阅读图纸,在同一项目中梁的编号原则应统一。

(3) 叠合梁附加计算

□ 预制梁脱模计算

预制梁脱模主要进行预埋件和吊具的抗拉承载力计算,计算考虑底动力系数。

□ 预制梁吊装计算

预制梁的吊装一般按照 2 支点简支梁进行验算。计算时考虑以下方面:

① 预制梁吊点外悬挑部分上部一般为素混凝土,计算时如果无腰筋一般不考虑,上部在吊装过程中不能超过吊装时混凝土抗拉强度标准值;

② 跨中应进行承载力、挠度和裂缝的验算,计算挠度时,应取梁的短期刚度;

③ 当梁采用多点吊装时,按照多跨连续梁进行验算。

(4) 叠合梁深化设计图纸

通过上述过程,最后绘制叠合梁深化设计图纸用于构件厂制作构件。通常深化设计图纸中应包括以下内容:

① 钢筋混凝土叠合梁的施工图应绘出并标明轴线及结构构件(包括梁、板、柱、承重墙、支撑等)的平面位置;

② 注明梁的编号、尺寸、配筋;

③ 梁顶标高变化较大时可单独拉出,通过说明表示出不同的梁顶标高;

④ 斜梁、变截面梁等构件均需绘制详图;

⑤ 埋件示意图及埋件的编号或名称;

⑥ 构件的尺寸标注及埋件的定位标准。

3. 预制剪力墙深化设计

(1) 剪力墙的拆分

预制混凝土剪力墙拆分的尺寸需要根据实际情况对生产、运输、吊装成本权衡考虑。剪力墙整体预制可以提高生产与组装效率,但是大构件的运输以及塔吊的选型会增加额外的成本;同样,拆分为多块小板会增加生产费用,并需要附加构件间连接处理工作,降低组装效率,但是在运输和塔吊型号选择上就会有所降低。通常情况,剪力墙的拆分应符合以下要求:

① 预制剪力墙宜按建筑开间和进深尺寸划分,高度不宜大于层高。

② 预制剪力墙的拆分应符合模数协调的原则,优化预制构件的形状和尺寸,减少预制构件的种类。

③ 预制构件的竖向拆分宜在各层层高处进行。

④ 预制剪力墙的水平拆分应保证门窗洞口的完整性,边缘部品标准化生产。

⑤ 预制剪力墙结构最外部转角应采取加强措施,当不满足设计的构造要求时可采用现浇构件。

（2）剪力墙附加计算

□ 预制剪力墙脱模计算

预制剪力墙板按照点支(脱模吊点)板进行计算,主要验算吊点处的裂缝宽度。计算应考虑吸附力和动力系数。

□ 预制剪力墙吊装计算

剪力墙的吊装根据吊点数量进行预留件的受力计算,如果吊点数量为 4 个,当采用专用吊具时候,可按照 4 点受力计算,一般只考虑 2 个吊点的起吊作用。

（3）预制剪力墙深化设计图纸

预制剪力墙的深化设计图纸通常包括以下几个方面:

① 标明预制剪力墙的平面位置。绘出定位轴线、墙的尺寸、定位、墙上洞口尺寸。

② 注明墙体及边缘构件的编号、约束边缘构件长度、连梁编号。

③ 墙体、边缘构件、连梁大样可在平面图外列表或单独画出。

④ 在平面图上可采用 1∶50 的比例尺原位标注的方式绘出墙体大样。

⑤ 连梁可采用列表方式绘制。标注清楚连梁编号、所在楼层、跨度、断面尺寸、标高和配筋。

⑥ 其他需要与墙一起表示的构件(如框-剪结构中的暗梁)。

4. 预制外挂墙板深化设计

（1）预制外挂墙板的拆分

预制外挂墙板具有整体性,墙板的尺寸根据层高及开间的大小确定。预制外挂墙板一般用 4 个节点与主体结构连接。比较多的方式是一块墙板覆盖一个开间和层高范围,成为整间板。如果层高过高,或开间较大,或重量限制,或建筑风格的要求,墙板也可灵活拆分,但都必须与主体结构连接。一般来讲,预制外挂墙板的拆分要满足以下要求:

① 满足建筑风格的要求;

② 安装节点的位置在主体结构上;

③ 保证安装作业空间;

④ 板的重量和规格满足制作、运输和安装限制条件。

（2）外挂墙板的计算

外挂墙板必须满足构件在制作、堆放、运输、施工各个阶段和整个使用寿命期的承载能力要求,保证强度和稳定性,还要控制裂缝和挠度。

外挂墙板在地震和风荷载作用下的承载力验算见第 4 章相关内容。

外挂墙板是装饰性构件,对裂缝和挠度比较敏感。在使用环节,当外挂墙板表面为反打瓷砖、反打石材或装饰性混凝土时,结构裂缝可以按照《混凝土结构设计规范》(GB 50010)的规定控制;对于清水混凝土构件,宜控制得严格一些。对于夹心保温板、内叶板裂缝控制可按普通结构构件控制,外叶板裂缝控制得严格一些。

(3) 连接节点布置

墙板连接节点需布置在主体结构构件柱、梁、楼板、结构墙体上。当布置在悬挑板上时,楼板悬挑长度不宜大于 600 mm。连接节点在主体结构的预埋件距构件边缘不应小于 50 mm,当墙板无法与主体结构构件直接连接时,必须从主体结构引出二次结构作为连接的依附体。

(4) 挂点平、立面布置图

设计人员需要依据外挂墙板的要求(湿挂或干挂)及挂点与墙板的平立面位置关系,对每一块外挂墙板进行深化设计,内容包括挂点的平立面布置图。挂点的编号应综合考虑墙板系统、节点形式、预埋件形式等因素。

(5) 预埋件平面布置图

预埋件的平面布置图应该包括支撑预埋件的布置图与主体结构需提前预留用于墙板后挂的预埋件布置图。设计人员应综合考虑施工方法、工程造价、工期要求,确保预埋件埋点位置准确、连接可靠、施工经济合理。

(6) 墙板加强配筋

外挂墙板周围宜设置一圈加强筋;外挂墙板洞口转角处应设计加强筋;外挂墙板连接节点预埋件处应设计加强筋;平面为 L 形的转角预制墙板转角处应设置构造筋和加强筋。

(7) 预制外挂墙板深化设计图纸

根据以上步骤,绘制外挂墙板的深化设计图纸,图纸中应包括外挂墙板的预埋件布置图、挂点平立面布置图、墙板形状图、墙板配筋图以及节点放样图。

例:

PCF 内力计算

以实际工程中一典型的 PCF 板为例,介绍 PCF 板及 PC 构件设计的主要方法。PCF 模板及配筋详图如图 5-3 所示。

PCF 构件设计时应考虑下列 5 种荷载工况:

① PCF 板脱模时:计算荷载取板自重+吸附力。

② PCF 板存放及运输时:计算荷载取板自重+冲击荷载。

③ PCF 板安装就位时:计算荷载取相应高度的风荷载。

④ PCF 板现场浇筑混凝土时:计算荷载取混凝土浆料作用在 PCF 板上的侧压力。

⑤ 施工时各结合部连接件的应力计算。

(1) PCF 模板脱模时的内力计算

构件的荷载及内力图详如图 5-4 所示,混凝土自重:25 kN/m³,模板的吸附力:1.7 kN/m²,横向叠合筋间距 500 mm,板厚 80 mm。

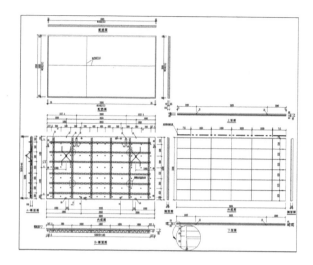

图 5-3　PCF 模板及配筋示意图

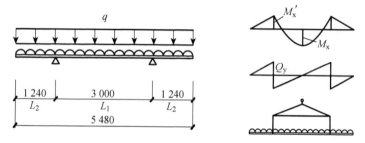

图 5-4　脱模内力计算模型

$$q = 25 \times 0.08 \times 0.5 + 1.7 \times 0.5 = 1.85 \text{ kN/m}$$

$$M_x = \frac{q}{8}(L_1^2 - 4L_2^2) = 0.659 \text{ kN} \cdot \text{m}$$

$$M'_x = \frac{q}{2}L_2^2 = 1.42 \text{ kN} \cdot \text{m}$$

$$Q_y = \frac{q}{2} \times 3.00 = 2.78 \text{ kN}$$

（2）PCF 板存放及运输时的内力计算

构件的荷载内力图同图 5-4 脱模时内力计算模型。

$$q = 1.2 \times 25 \times 0.08 \times 0.5 = 1.2 \text{ kN/m}$$

$$M_x = \frac{q}{8}(L_1^2 - 4L_2^2) = 0.427 \text{ kN} \cdot \text{m}$$

$$M'_x = \frac{q}{2}L_2^2 = 0.923 \text{ kN} \cdot \text{m}$$

$$Q_y = \frac{q}{2} \times 3.00 = 1.8 \text{ kN}$$

（3）PCF 板安装就位时的内力计算

构件的荷载内力详图如图 5-5 所示：

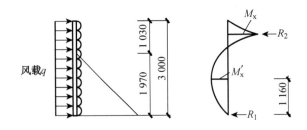

图 5-5　风荷载作用模型

风载 $q = 0.5 \times 1.67 \times 1.3 \times 1.58 \times 1 = 1.71 \text{ kN/m}$

$$M_x = \frac{1}{2} \times 1.71 \times 1.03^2 = 0.91 \text{ kN} \cdot \text{m}$$

$$R_1 = \frac{1}{1.97}\left(\frac{1}{2} \times 1.71 \times 1.97^2 - \frac{1}{2} \times 1.71 \times 1.03^2\right) = 1.22 \text{ kN}$$

$$R_2 = 1.71 \times 3 - 1.22 = 3.91 \text{ kN}$$

$$M'_x = 1.22 \times 1.16 - \frac{1}{2} \times 1.71 \times 1.16^2 = 0.265 \text{ kN} \cdot \text{m}$$

$$M_x = 0.265 \text{ kN} \cdot \text{m}$$

当风压反向时

$$M'_x = 0.91 \text{ kN} \cdot \text{m}$$

（4）PCF 板浇筑时的内力计算

模板现场浇筑时的内力及荷载如图 5-6 所示。

$$q = 25 \times 0.5 = 12.5 \text{ kN/m}$$

$$M_y = \frac{1}{8} \times 0.4^2 \times 12.5 = 0.25 \text{ kN} \cdot \text{m}$$

$$Q_y = \frac{5}{8} \times 12.5 \times 0.4 = 3.125 \text{ kN}$$

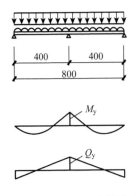

图 5-6　浇筑内力计算模型

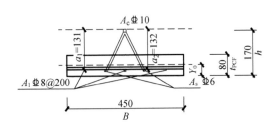

图 5-7　组合梁截面详图

PCF 板的截面承载力计算

PCF 板截面承载力计算以单根叠合筋和钢筋混凝土板组成的等效组合梁为单元进行,组合梁的截面详图如图 5-7 所示。

(1) PCF 板的开裂弯矩

① 考虑叠合筋作用时 PCF 板截面混凝土开裂弯矩

$$M_{cr} = W_t \cdot f_t$$

$$\alpha_E = \frac{E_s}{E_c} = \frac{2.0 \times 10^5}{3.0 \times 10^4} = 6.67$$

$W_t = I_0 / Y_0$ 混凝土:C30

$$Y_0 = h - \frac{Bt_{PCF}(h - t_{PCF}/2) + (A_1 a_1 + A_s a_2)(\alpha_E - 1)}{Bt_{PCF} + (A_1 + A_s)(\alpha_E - 1) + A_c \alpha_E} = 44.1 \ mm$$

$$I_0 = A_c \alpha_E (h - Y_0)^2 + \{[Y_0 - (h - a_1)]^2 A_1 + [Y_0 - (h - a_2)]^2 A_s\}(\alpha_E - 1) +$$

$$\left(Y_0 - \frac{t_{PCF}}{2}\right)^2 Bt_{PCF} + \frac{1}{12} B t_{PCF}^2 = 28.12 \times 10^6 \ mm^4$$

$$W_t = \frac{28.12 \times 10^6}{44} = 0.64 \times 10^6 \ mm$$

$$M_{cr} = W_t \cdot f_t = 0.64 \times 10^6 \times 1.43 = 0.914 \times 10^6 \ N \cdot mm = 0.914 \ kN \cdot m$$

② 不考虑叠合筋作用时 PCF 板的开裂弯矩

$$M'_{cr} = W_{ft} = \frac{1}{6} \times 1\ 000 \times 80^2 \times 1.43 = 1.525 \ kN \cdot m$$

(2) PCF 板上弦筋屈服弯矩

$$M_{ty} = \frac{1}{1.5} W_c f_{yk} \frac{1}{\alpha_E}$$

$$W_c = \frac{I_0}{h - Y_0} = 0.223 \times 10^6 \ mm^3$$

$$f_{yk} = 400 \ N/mm^2 \qquad \alpha_E = 6.67$$

$$M_{ty} = \frac{1}{1.5} \times 0.223 \times 10^6 \times 400 \times \frac{1}{6.67} = 8.92 \ kN \cdot m$$

(3) PCF 板上弦筋失稳弯矩

$$M_{tC} = A_C \sigma_{SC} a_2 = 78.5 \times 314.86 \times 132 = 3.26 \ kN \cdot m$$

其中:

$$\lambda = \frac{200}{5} = 40 \qquad \eta = 2.128\,6$$

$$\sigma_{SC} = f_{yk} - \eta\lambda = 400 - 40 \times 2.128\,6 = 314.86 \text{ N/mm}^2$$

（4）PCF 板下弦筋及板内筋屈服弯矩

$$M_{cy} = \frac{1}{1.5}(A_1 f_{1yk} a_1 + A_s f_{syk} a_2)$$

$$= \frac{1}{1.5}(3 \times 50 \times 400 \times 131 + 2 \times 28.3 \times 400 \times 132)$$

$$= 7.23 \text{ kN} \cdot \text{m}$$

（5）PCF 板叠合筋斜筋失稳剪力（图5-8）

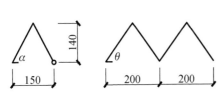

图5-8　叠合板斜筋计算模型

$$Q = \frac{2}{1.5} N\sin\theta \sin\alpha$$

$$\theta = 60° $$

$$\alpha = 54° $$

$$H = 140 \quad b_0' = 150 \quad L = 200 \quad t_R = 46$$

$$\eta = 2.008\,1$$

$$L_r = \sqrt{H^2 + \left(\frac{b_0'}{2}\right)^2 + \left(\frac{L}{2}\right)^2} - \frac{t_R}{\sin\theta \sin\alpha} = 122 \text{ mm}$$

$$\lambda = 0.7 \frac{L_r}{i_r} = \frac{0.7 \times 122}{3} = 28.47$$

$$\sigma_{Sr} = f_{yk} - \eta\lambda = 400 - 2.008\,1 \times 28.47 = 343 \text{ N/mm}^2$$

$$N = \sigma_{Sr} A_f = 343 \times 28.3 = 9.7 \text{ kN}$$

失稳剪力

$$Q = \frac{2}{1.5} \times 9.7 \times \sin 60° \sin 54° = 9.06 \text{ kN}$$

PCF 板承载力的检验

（1）组合梁的受拉弯矩　　　　　　　　　　$M_{max} = 0.659 \text{ kN} \cdot \text{m}$

　　组合梁考虑叠合筋作用时开裂弯矩　　$M_{cr} = 0.914 \text{ kN} \cdot \text{m}$

　　　　　　　　　　　　　　　　　　　　$M_{max} < M_{cr} \quad$ 满足

（2）组合梁上弦筋受拉、压弯矩　　　　　　$M_{max} = 1.42 \text{ kN} \cdot \text{m}$

　　组合梁上弦筋屈服弯矩　　　　　　　　$M_{ty} = 8.92 \text{ kN} \cdot \text{m}$

　　　　　　　　　　　　　　　　　　　　$M_{max} < M_{ty} \quad$ 满足

（3）组合梁上弦筋受压弯矩　　　　　　　　$M_{max} = 0.91 \text{ kN} \cdot \text{m}$

组合梁上弦筋失稳弯矩 $M_{tC} = 3.26$ kN·m

$M_{max} < M_{tC}$ 满足

（4）组合梁下弦筋及 PCF 板分布筋受拉、压弯矩 $M_{max} = 1.42$ kN·m

（5）组合梁支座剪力 $Q_{max} = 3.91$ kN

组合梁斜筋失稳剪力 $Q = 9.06$ kN

组合梁下弦筋屈服弯矩 $M_{cy} = 7.23$ kN·m

$M_{max} < M_{cy}$ 满足

$Q_{max} < Q$ 满足

5. 预制楼梯的深化设计

（1）预制楼梯的拆分

剪刀楼梯宜整段作为一个楼梯板进行拆分，不宜在中间位置设置梁，因其构造复杂会影响安装效率。

双跑楼梯需要注意半层处的休息平台与外墙的连接，必要时此处墙体可采用现浇。

（2）预制楼梯的计算

① 预制楼梯的脱模计算

预制楼梯一般采用反打方式预制，在脱模过程中主要进行预埋件和吊具的抗拉承载力计算，应考虑底模吸附力和动力系数。

② 预制楼梯的吊装计算

预制楼梯应进行吊装过程的承载力验算，楼梯按照吊点位置为支点的简支梁进行跨中正截面的承载能力和正常使用极限状态的验算，计算挠度时用短期刚度。

（3）预制楼梯的深化设计图纸

预制楼梯的深化设计图纸可参照国标图集 15G367-1 中的样例进行绘制。

5.4 BIM 在预制构件深化设计中的应用

BIM 是指创建并利用数字技术对建设工程项目的设计、建造和运营全过程进行管理和优化的过程、方法和技术。BIM 以三维数字技术为基础，以三维模型所形成的数据库为核心，不仅包含了各个专业设计师们的专业设计理念，而且还容纳了从设计到施工乃至建成使用和最终拆除的全过程信息，集成了工程图形模型、工程数据模型以及和管理有关的行为模型。BIM 是一个面向对象的，参数化、智能化的建筑物的数字化表示，支持建设工程中的各种运算，且包含的工程信息都是相互关联的。

BIM 实现了"模型等于图纸""模型高于图纸"的目标，具有可视化、协调性、模拟性、优化性和可出图性五大特点。采用 BIM 技术不仅可以实现设计阶段的协同设计，施工阶段的建造全过程一体化和运营阶段对建筑物的智能化维护和设施管理，同时打破从业主、施工单位到运营方之间的隔阂和界限，实现对建造全生命周期管理。

装配式建筑是一个系统的集成，BIM 技术具有信息集成优势，在工程总承包管理模式下,应用 BIM 技术利于装配式建筑的设计、生产、装配、运维的系统一体化协同发展。利用 BIM 的三维可视化、一体化协同平台,基于多专业、多环节信息共享,实现建筑、结构、机电、装修的一体化,设计、加工、装配一体化。

目前 BIM 软件的分类没有一个严格的标准和准则,主要参考美国总承包协会(AGC)的资料。按功能划分,如表 5-6 所示:

表 5-6　BIM 常用工具

功能	常用工具
建筑	Affinity, Allplan, Digital, Project, Revit Architecture, Bentley BIM, ArchiCAD Sketch UP
结构	Revit Structure, Bentley BIM, ArchiCAD, Tekla
结构分析	Autodesk Revit Structure, Bentley Structural Modeler, CypeCAD, Graitec Advance Design, Tekla Structures
机电设备	Revit MEP, AutoCAD MEP, Bentley BIM, CAD-Pipe, AutoSprink, PipeDesigner 3D, MEP Modeller, MagiCAD, Tfas
耗能分析	Autodesk Green Building Studio, IES, Hevacomp, TAS
环境分析	Autodesk Ecotect, Autodesk Vasari
协调碰撞	Navis Works, Bentley Navigator
场地	Autodesk Civil 3D, Bentley Inroads and Geopak
管理	Bentley WaterGem
运维	ArchiFM, Allplan Facility Management, Archibus

1. 拆分设计

在装配式建筑中要做好预制构件的"拆分设计",俗称"构件拆分"。传统方式下大多是在施工图完成以后,再由构件厂进行"构件拆分"。实际上,正确的做法是在前期策划阶段就应介入,确定好装配式建筑的技术路线和产业化目标,在方案设计阶段根据既定目标依据构件拆分原则进行方案创作,这样才能避免方案性的不合理导致后期技术经济性的不合理,避免由于前后脱节造成的设计失误。BIM 信息化有助于建立上述工作机制,为装配式建筑提供强有力的载体,从设计出发考虑模型的拆分,而非用传统的仅靠构件厂商来完成的方法。图 5-9 为基于 BIM 的预制构件拆分设计示意。

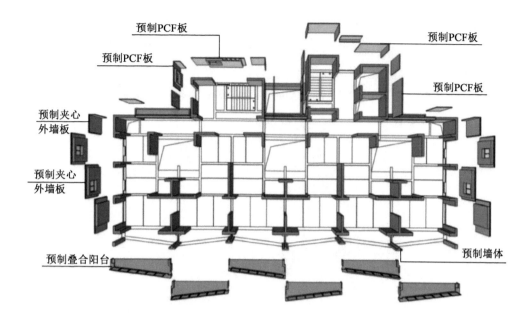

图 5-9　基于 BIM 的预制构件拆分设计

2. 协同设计

通过协同设计建立统一的设计标准,包括图层、颜色、线型、打印样式等,在支持多样数据端口的企业信息化平台基础上,设计团队各个专业所有人员可以同时在一个项目文件上工作,从而减少现行各专业之间(以及专业内部)由于沟通不畅或沟通不及时导致的错、漏、碰、缺,真正实现所有图纸信息的一致性,实现一处修改其他自动修改,提升设计效率和设计质量。同时,协同设计也对设计项目的规范化管理起到重要作用,使得进度管理、设计文件统一管理、人员负荷管理、审批流程管理、自动批量打印、分类归档等一系列流程均可在信息化平台上全部完成。图 5-10 为基于 BIM 平台的协同设计示意。

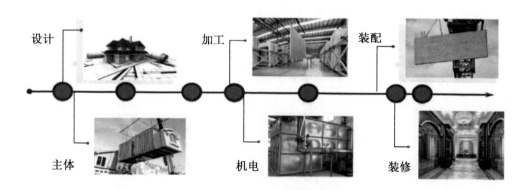

图 5-10　基于 BIM 平台的协同设计

3. 碰撞检查与规避

装配式混凝土建筑设计过程中,要保证每个预制构件到现场拼装不发生问题,靠人工进行校核和筛查显然是不可能的。但 BIM 在设计阶段就可以较好的规避风险,利用 BIM 模型可以把可能发生的现场冲突与碰撞在设计阶段中进行事先消除。传统的二维施工图纸无法精确定位钢筋的位置,在绑扎钢筋时经常会有碰撞发生。在 BIM 模型中能够检查钢筋碰撞,得出碰撞报告,在交付施工图之前将碰撞调整至最低。图 5-11 为碰撞检查示意:

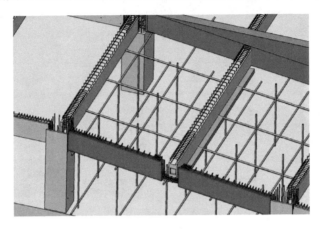

图 5-11　碰撞检查

4. 预制构件生产

用深化设计软件生成 3Dpdf,同时可导出构件图、生产数据、物料清单信息、IFC(Industry Foundation Classes)格式文件等。IFC 是当前主导的 BIM 构件技术标准,通过 IFC 文件解析器可以进行 IFC 文件数据读写,与兼容 IFC 标准的应用软件进行数据交互,实现预制构件信息的导入与导出,最终实现 BIM 信息模型到预制构件制造的数据传递。

项目施工管理人员根据项目布置图规划安排施工安装顺序,并以任务分配书的形式提交给生产管理人员并确定生产时间,生产管理人员根据生产计划和工作日程安排,将深化设计数据转换成流水线机械能够识别的格式后进入生产阶段。实时监控生产过程,采集各个生产工序加工信息(作业顺序、工序时间、过程质量等)、构件库存信息、运输信息。信息汇总分析以供再优化及管理决策。

5. 现场装配信息化管理

基于 BIM 设计模型,通过融合无线射频(RFID)、物联网(IOT)等信息技术(图 5-12),实现构件产品在装配过程中,充分共享装配式建筑产品的设计信息、生产信息和运输

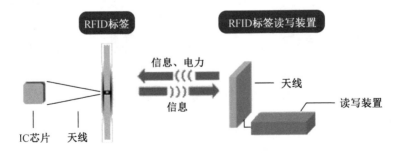

图 5-12　RFID 无线射频技术

等信息,实时动态调整、实现以装配为核心的设计—生产—装配无缝对接的信息化管理。

通过构件的预埋芯片,实现基于构件的设计信息、生产信息、运输信息、装配信息的信息共享,通过安装方案的制定,明确相对应构件的生产、装车、运输计划。

6. 施工指导

在深化阶段可对复杂构件和复杂节点(如大难度吊装、隐蔽工程)等情况,使用 BIM (如 Revit,3DMAX)等软件进行图形影像化的模拟,供设计深化交底和施工指导使用,以达到增加复杂建筑系统的可施工性,提高施工生产效率,增加复杂建筑系统的安全性。图 5-13 为三维可视化模型。

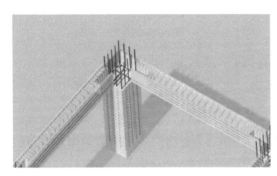

图 5-13　三维可视化模型

7. 预制率计算

BIM 构件可被赋予信息,可被用于计算、分析或统计。BIM 集成了建筑工程项目各种相关信息的工程数据,是对该工程项目相关信息的详细表达。通过 BIM 可方便的统计装配式结构的预制率,如图 5-14、图 5-15 所示。

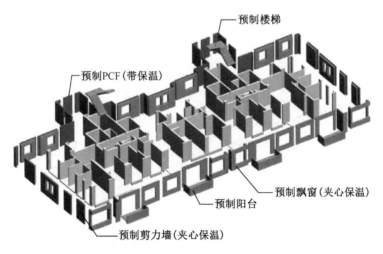

图 5-14　装配式结构 BIM 模型

8. 深化设计族库

企业随着项目的开展和深入,都会积累到一套自己独有的族库,如参数化标准典型节

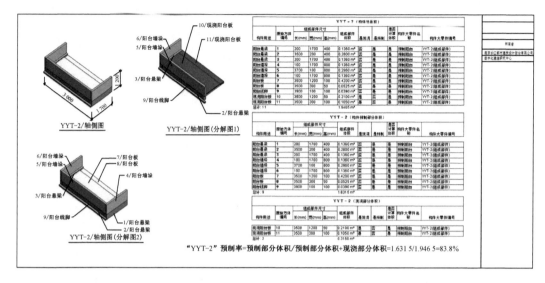

图 5-15　预制率计算结果

点、标准构件以及预留预埋件等,按照其特性、参数等属性分类归档到数据库,储存到企业信息化平台,方便在以后的工作中,可直接调用族库数据,并根据实际情况修改参数,可有效提高工作效率(表 5-7)。族库可以说是一种无形的知识生产力,族库管理已经超出了 REVIT 族库的概念,可以囊括知识库、问题库,可以如图书馆索引一样进行索引,并于引用和查找相关的文件。族库的质量,是相关行业企业或组织的核心竞争力的一种体现。

表 5-7　预制构件族库

三维示意图						
族类型	外挂墙板	凸窗墙	阳台	预制柱	预制阳台	外墙
三维示意图						
族类型	预制楼梯	填充墙	女儿墙	预制梁	夹心保温外墙	预制板

　　库管理由专门的库管理员完成建库和维护工作,其他 BIM 设计人员只需要使用即可,对于 BIM 建模人员,只需要在界面搜索调用即可。库管理员可以建立各专业标准的构件库和文档库,同时可以添加相关的访问权限,保证企业智力资产的安全。

　　库分类管理比较灵活,可以按照专业进行分类管理,例如电器专业可以分为插座、桥架配件、消防电气、灯具等类别,灯具也可以细分为子类,并设置有分类路径,便于专业人员查阅。对于不同分类零件的访问记录,使用记录和相关的技术说明文档均可关联起来。

第**6**章

装配式混凝土结构工程案例

6.1　南京万科上坊保障性住房项目 6-05 栋

6.1.1　工程概况

1. 工程名称

南京万科上坊保障性住房项目 6-05 栋。

2. 工程地点

南京市江宁区东山街道。（所属气候区:夏热冬暖地区）

3. 工程开发、设计、施工、监理单位

开发建设单位:万科集团下属的南京万晖置业有限公司。

设计单位:南京长江都市建筑设计股份有限公司。

施工单位:中国建筑第二工程局有限公司。

构件生产单位:南京大地建设新型建筑材料有限公司。

监理单位:扬州建苑工程监理有限责任公司。

4. 建筑功能

保障性廉租住房。

5. 建筑信息

本项目为 15 层廉租住房,建筑高度 45 m。地下一层为自行车库,底层为架空层,二层至十五层为廉租房,共计 196 套。整栋建筑总建筑面积为 10 380.59 m²,其中地下建筑面积为 655.98 m²,地上建筑面积为 9 724.61 m²。

6. 工程竣工时间、运营时间

本项目 PC 结构于 2012 年 10 月 13 日封顶,二次结构于 2012 年 12 月 16 日全部完成,2012 年 12 月 26 日通过主体结构验收,2013 年 7 月 20 日正式完成整个项目并交付使用。

6.1.2　结构设计及分析

1. 体系选择及结构布置

本项目采用装配整体式框架钢支撑结构体系。在国家行业标准《预制预应力混凝土装配整体式框架结构技术规程》(JGJ 224)（简称"世构体系"）的基础上，对预制装配体系进行了创新，采用了新型装配整体式框架钢支撑体系。该体系用钢支撑替代了现浇剪力墙，提高了结构的整体抗震性能，同时提高了建筑的预制装配率，使其成为当时（2011 年）全国框架结构中预制率最高且建筑高度最高的工程，并获得了多项国家级、省级奖项。

本项目标准层平面图、结构布置示意图与实景图如图 6-1 至图 6-3 所示：

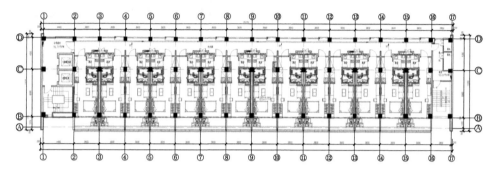

图 6-1 南京上坊保障性住房 6-05 栋标准层平面图

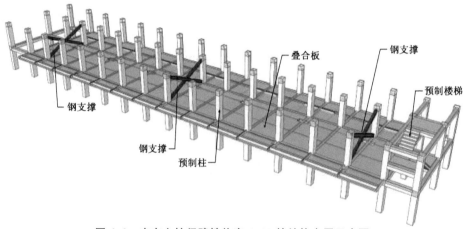

图 6-2 南京上坊保障性住房 6-05 栋结构布置示意图

图 6-3 南京上坊保障性住房 6-05 栋实景图

2. 结构分析及指标控制

本项目抗震设防烈度为 7 度(第一组)0.10g,建筑高度为 45 m,达到《预制预应力混凝土装配整体式框架结构技术规程》规定的预制框架结构最大高度,结构设计初期阶段通过对三种结构体系(框架结构、框架剪力墙结构、框架钢支撑结构)分别计算比较,具体计算结果见表 6-1 至表 6-3 所示。

表 6-1　振型及周期

振型	周期(s)			平动系数($x+y$)		
	框架结构	框架剪力墙	框架钢支撑	框架结构	框架剪力墙	框架钢支撑
1	1.828 4	1.500 8	1.577 0	0.00+1.00	1.00+0.00	1.00+0.00
2	1.569 2	1.468 5	1.480 0	0.65+0.00	0.00+1.00	0.00+0.98
3	1.542 7	1.281 1	1.311 2	0.00+0.25	0.00+0.02	0.00+0.02

表 6-2　地震作用下位移角及位移比

方向	位移角			位移比		
	框架结构	框架剪力墙	框架钢支撑	框架结构	框架剪力墙	框架钢支撑
X 向	1/1 350	1/1 256	1/1 335	1.06	1.05	1.06
Y 向	1/969	1/1 197	1/1 267	1.25	1.18	1.18

表 6-3　风荷载作用下位移角及位移比

方向	位移角			位移比		
	框架结构	框架剪力墙	框架钢支撑	框架结构	框架剪力墙	框架钢支撑
X 向	1/9 999	1/9 999	1/9 999	1.11	1.11	1.12
Y 向	1/2 024	1/3 289	1/3 359	1.15	1.05	1.06

计算结果的中框架结构体系第二周期扭转较明显,根据计算结果需要增加结构的抗扭刚度。

框架剪力墙结构及框架钢支撑结构,两种结构体系在地震作用下第一、第二基本振型下均为纯平动,位移及位移比都在规则结构要求的范围内,各项计算参数均满足设计要求,说明增加剪力墙或钢支撑后结构的扭转得到了很好的控制。

在三种体系中框架剪力墙结构的刚度最大,从而吸收地震力最大,同时根据《预制预应力混凝土装配整体式框架结构技术规程》,框架剪力墙结构中的剪力墙部分必须现浇,不仅增加了现场施工中的湿作业量,同时也增加了工程的施工周期,更不符合该项目作为试点示范项目的特点。

经过比较最终选择采用框架钢支撑结构体系,增设钢支撑后(图 6-4),有效提高了结构的横向抗侧性能及整体抗震能力,钢支撑代替现浇剪力墙减少了现场湿作业,提高了建筑预制装配率,全装配整体式框架钢支撑结构体系已经获得国家专利。

6.1.3 装配化应用技术及指标

1. 预制构件选用

本项目预制构件范围：预制柱、预制梁、预制楼板、预制楼梯、预制阳台。

预制构件选用遵循标准化、模数化的原则，在方案阶段，协调考虑预制构件的大小，尽量减少预制构件的种类。例如预制阳台，制作简单复制率高；预制楼板，制作简单且成本增量低；预制梁柱，框架结构易于施工且对提高预制率有较大作用，但应尽量减少构件的尺寸

图 6-4　现场钢支撑

类型；若存在多个单元相同楼梯，楼梯则采用统一标准，而非镜像关系。

设计阶段考虑到吊装、运输条件和制作成本，通过比较，构件为单个重量不大于 4 t 以内时运输、吊装相对顺利，运输、施工(塔吊)的成本也会降低。因此，本项目构件重量尽量控制在 4 t 以下。预制楼板宽度以容易运输和生产场地限制考虑，大部分控制在 3 m 以内。

2. 装配化应用技术及指标

本项目主体结构采用的装配化技术有预制柱、预制梁、预制楼板、预制阳台、预制楼梯等，围护结构采用的装配化技术有 NALC 板、陶粒混凝土墙板，项目采用装修一体化设计并应用了整体卫浴，实现了无外模板、无脚手架、无砌筑、无抹灰的绿色施工目标。项目标准层预制率为 65.44%，整体装配率为 81.31%，详见表 6-4 所示：

表 6-4　装配式建筑技术配置分项表

阶段	技术配置选项	备　注	项目实施情况
标准化设计	标准化模块，多样化设计	标准户型模块，内装可变；核心筒模块；标准化厨卫设计	✓
	模数协调		✓
工厂化生产/装配式施工	预制外墙	蒸压轻质加气混凝土板材(NALC板)	✓
	预制内墙	蒸压轻质加气混凝土板材(NALC板)	✓
	预制叠合楼板		✓
	预制叠合阳台		✓
	预制楼梯		✓
	楼面免找平施工		✓
	无外架施工		✓
一体化装修	整体卫生间		✓
	厨房成品橱柜		✓
信息化管理	BIM策划及应用		✓
绿色建筑	绿色星级标准		绿色三星

6.1.4 主要构件及节点设计

1. 预制混凝土柱

《预制预应力混凝土装配整体式框架结构技术规程》JGJ 224 中规定可以采用多节柱，但是通过对构件及节点的研究发现采用多节柱时主要存在如下问题：

（1）多节柱的脱膜、运输、吊装、支撑都比较困难；

（2）多节柱在高层建筑中的安装累积误差没有较好的解决；

（3）多节柱梁柱节点区钢筋绑扎困难以及混凝土浇筑密实性难以控制。

经过研究并学习国内外先进的预制装配技术，本项目设计中决定将多节柱改为单节柱（图 6-5），每层可以保证柱垂直度的控制调节，进而也使建筑的预制装配构件完全标准化，从制作、运输、吊装均采用标准化操作，简单、易行，保证质量控制。柱截面主要采用（mm×mm）600×550,600×500,550×550,550×500,单节柱长度 2 880 mm,重量约 1.8～2.0 t。

图 6-5 单节预制混凝土柱

2. 预制混凝土叠合梁

本项目设计中主、次梁均采用预制混凝土叠合梁，梁截面主要采用（mm×mm×mm）300×560×140,300×310×140,300×260×140,其中叠合层厚度 140 mm。

3. 预制预应力混凝土叠合板

本项目全部楼板采用预制预应力混凝土叠合板技术（图 6-6），传统的现浇楼板存在现场施工量大、湿作业多、材料浪费多、施工垃圾多、楼板容易出现裂缝等问题。预应力混凝土叠合板采取部分预制、部分现浇的方式，其中的预制板在工厂内预先生产，现场仅需安装，不需模板，施工现场钢筋及混凝土工程量较少，板底不需粉刷，预应力技术使得楼板结构含钢量减少，支撑系统脚手架工程量为现浇板的 31% 左右，现场钢筋工程量为现浇板的 30% 左右，现场混凝土浇筑量为现浇板的 57% 左右。本项目设计中叠合楼板板厚140 mm,其中预制板厚 60 mm,叠合层 80 mm。

4. 柱钢筋连接

本项目预制柱钢筋连接采用钢筋套筒灌浆连接方式（图 6-7），此连接方式相对于传统预制构件浆锚搭接连接方式具有连接长度大大减少，构件吊装就位方便的优点。灌浆料为流动性能很好的高强度材料，在压力作用下可以保证灌浆的密实性，是目前装配整体

图 6-6 预制预应力混凝土叠合板

图 6-7 直螺纹灌浆套筒

式框架结构中框架柱钢筋连接的首选技术。

预制柱内套筒钢筋的连接长度仅仅为 $8d$，d 为钢筋直径，现场预制柱吊装后采用专用的灌浆料压力灌注，灌浆料的 28 天强度需大于 85 MPa，24 小时竖向膨胀率在 0.05%～0.5%，通过大量试验验证套筒灌浆连接技术是可靠的，《装配式混凝土结构技术规程》(JGJ1) 中规定套筒灌浆连接技术为首选连接方式。

5. 梁柱节点

本项目预制梁柱节点采用了键槽后浇筑技术（图 6-8）。叠合梁在构件厂预制生产时梁端部预制键槽，键槽净空尺寸：200 mm（宽）×210 mm（高）×500 m（长），键槽壁厚 50 mm。键槽钢筋绑扎时，为确保钢筋位置的准确，键槽预留"U"形开口箍，待梁柱钢筋绑扎完成，在键槽上安装"∩"形开口箍与原预留"U"形开口箍双面焊接 $5d$。梁柱支座节点钢筋连接采用端锚新技术，解决了钢筋锚固施工困难的问题，同时解决单节柱与柱接头钢筋连接、绑扎的施工难题，采用端锚新工艺，可减少成本一半，提高功效一倍。

6. 预应力叠合板非支承边的钢筋拉结

预制叠合板是当时建筑工业化项目中应用最广泛的结构构件。由于施工工艺的特点，预应力叠合板均为单向板，而楼板尺寸大多为双向板。因此楼板一般是由单向板拼成。由于单向板分支承边与非支承边，所以仅支承边留有与其他构件连接的钢筋，而非支承边则无预留连接钢筋。这样会造成下列问题：①楼板与竖向构件的连接在非支承边仅有一半的楼板厚度，使楼板水平力的传递受到影响。②楼板下部存在几条拼缝，使楼板的

图 6-8　梁柱节点

刚度受到影响,楼板的整体性削弱,与结构分析采用的计算模型有误差。

在工程中,预应力叠合板的非支承边利用原预制板内的分布筋外伸作为连接钢筋,实现了非支承边与竖向构件的可靠连接以及单向板非支承边的相互可靠连接,提高了建筑的抗震性能(图 6-9)。

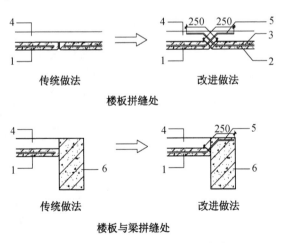

图 6-9-1　叠合板非支承边连接方式(a)

1—预应力混凝土叠合板;2—预应力钢筋;3—分布筋;
4—现浇叠合层;5—分布筋拼缝处弯起;6—楼面梁

图 6-9-2　叠合板非支承边连接方式(b)

6.1.5　围护及部品件的设计

1. 围护墙体

本项目内外填充墙采用蒸压轻质加气混凝土隔墙板(NALC),板材在工厂生产、现场拼装,取消了现场砌筑和抹灰工序。

NALC 板自重轻,容重为 500 kg/m^3,对结构整体刚度影响小。板材强度较高,立方体抗压强度≥4 MPa,单点吊挂力≥1 200 N。能够满足各种使用条件下对板材抗弯、抗裂及节点强度要求,是一种轻质高强围护结构材料。

NALC 板具有好的保温性能 λ=0.13[W/(m·K)],本工程南北外墙采用 150 mm 厚 NALC 自保温板,东西山墙采用外墙板 100 mm 厚、内墙板与 75 mm 厚的组合拼装外墙;内分户隔墙采用 150 mm 厚的 NALC 板,其余内隔墙采用 100 mm 厚的 NALC 板。建筑节能率达到 65%标准。

此外,该材料还具有很好的隔音性能和防火性能,NALC 板材生产工业化、标准化,可锯、切、刨、钻,施工干作业,加工便捷,其施工效率是传统砖砌体的 4～5 倍,材料无放射性,无有害气体逸出,是一种适宜推广的绿色环保材料(图 6-10～图 6-13)。

图 6-10　加气混凝土自保温外墙板

图 6-11　加气混凝土自保温内墙板

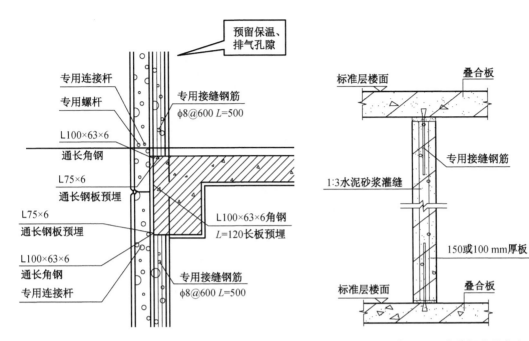

图 6-12　加气混凝土外墙板构造节点　　　　图 6-13　加气混凝土内墙板连接节点

2. 阳台及楼梯

预制叠合阳台板是预制装配式住宅经常采用的构件。阳台板上部的受力钢筋设在叠合板的现浇层,并伸入主体结构叠合楼板的现浇层锚固,达到承受阳台荷载,连接主体结构的功能。一般的预制叠合阳台板大多仅有上层钢筋与主体相连,存在着支座处刚度与结构设计分析有差距、整体性较差、外挑长度大时在竖向地震力作用下有安全隐患等问题。部分预制叠合板式阳台是通过采用下部钢筋预留,插入主体结构梁钢筋骨架的方式来解决预制叠合阳台板与主体的连接问题,但预留板下部筋在构件的制作、运输、安装、吊装就位等程序上增大了操作难度,施工误差大且机械利用效率低(图 6-14)。

本工程在预制叠合阳台板现浇层底部加设了与主体梁的连接钢筋,解决了上述问题。

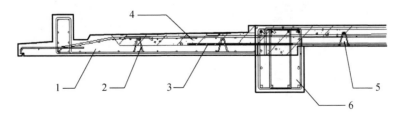

图 6-14-1　本工程预制叠合阳台板板底附加拉筋示意(a)

1—预制阳台板;2—阳台板中钢筋桁架;3—阳台板底部附加与主体梁的拉结筋;
4—阳台现浇叠合层;5—预应力板中的桁架筋;6—预制框架梁

图 6-14-2　本工程预制叠合阳台板板底附加拉筋示意（b）

本项目二层至十五层楼梯梯段采用预制混凝土梯板，梯板与主体结构间连接节点采用叠合的方式或直接预留钢筋，待梯板吊装就位后再进行节点现浇（图 6-15～图 6-18）。

图 6-15　预制混凝土楼梯进场

图 6-16　预制混凝土楼梯吊装

图 6-17　预制混凝土楼梯安装就位

图 6-18　预制混凝土楼梯微调定位

3. 厨房和卫生间

本项目在方案阶段进行装修与土建一体化设计，通过优化卫生间设计，首次在江苏省保障性住房中采用整体式卫生间，厨房采用成品橱柜，最大限度地减少现场湿作业，避免传统卫生间渗漏问题，消除质量通病。

为推广应用整体卫浴,设计单位专门进行了传统卫生间与整体式卫生间施工技术经济成本比较,最终采用整体式卫生间,提高了整个建筑的工业化、工厂化水平。产品采用整体卫浴,全部构件在工厂预制生产,现场拼装完成。其最大的特点就是摒弃水泥+瓷砖的湿作业,采用 FRP/SMC 航空树脂作为原材料,底盘、墙板等主要部件均为大工厂作业成型。产品具备独立的框架结构及配套的功能性,一套成型的产品既是一个独立的功能单元,也可以根据使用需要装配在任何环境中。

整体卫浴间的底盘、墙板、天花板、洗面台等采用 SMC 复合材料制成,具有材质紧密、表面光洁、隔热保温、防老化及使用寿命长等优良特性。整体卫浴间中的卫浴设施均无死角结构而便于清洁。

本项目的安装方便,避免以往毛坯造成的二次装修浪费和垃圾污染。集成式卫生间合理的布局节约了使用空间,同时具有耐用、不渗漏、隔热节能、易于清洗的特点(图 6-19、图 6-20)。

图 6-19　成品橱柜图

图 6-20　整体式卫生间

6.1.6　相关构件及节点施工现场照片

1. 预制混凝土柱施工

预制混凝土柱施工如图 6-21 至图 6-28 所示。

图 6-21　预制混凝土柱进场

图 6-22　放线

图 6-23　吊具安装

图 6-24　预制混凝土柱起吊

图 6-25　引导筋对位

图 6-26　水平调整、校正

图 6-27　斜支撑固定

图 6-28　摘钩

2. 预制混凝土梁施工

预制混凝土梁施工如图 6-29 至图 6-32 所示。

图 6-29　预制混凝土梁进场

图 6-30　搭设梁底支撑

图 6-31　拉设安全绳

图 6-32　预制混凝土梁就位与微调定位

3. 预制预应力混凝土板施工

预制预应力混凝土板施工如图 6-33 至图 6-38 所示。

图 6-33　预制混凝土板进场

图 6-34　放线（板搁梁边线）

图 6-35　搭设板底支撑

图 6-36　预制混凝土板吊装

图 6-37　预制混凝土板就位

图 6-38　预制混凝土板微调定位

4. 叠合梁板钢筋安装与混凝土浇筑

叠浇层钢筋混凝土的施工流程为：预制梁板吊装→键槽钢筋的绑扎→梁面筋绑扎→模板支设→键槽混凝土的浇筑→水电管线的铺设→板面筋绑扎→叠合层混凝土的浇筑(图 6-39)。

5. 预制混凝土柱钢套筒连接灌浆施工

预制混凝土柱钢套筒连接灌浆施工的施工流程为：工厂钢筋笼的制作→柱基础面准备→注浆前柱脚封边→灌浆料配置→机具准备→注浆施工(图 6-40 至图 6-47)。

图 6-39　叠合层混凝土浇筑

图 6-40　工厂钢筋笼制作

图 6-41　检测板制作与安装

图 6-42　基层清理

图 6-43　钢筋表面浮浆清理

图 6-44　预制混凝土柱就位

图 6-45　柱脚封边

图 6-46　灌浆料配制

图 6-47　注浆施工

6.1.7　工程总结及思考

工业化建筑从设计、研发到构件生产、构件安装,都是一个全新的课题。工程设计是龙头,是建筑产业现代化技术系统的集成者,各项先进技术的应用首先应在设计中集成优化,设计的优劣直接影响各项技术的应用效果。

工业化建筑的设计主要包括结构主体设计和预制构件深化设计两个阶段。结构主体设计要充分考虑到预制构件深化设计、施工等后续一系列问题,同时,预制构件的深化设计也要以结构主体设计为基础,必须考虑构件生产、运输、吊装、安装等问题,并与装修设计相协调。

同时,装配式混凝土建筑体系包括结构系统、围护结构系统、建筑设备与管线系统以及建筑内装系统,要实现四大系统的集成,必须在设计阶段进行技术集成,并贯穿于整个建设的全过程中。

本项目在吸取国外先进技术的基础上,大胆创新,在当时尚未有成熟技术标准的情况下,结合我国国情的施工工艺、验收规范,在预制装配式混凝土建筑领域大胆实践勇于创新,形成了若干有价值的技术成果和施工方法。并获得国家、行业、省市的多项奖励。

现场施工环节是最能体现建筑产业现代化技术优势的环节,装配式建筑施工方式的特点是现场湿作业和模板支撑、钢筋绑扎等工作量大大减少,而预制构件吊装、拼装的工作量增加,对施工人员、施工机械和施工组织提出了更高的要求。

装配式建筑与传统现浇建筑最大的区别在于施工,施工环节也是最能体现建筑产业现代化技术速度快、污染少、节约资源等优势的环节。装配式建筑施工相比传统需要更先进的管理、更高的施工精度,预制装配式工程施工现场等同于汽车生产的总装工厂,施工精度必须达到毫米级才能保证预制构件的吊装拼装要求,因此需要更有经验的技术人员、更专业的施工设备以及信息化的施工管理,其施工难度大大高于现浇施工难度。

预制构件生产技术在预制装配工程中是非常重要的环节,将传统现场施工构件(梁、柱、板等)在现代化工厂中制作,现场吊装施工。因此对构件的精度、质量提出了更高的要求,像机械零件一样精确度达到毫米级要求,对构件生产设备、模板制作、构件养护都提出很高要求。尤其是对工厂流水线操作工人的技术要求、操作流程更加严格,这样才能达到构件精准度的要求,满足现场构件安装,提高工程效益。预制构件厂等同于汽车生产工厂的零部件配套工厂,零部件的质量、精度的好坏直接影响整辆汽车的质量。因此,构件生产质量、效益直接影响整个预制装配式项目的进度和质量。

6.2 南通政务中心停车综合楼项目

6.2.1 工程概况

1. 工程名称

南通市政务中心北侧停车综合楼。

2. 工程地点

南通市崇川区。(所属气候区:夏热冬暖地区)

3. 工程开发、设计、施工

开发建设单位:南通国盛城镇建设发展有限公司。

设计单位:南京长江都市建筑设计股份有限公司。

施工单位:龙信建设集团有限公司。

构件生产单位:龙信建设集团有限公司。

4. 建筑功能

办公停车综合楼。

5. 建筑信息

本工程总高度 57.15 m,总建筑面积 48 972.21 m²,其中地上总建筑面积为 42 085.27 m²,地下总建筑面积 6 886.94 m²。地下两层汽车库,地上一层为大厅、厨房、餐厅,二层至七层为汽车库,八层西侧为会议中心,东侧为汽车库,九层至十六层为业务用房。

6.2.2 结构设计及分析

1. 体系选择及结构布置

本工程建筑结构使用年限为 50 年,结构安全等级为二级,抗震设防类别为丙类。本地区结构抗震设防烈度为 6 度,根据南通市政府《南通市建设工程抗震设防管理办法》通政发〔2009〕39 号文件:本工程抗震设防烈度取 7 度,设计地震分组为第二组,设计基本地震加速度值为 0.05g。本工程地基基础等级为甲级,建筑桩基设计等级为甲级。

本工程根据建筑功能与高度的不同分为左、右两个部分,工程概况如表 6-5 所示:

表 6-5 工程概况

栋号	结构形式	层数 (地下室+主楼)	高度(m)	平面长度 (m)	平面等效 宽度(m)	高宽比
左侧部分	装配整体式框架	2+8	31.150	41.000	32.400	0.96
右侧部分	装配整体式框架-现浇核心筒	2+16	61.850	48.400	33.100	1.87

左侧部分结构高度较低,适合采用装配整体式框架结构;右侧部分结构高度较高,为增强结构的抗侧刚度同时保证建筑的使用功能,故采用装配整体式框架-现浇核心筒结构。两部分结构高宽比均较小,有效地提高了结构的刚度并减小了侧移,整体性与稳定性均较好。

本工程标准层平面图,效果图如图 6-48 至图 6-50 所示。

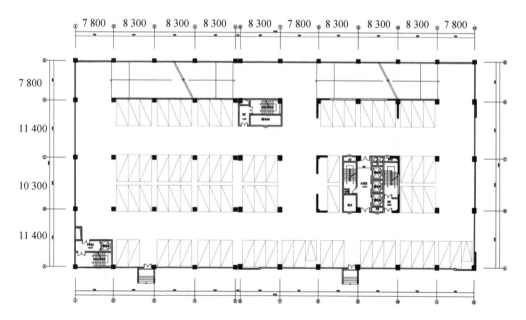

图 6-48 南通市政务中心北侧停车综合楼标准层平面布置

图 6-49　南通市政务中心北侧停车
综合楼东南透视图

图 6-50　南通市政务中心北侧停车
综合楼东北透视图

2. 结构分析及指标控制

计算结果如表 6-6 至表 6-9 所示。

表 6-6　振型及周期

振型	周期(s)		平动系数(x+y)	
	左侧框架	右侧框架—核心筒	左侧框架	右侧框架—核心筒
1	1.406 7	1.962 2	0.81+0.11	0.85+0.00
2	1.391 5	1.893 0	0.12+0.88	0.00+0.98
3	1.134 6	1.640 7	0.16+0.03	0.15+0.03

表 6-7　结构剪重比

剪重比(%)					有效质量系数(%)				
X 向		Y 向		限值	X 向		Y 向		限值
左侧框架	右侧框架—核心筒	左侧框架	右侧框架—核心筒		左侧框架	右侧框架—核心筒	左侧框架	右侧框架—核心筒	
2.91	2.03	3.12	2.30	≥1.6	97.74	96.66	98.43	97.61	≥90

表 6-8　地震作用下位移角及位移比

方向	位移角		位移比	
	左侧框架	右侧框架—核心筒	左侧框架	右侧框架—核心筒
X	1/601	1/849	1.22	1.20
Y	1/698	1/826	1.16	1.22

表 6-9 风荷载作用下位移角及位移比

方向	位移角		位移比	
	左侧框架	右侧框架-核心筒	左侧框架	右侧框架-核心筒
X	1/3 340	1/3 513	1.12	1.16
Y	1/4 260	1/3 152	1.06	1.19

6.2.3 装配化应用技术及指标

1. 预制构件选用

本工程预制构件范围:预制柱、预制梁、预制楼板、预制楼梯、预制花池。

预制构件选用,遵循标准化、模数化的原则,在方案阶段,对柱网尺寸进行优化,协调考虑预制构件的大小,尽量减少预制构件的种类。例如预制花池,制作简单复制率高;预制楼板,制作简单且成本增量低;预制梁柱,框架结构易于施工且对提高预制率有较大作用,但应尽量减少构件的尺寸类型;优化楼梯间开间,将各疏散楼梯的开间尺寸统一成2 650 mm,减少楼梯构件数量,并采用统一标准,非镜像关系。

设计阶段考虑到吊装、运输条件和制作成本,通过比较,单个构件质量越轻时运输、吊装相对顺利,运输、施工(塔吊)的成本也会降低。由于本工程柱网尺寸较大,预制梁、柱等构件控制在6 t 以下。预制楼板宽度以容易运输和生产场地限制考虑,大部分控制在3 m以内。

2. 装配化应用技术及指标

本工程主体结构的柱、梁、楼板、外墙、内墙、花池、楼梯等均采用预制构件,围护结构采用成品板材,工程采用装饰装修一体化设计,预制率达56%,整体装配率达70%,详见表6-10所示:

表 6-10 装配式建筑技术配置分项表

阶段	技术配置选项	本工程实施情况
标准化设计	标准化模块,多样化设计	✓
	模数协调	✓
工厂化生产/装配式施工	预制外墙	✓
	预制内墙	✓
	预制梁	✓
	预制柱	✓
	叠合楼板	✓
	预制女儿墙	✓
	预制楼梯	✓
	成品栏杆	✓

续表 6-10

阶段	技术配置选项	本工程实施情况
工厂化生产/装配式施工	整体外墙装配	√
	无外架施工	√
	装配率	70%
	预制率	56%
一体化装修	内装集成体系	√
	工业化内装	√
信息化管理	BIM 策划及应用	√
绿色建筑	绿色星级标准	绿色三星

6.2.4　主要构件及节点设计

1. 框架柱连接节点

本工程框架柱主筋采用直螺纹套筒灌浆连接技术(图 6-51),将预制柱层间上下钢筋连接长度大幅缩短。若柱钢筋采用浆锚搭接,规程要求的搭接长度 $33d \times 1.6 = 52.8d$(以 $d = 25$ 为例)预留钢筋长度达 1.3 m,不方便构件的预制、运输、吊装。采用直螺纹套筒灌浆连接技术后,连接长度仅仅为 $8d$。预留钢筋长度从 1.3 m 缩短至 0.2 m。

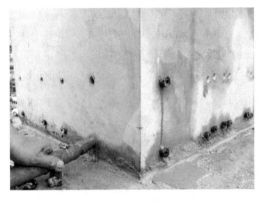

图 6-51　预制柱套筒灌浆

2. 梁柱连接节点

本工程框架梁柱节点采用键槽节点,框架节点的标准做法如图 6-52 所示。将预制框架梁键槽端部梁底钢筋根据设计要求伸出部分钢筋直接锚入框架节点内,如水平锚固长度不满足要求则采用加钢筋锚固板的方式,从而减少了梁端键槽内 U 形钢筋的数量,增加了连接的可靠性、施工的便易性,同时保证了节点的抗震性能。

3. 主次梁连接节点

考虑到本工程中次梁跨度较大($L > 11$ m),主次梁连接采用主次梁节点后浇的方式,主梁中部预留连接区段,底筋连续,次梁端部伸出底筋,预留抗剪键槽,该连接方式不仅能满足承载力的要求,而且施工方便,能满足构件生产安装的相关要求,见图 6-53 所示。

4. 叠合楼板连接节点

本工程楼板采用非预应力混凝土叠合楼板(预制层 60 mm＋现浇层 70 mm)(图 6-54),叠合板受力端板底受力筋不伸出预制板端,在叠合板的叠合面处附加钢筋,在满足板底钢筋支座锚固要求的前提下,方便了叠合板的吊装就位。叠合板非受力端在预制板面附加分布钢筋,增加整体连接性。

图 6-52　框架梁柱节点

图 6-53　预制主次梁连接节点

图 6-54　梁柱节点

5. 预制混凝土外模板 PCF 的增设

外立面预制柱及预制外框架梁外侧增设预制混凝土外模板（PCF），完全取消了外脚手架及外模板（图 6-55、图 6-56）。

图 6-55　预制柱外模板

图 6-56　预制梁外模板

6.2.5 围护及部品件的设计

1. 围护墙体

本工程地上部分的建筑外墙采用150厚或200厚加气混凝土板材（NALC墙板），外墙防水按《建筑外墙防水工程技术规程》（JGJ/T 235—2011）执行。外墙面采用一道防水砂浆防水，外墙洞眼分层塞实，并在洞口外侧先加刷一道防水增强层。外墙门窗框与墙洞口之间的缝隙采用发泡剂充填饱满。

2. 内装设计

传统的建筑设计，室内装修用设备管线预埋在现浇混凝土楼板或墙体中，把使用年限不同的设备管线与主体结构混在一起建造。导致若干年后预埋在建筑主体结构中早已老化的设备管线无法改造更新，缩短了建筑的使用寿命。本工程采用建筑装修一体化设计，使结构耐久性、室内空间灵活性以及更换方便性等得到大幅改善。

工程采用集成吊顶、成品地板、成品隔断、成品踢脚线、成品门窗等内装部品，最大化地减少了由于现场手工制作而影响施工质量和进度的不利因素。

6.2.6 相关构件及节点施工现场照片

相关构件及节点施工现场照片见图6-57至图6-66所示：

图 6-57 预制柱吊装　　　　　　图 6-58 预制梁吊装

图 6-59 预制板吊装　　　　　　图 6-60 预制梯板吊装

图 6-61　预制楼梯

图 6-62　预制花池吊装

图 6-63　汽车坡道预制构件拼装

图 6-64　主体结构施工

图 6-65　无外脚手架施工

图 6-66　主体结构竣工

6.2.7　工程总结及思考

装配式建筑从方案阶段开始即应贯彻标准化、模数化的设计理念。本工程原方案按现浇结构设计，建筑尺寸不规则，共有从 7 300 mm 到 11 700 mm 等九种不同柱网尺寸，四种楼梯开间尺寸,东立面外窗大小不统一,不符合标准化模数化原则。在方案阶段,通过各专业的协同设计,在保证原建筑外轮廓基本不变和满足停车功能需求的前提下,将开间柱网尺寸调整为 7 800 mm、8 300 mm 两种,进深柱网尺寸调整为 7 800 mm、10 300 mm、11 400 mm 三种;在满足疏散要求的前提下,将楼梯尺寸调整为 2 650 mm、2 900 mm 两种;将建筑外窗规格统一,塑造了整体连贯的建筑形象,同时减少了预制墙板规格,降低建造成本。

工程推进过程中应用 BIM 信息化技术实现了建筑、结构、机电设备、室内装修的一体化设计。通过各专业之间的协调配合,保证室内装修设计、建筑结构、机电设备及管线、生产、施工形成有机结合的完整系统。

在经济效益方面,本工程通过采用集成技术,分别在取消外脚手架施工技术、承插型盘扣式支撑架技术、预制构件吊装组装技术、预制梁柱钢筋端锚技术、预制构件增设外模板(PCF)技术,以及免粉刷、免抹灰、免找平技术等几个方面均取得了较好的经济效益。与传统现浇结构相比,本工程在以上几个方面总计产生经济效益 953.39 万元。与传统现浇结构相比,本工程的现场混凝土浇筑量减少了 44.2%,钢筋制作绑扎量减少了 46.3%,模板用量减少了 75.4%,大大降低了材料消耗及施工过程中对环境的影响,取得了良好的经济效益与环境效益。

6.3 南通海门老年公寓项目

6.3.1 工程概况

1. 工程名称
南通海门老年公寓项目。

2. 工程地点
海门市新区龙馨家园小区。(所属气候区:夏热冬冷地区)

3. 工程开发、设计、施工、监理单位
建设单位:江苏运杰置业有限公司。
设计单位:南京长江都市建筑设计股份有限公司。
施工单位:龙信建设集团有限公司。
构件生产单位:龙信集团江苏建筑产业有限公司。
监理单位:南通泛华建设监理有限责任公司。

4. 建筑功能
老年公寓。

5. 建筑信息
本工程地下 2 层,地上 25 层,地上建筑面积约 16 000 ㎡,地下建筑面积约 2 000 ㎡,地上结构总高度 82.6 m。

6.3.2 结构设计及分析

1. 体系选择及结构布置

本工程为地上 25 层、地下 2 层，二层以下为老年公寓配套服务用房，三层以上为老年公寓，建筑高度 82.6 m，高宽比为 4.56，长宽比为 2.33。本工程结构体系采用装配整体式框架-剪力墙结构（预制框架＋现浇剪力墙），底部加强层部位三层及以下采用现浇，四层以上主体结构中除剪力墙采用现浇外柱预制，梁板叠合。四层楼面标高以上主要结构构件布置见图 6-67 所示：

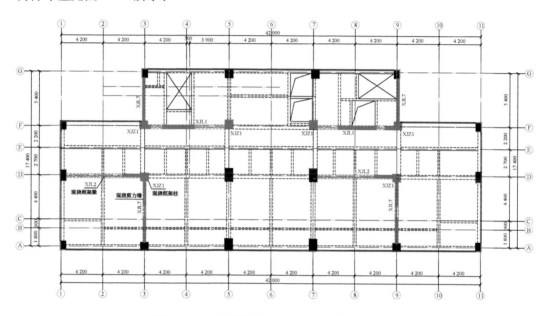

图 6-67　四层楼面标高以上主要结构构件布置

2. 结构分析及指标控制

本工程建筑结构的设计使用年限为 50 年，结构安全等级为二级，抗震设防类别为标准设防类，简称丙类。本工程抗震设防烈度为 6 度，设计地震分组为第二组，设计基本地震加速度值为 0.05g。主要计算结果如表 6-11 至表 6-16 所示：

表 6-11　自振周期

振型	SATWE			
	周期（s）	振动方向角（°）	平动分量（$x+y$）	扭转分量
1	2.850 3	5.32	1.00(0.99＋0.01)	0.00
2	2.734 0	95.70	0.99(0.01＋0.98)	0.01
3	2.427 7	61.78	0.01(0.00＋0.01)	0.99

地震作用最大的方向＝－0.066(°)。

第一扭转主振型与第一平动主振型周期之比为 2.427 7/2.850 3＝0.852＜0.90。

第一扭转主振型与第二平动主振型周期之比为 2.427 7/2.734 0＝0.888＜0.90。
周期比满足相应规范要求。

表 6-12　有效质量系数及剪重比

有效质量系数(%)		剪重比(%)	
X 向	Y 向	X 向	Y 向
98.34	97.35	1.03	1.13

质量有效系数大于 90%,剪重比均大于 0.80%,满足相应规范要求。

表 6-13　最大层间位移角及位移比

	X 向		Y 向	
地震作用下	1/1 925(13 层)	1.16($x-5\%$偏心)	1/1 890(19 层)	1.34($y+5\%$偏心)
风作用下	1/3 057	1.14	1/1 349	1.14

层间位移角及位移比均满足相应规范要求。

表 6-14　整体稳定和抗倾覆计算

	X 向	Y 向
刚重比	3.13	3.35

X 向、Y 向的刚重比大于 1.4,能够通过《高层建筑混凝土结构技术规程》(JGJ3)中
5.4.4条的整体稳定性验算;刚重比大于 2.7,按规范可以不考虑重力二阶效应,但本工程
设计采用考虑重力二阶效应。

表 6-15　剪力墙轴压比控制 U_{max}

楼层	框架柱	剪力墙
—2	0.75	0.55
1	0.78	0.50
4	0.80	0.56
10	0.69	0.48
14	0.77	0.36
19	0.57	0.26

满足剪跨比>2 的框架柱轴压比≤0.85;1.5≤剪跨比≤2 的框架柱轴压比≤0.80;剪
力墙轴压比≤0.6,均满足相应规范要求。

表 6-16　规定水平力作用下框架柱地震倾覆力矩百分比(%)

楼层	X	Y
建筑地面 1 层	38.16	27.75
建筑地面 3 层	41.36	30.19

满足框架部分的地震倾覆力矩大于结构总地震倾覆力矩的 10% 但不大于 50% 的规定,按框架-剪力墙结构进行设计。

6.3.3　装配化应用技术及指标

1. 预制构件选用

本工程预制构件范围:预制混凝土框架柱、预制混凝土框架梁、预制混凝土叠合板、预制楼梯、预制外墙板、预制女儿墙。

预制构件拆分遵循标准化、模数化的原则,尽量减少预制构件的种类。

2. 装配化应用技术及指标

本工程应用建筑装配化技术,使结构标准层的预制率达到 47.5%:

(1) 结构主体竖向构件采用预制混凝土框架柱、预制女儿墙;

(2) 结构水平构件采用预制混凝土框架梁、预制混凝土叠合板、预制混凝土梯段板;

(3) 围护结构采用成品外墙挂板及成品内墙板;

(4) 内装采用 CSI 住宅建筑装修体系。

本工程预制构件布置如图 6-68 所示:

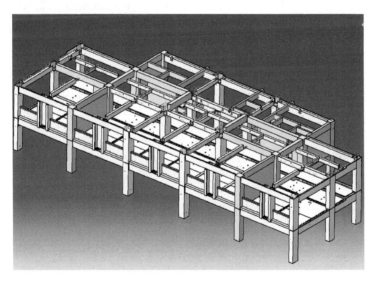

图 6-68　预制构件三维拼装图

装配式建筑技术配置分项详见表 6-17 所示:

表 6-17　装配式建筑技术配置分项表

阶段	技术配置选项	备　注	项目实施情况
标准化设计	标准化模块,多样化设计	标准户型模块,内装可变;	✓
	模数协调	核心筒模块;标准化厨卫设计	✓
工厂化生产/装配式施工	主体结构预制	柱、梁、楼板、楼梯、女儿墙	✓
	外围护结构预制	预制混凝土外挂墙板	✓

阶段	技术配置选项	备　注	项目实施情况
工厂化生产/ 装配式施工	内围护结构预制	成品板材	√
	绿色施工	无外脚手架、无现场砌筑、无抹灰	√
一体化装修	CSI 住宅	采用内架空体系将各类套内设备管线、整体厨卫和内装饰与结构主体完全分离	√
信息化管理	BIM 策划及应用		√
绿色建筑	绿色星级标准		绿色三星

6.3.4　主要构件及节点设计

1. 主要构件设计

（1）预制混凝土框架柱

预制混凝土框架角柱和边柱外侧设置 PC 外模,预制混凝土框架柱外皮需根据脱膜、吊装、支撑的要求留设所需的预埋件;预制混凝土框架柱与现浇剪力墙采用单向预留墙体水平钢筋的方式连接,交界面在预制混凝土框架柱上设置抗剪齿槽;在预制混凝土框架柱底每根柱主筋的位置埋设钢套筒,柱的纵向钢筋采用套筒灌浆(直螺纹＋灌浆)连接。预制混凝土框架柱的底部设置键齿,键齿均匀布置,键齿深度 50 mm,同时柱底、柱顶做成粗糙面,粗糙面的凹凸深度 6 mm。预制混凝土框架柱构件设计图和成品见图 6-69、图 6-70 所示：

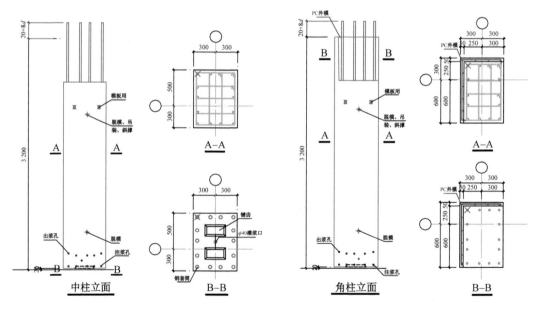

图 6-69　预制混凝土框架柱构件设计图

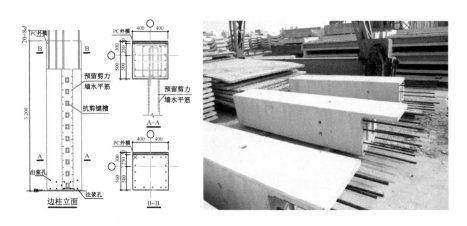

图 6-70　预制混凝土框架柱成品图

（2）预制混凝土框架梁

预制混凝土框架边梁两端设抗剪键槽，在外侧边和高低板连接处叠合梁高的一侧设计 PC 模板；预制混凝土框架梁叠合面的凹凸不小于 6 mm。预制混凝土框架边梁构件设计图和成品见图 6-71 至图 6-73 所示：

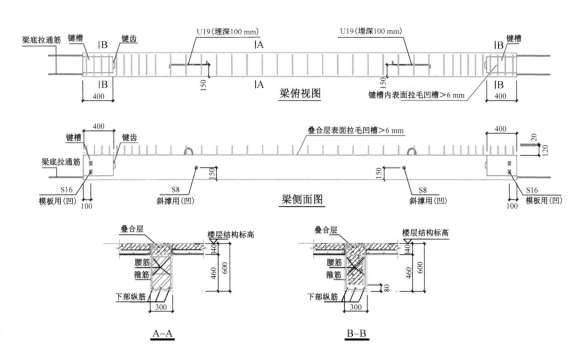

图 6-71　预制混凝土框架中梁设计图

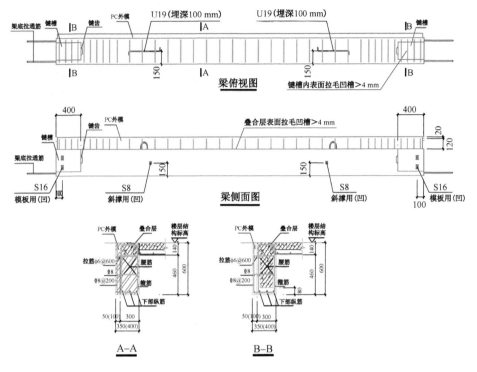

图 6-72　预制混凝土框架边梁设计图

图 6-73　预制混凝土框架梁成品图

（3）预制混凝土叠合板

本工程的楼板为带钢筋桁架的预制混凝土叠合板和现浇混凝土叠合成整体，其凹凸不小与 4 mm。预制混凝土叠合板设计图和成品见图 6-74、图 6-75 所示：

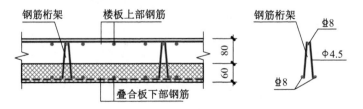

图 6-74　预制混凝土叠合板设计图

图 6-75　预制混凝土叠合板成品图

（4）楼梯

本工程楼梯采用预制混凝土梯段板，预制混凝土梯段板采用清水混凝土饰面，现场采取措施加强成品保护。预制楼梯产品和安装见图 6-76、图 6-77 所示：

图 6-76　预制楼梯产品图

图 6-77　预制楼梯安装图

2. 主要节点设计

（1）柱连接节点

本工程预制混凝土框架柱的上下连接接头设置于每层预制混凝土框架柱底，在预制混凝土框架柱底每根柱主筋的位置埋设钢套筒（直螺纹＋灌浆），吊装上层预制混凝土框架柱时需在下层预制混凝土框架柱顶四角放置 20 mm 厚的钢垫片将上下预制混凝土框架柱隔开作为灌浆的填充面。预制混凝土框架柱顶留出钢筋，并保证钢筋伸入上层预制混凝土框架柱钢套管内满足 $8d$。上下预制混凝土框架柱间及连接钢套管内采用高强度灌浆料压力填充，灌浆料强度远大于柱自身混凝土强度，可以很好地弥补钢套管及灌浆管对柱混凝土截面削弱的影响，同时确保了上下预制混凝土框架柱间的整体受力性能。钢套筒范围内设柱箍筋不少于三道，且预制混凝土框架柱下部箍筋加密区长度比一般现浇框架柱加长 300 mm。柱纵筋套筒连接大样见图 6-78 所示，灌浆连接工厂制作和现场施工图见图 6-79 所示：

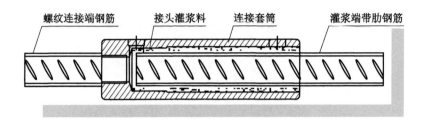

图 6-78　柱纵筋套筒连接大样

图 6-79　灌浆连接工厂制作和现场施工图

（2）梁、柱连接节点

本工程梁、柱节点采用现浇键槽节点，这种节点连接性能可靠，从总体上能够与现浇节点相当。

结合本工程的特点，梁、柱连接节点设计主要构造措施创新处：

① 预制混凝土框架梁的下部纵筋尽量集中在梁两侧布置，方便柱纵筋穿过。

② 现浇梁、柱节点混凝土等级采用 C60，减小梁纵筋的锚固长度，尽量采用直锚，直锚不够时采用加端头螺帽直锚。

③ 通过调整两个方向框架梁的梁高，方便节点区两个方向纵筋的交叉穿越，实现梁底筋拉通。

④ 梁下部钢筋按弯矩包络图设计，部分纵筋不锚入节点区，同时保证锚入节点区的梁下部钢筋满足《建筑抗震设计规范》6.3.3 条的相关要求，以减少锚入节点区梁下部纵筋的数量；按《预制预应力混凝土装配整体式框架结构技术规程》(JGJ 224—2010)构造设置 2 根 Φ18 U 形钢筋。

⑤ 对于两个方向不等高梁，在较小的梁底设调平支撑钢牛腿，宽度同梁宽，起到侧模和临时支撑的双重作用。

预制混凝土框架梁与楼层中柱、边柱，顶层中柱、边（角）柱连接节点见图 6-80 至图 6-83 所示：

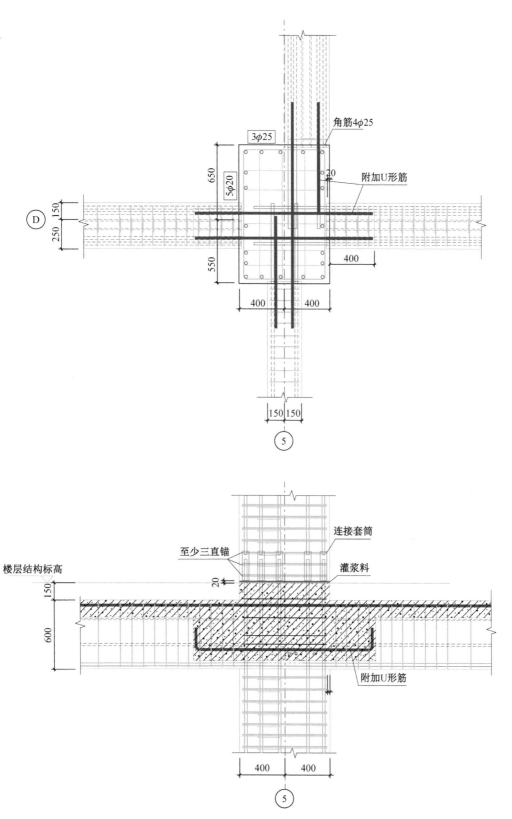

图 6-80 预制混凝土框架梁与楼层中柱连接节点

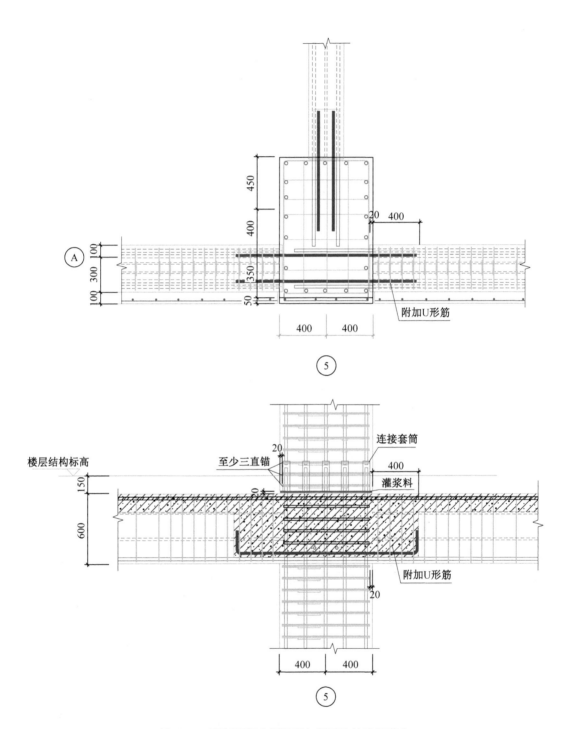

图 6-81　预制混凝土框架梁与楼层边柱连接节点

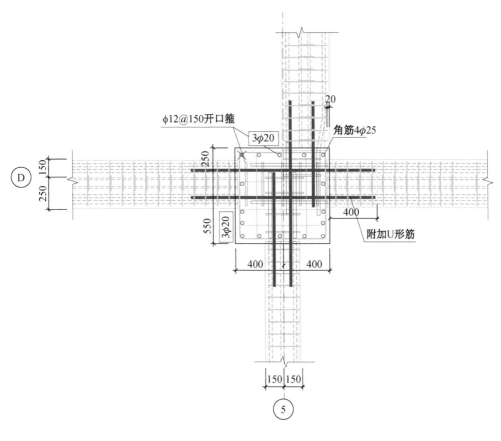

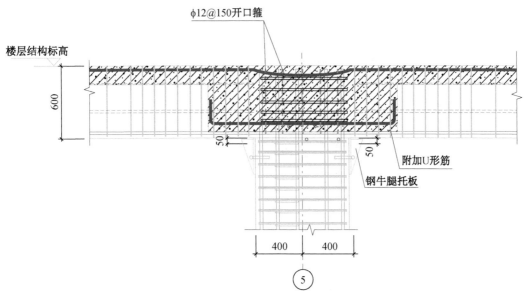

图 6-82　预制混凝土框架梁与顶层中柱连接节点

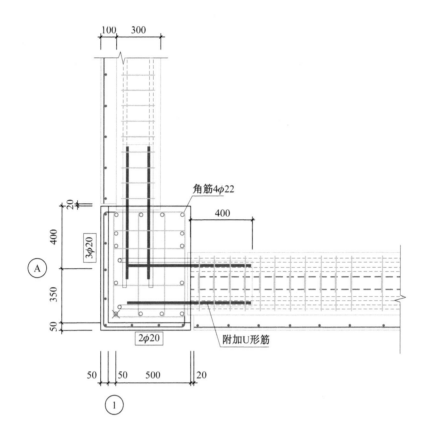

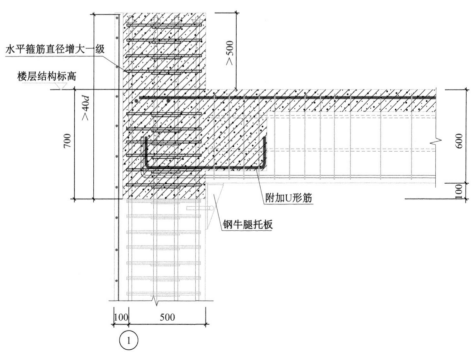

图 6-83-1　预制混凝土框架梁与顶层边（角）柱连接节点（a）

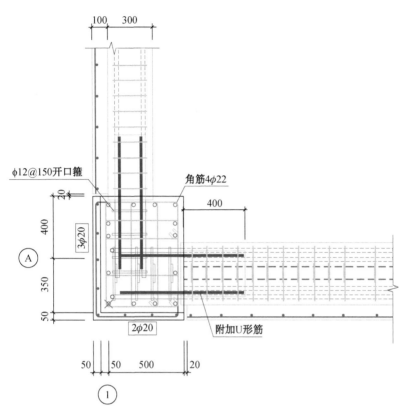

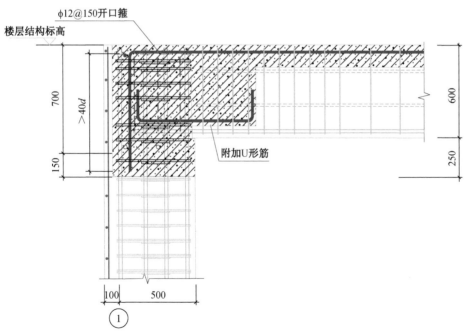

图 6-83-2　预制混凝土框架梁与顶层边（角）柱连接节点（b）

由于预制混凝土框架梁吊装为从上往下,顶层柱纵筋弯锚会影响预制混凝土框架梁的放置,为方便施工顶层柱纵筋采用机械直锚。取消了柱纵筋的弯锚段,对柱顶段箍筋进行加强,比柱身箍筋直径加大一个级,并设附加 U 形箍(U 形箍位于最顶层梁纵筋上,三级 12@150,肢数同梁箍筋),满足规范对柱顶纵筋的锚杆要求。

为保证梁柱纵筋能够互相可靠传力,在不影响建筑立面的前提下,有两种方式:

① 柱顶标高抬高,梁纵筋采用直锚,柱顶高出梁面不小于 500 mm,且柱纵筋从梁底起算锚固长度不小于 40d。

② 柱顶标高不抬高,梁纵筋弯锚,下弯直线段长度不小于梁纵筋的 40d,并沿梁纵筋设置三级 12@150 附加 U 形箍。

(3) 主、次梁连接节点

主次梁连接通常采用缺口梁方式,次梁端部采用缺口梁,截面抗剪、抗扭承载力均有所削弱。考虑本工程大部分次梁跨度较大,对于大跨度($L>5.0$ m)或受力较大的梁采用主梁预留钢筋现浇段套筒连接,该方式不仅与计算模型相吻合,而且满足国标设计图集 11G 101-1 的相关要求;对于小跨度或受力较小的次梁采用"牛担板方式",构造简单,施工方便。

① 大跨次梁的连接——现浇段套筒连接(图 6-84)

在主梁外侧预留 200 mm 的牛腿,按次梁弯矩包络图,将需要伸入支座的下部纵筋预留连接长度 10d,次梁的纵筋分为两部分,即需要伸入支座的纵筋与主梁预留纵筋用套筒灌浆连接,不需伸入支座的纵筋按相关图集截断。

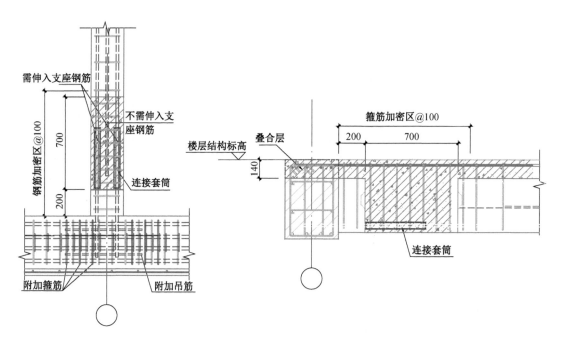

图 6-84　现浇段套筒连接

② 小跨次梁的连接——牛担板企口梁(图 6-85)

次梁在企口局部设置牛担板,端部箍筋加密一倍。牛担板上焊接栓钉,预制主梁与牛担板连接处预埋钢板。

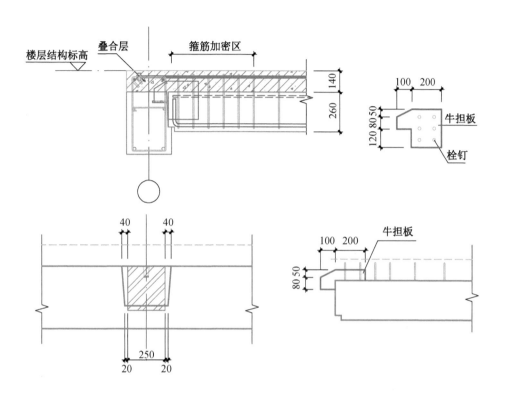

图 6-85　主次梁牛担板连接方式

(4) 预制混凝土框架柱与现浇剪力墙的连接(图 6-86)

预制混凝土框架柱与现浇剪力墙采用预留水平钢筋连接,其连接构造满足图标设计图集 11G 101-1 的相关要求;在预制混凝土框架柱表面做侧齿槽,并进行粗糙处理。作为剪力墙端柱的梁柱节点构造同梁柱节点做法。

(5) 预制混凝土叠合板的连接(图 6-87)

为方便现场施工,预制混凝土叠合板底筋与梁、墙连接采用 Φ4 高强钢丝(间距同板底筋)连接,并在预制混凝土叠合板面设支座附加筋,重叠长度不小于 $0.8L_a$,伸入梁、墙内不小与 100 mm。预制混凝土叠合板在整体计算中采用刚性板和弹性膜(厚度取叠合层厚 80 mm)两种方式计算,进行包络设计。

单向预制混凝土叠合板在接缝处设垂直于接缝的附加筋,附加筋与预制混凝土叠合板的重叠长度不小于 $15d$,规格同该方向板底筋(图 6-88)。

双向预制混凝土叠合板接缝采用后浇带形式,垂直于板缝的板底受力钢筋按计算结果增大 15% 配置(图 6-89)。

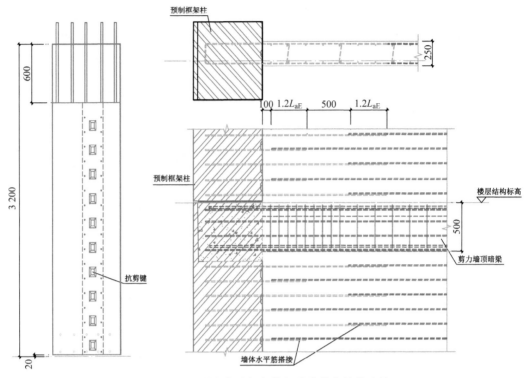

图 6-86 预制混凝土框架柱与现浇剪力墙的连接

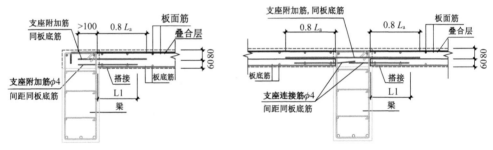

图 6-87 预制混凝土叠合板连接大样

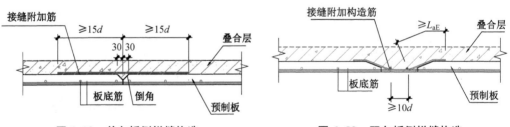

图 6-88 单向板侧拼缝构造   图 6-89 双向板侧拼缝构造

6.3.5 围护及部品件的设计

1. 围护结构设计

(1) 成品外墙挂板

本工程的成品外墙挂板采用轻钢混外墙挂板,将建筑外饰面、保温和维护墙体一体生产。外墙挂板除了满足施工阶段验算、承载力极限状态验算和正常使用极限状态验算外，还需保证在地震时能够适应主体结构的最大层间位移角。

（2）成品内墙板

本工程采用蒸压轻质加气混凝土板材（NALC 板）及陶粒混凝土轻质墙板，分户墙厚150 mm，一般隔墙 100 mm（图 6-90）。

图 6-90　成品板材

2. 部品件设计

本工程采用了 CSI 住宅建筑装修体系，采用先进适用的建筑体系和通用化住宅部品体系，为住宅产业的可持续发展提供新的平台。

（1）结构体系与装修分离

CSI 住宅利用在室内六面体架设的架空地板、吊顶和墙面夹层等架空层来实现结构体与填充体的分离连接，实现了支撑体与填充体的基本分离。

CSI 住宅在支撑体、填充体分离的基础上，通过合理的结构选型，减少或避免套内承重墙体的出现，并使用工业化生产的易于拆卸的内隔墙系统来分割套内空间，实现套内主要居室布局可以随着生活习惯和家庭结构的变化而变化。

（2）架空地板解决管线与隔声

CSI 住宅通过降板架设架空地板（图 6-91），将户内的排水横管和排水支管敷设于住户自有空间内，实现同层排水和干式架空，以避免传统集合式住宅排水管线穿越楼板造成的房屋产权分界不明晰、噪音干扰、渗漏隐患、空间局限等问题，还可避免二次装修对住宅主体结构的破坏。

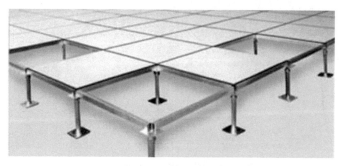

图 6-91　架空地板

（3）部品的标准化、模数化

部品集成是一个由多个小部品集成为单个大部品的过程，大部品可通过小部品不同的排列组合增加自身的自由度和多样性。部品的集成化不仅可以实现标准化和多样化的统一，也可以带动住宅建设技术的集成。

套内接口标准化是指对套内水、电、气、暖管线系统，以及内隔墙系统、储藏收纳系统、架空系统之间的连接进行规范和限定，是提高各类部品维修、更换的便捷性和效率，是建立工业化部品集成平台的纽带。

（4）成品内隔墙

CSI 住宅内墙使用成品墙体组装，完成对空间的灵活分割，满足用户的不同使用要求，使得空间能够可变。

CSI 住宅内墙不起承重作用，具有一定隔声、保温、防火功能，将套内垂直管线安装于内墙夹层内，调整部位设置在隔墙顶端或底端，不妨碍门窗的设置和内隔墙的牢固性，便于安装和更换各类电气线路。

（5）整体厨卫的应用（图 6-92 至图 6-94）

CSI 住宅采用整体厨房及整体卫浴，符合工业化住宅要求。

整体厨房将厨房家具、厨房电器设备等设施进行系统搭配，满足使用功能。

整体卫浴是由工业化生产的具有淋浴、洗漱、便溺等功能的部品，由用水器具、壁板、顶板构成的整体框架。

卫生间平面布置图

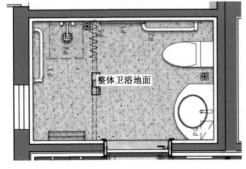

图 6-92 整体厨房及整体卫生间

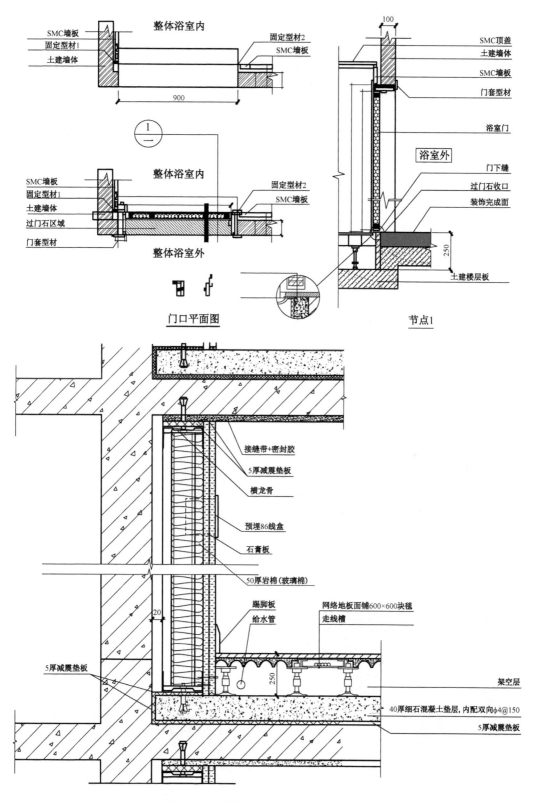

图 6-93　内墙夹层和架空地板做法示意

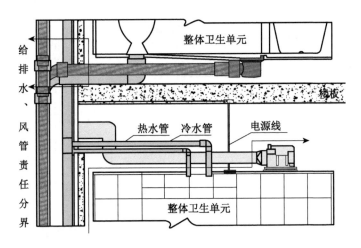

图 6-94　整体卫生间管线做法示意

6.3.6　相关构件及节点施工现场照片

相关构件及节点施工现场照片见图 6-95 至图 6-101 所示：

图 6-95　预制混凝土框架梁

图 6-96　预制混凝土框架柱底连接

图 6-97　梁柱连接节点

图 6-98　主次梁连接节点

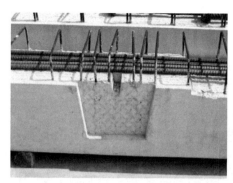

图 6-99　主次梁牛担板连接实物图

图 6-100　与现浇剪力墙连接的预制混凝土框架柱实物图　　图 6-101　预制混凝土叠合板连接实景图

6.3.7　工程总结及思考

本项目在行业标准《预制预应力混凝土装配整体式框架结构技术规程》(JGJ 224—2010)的基础上,优化了梁柱连接节点,使节点的抗震性能更可靠,满足《装配式混凝土结构技术规程》(JGJ 1)的要求。

本项目采用了 CSI 住宅建筑装修体系。CSI 住宅是针对当前我国传统住宅建设方式造成的住宅寿命短、耗能大和二次装修浪费等问题,借鉴日本 KSI 住宅和欧美国家住宅建设发展经验,确立的一种具有中国装配式建筑特色的住宅建筑体系。CSI 住宅是一场建筑业的革命,为住宅产业的可持续发展提供新的平台,也是未来现代化住宅的发展方向,将促进先进适用建筑体系和通用化住宅部品体系的形成,加快住宅产业现代化的进程。

本项目进行了面对建筑全寿命周期的绿色设计。全寿命周期分析是一种用于评价产品在其整个生命周期中应对环境产生影响的技术和方法。面向全寿命周期的设计思想是新的设计理念,它来源于价值工程,该设计理念是借助设计对象全寿命周期中与其相关的各类信息,利用寿命周期评价、价值分析和系统优化等手段进行设计,使所完成的设计作品具有绿色等特性。

经济合理性是全寿命周期建筑设计中必须考虑的因素之一,即以最低的寿命周期成本实现必要的功能,获得丰厚的寿命周期经济效益。绿色建筑实施的最大障碍之一就是人们通常认为绿色建筑比普通建筑投资成本会高很多,实际上,通过增强标准与技术间的协调,加强管理,综合性的设计可以使绿色建筑以较低的投入取得较高的收益。建筑的一次造价和使用期间操作运行费用、维修费用、更换及改造费用等构成经济学家所称的"全寿命费用",它很大程度上取决于设计方案的优劣。建筑产品的后期投入与一次造价的比例随不同时期、不同国家、不同项目而异,但后期投入始终是非常可观的。事实上,绿色建筑由于能源、资源的节约而带来的建造成本与使用成本的降低,由于自适应性设计带来的维护、改造费用的大大减少,以及后期环境成本的降低等,都为其带来可观的效益。

6.4 万科南京南站 NO.2012G43 地块项目

6.4.1 工程概况

1. 工程名称

万科南京南站 NO.2012G43 地块项目。

2. 工程地点

南京市雨花台区,南京高铁南站东南。(所属气候区:夏热冬冷地区)

3. 工程开发、设计、施工、监理单位

开发公司:南京万融置业有限公司。

设计单位:南京长江都市建筑设计股份有限公司。

施工单位:浙江海天建设集团有限公司。

构件生产单位:南京大地建设新型建筑材料有限公司。

监理单位:扬州建苑工程监理有限责任公司。

4. 建筑功能

1~3 层均为商业,4 层及以上为公寓式办公。

5. 建筑信息

本项目整个规划用地被站前路网分割为 A、B、C、D、E、F、G 七个地块,其中采用工业化技术的三栋楼分别位于 E、F、G 地块西侧沿街。其中 E-04♯楼共 19 层,高度 61.050 m,地上建筑面积 22 196.02 m²。F-04♯楼共 15 层,高度 49.050 m,地上建筑面积 16 400.93 m²。G-02♯楼共 13 层,高度 43.050 m,地上建筑面积 13 822.01 m²。建筑信息见表 6-18 所示,总体区位图、单体区位图及标准层平面图见图 6-102 至图 6-105 所示。

表 6-18 三栋建筑信息

楼栋	层数	建筑高度(m)	面积(m²)	结构体系	标准层面积(m²)	节能标准(%)
E-04	19	61.050	22 196.02	框剪	973.59	65
F-04	15	49.050	16 400.93	框架	802.62	65
G-02	13	43.050	13 822.01	框架	802.62	65

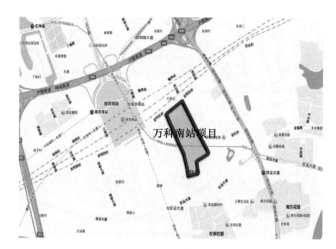

图 6-102　总体区位图

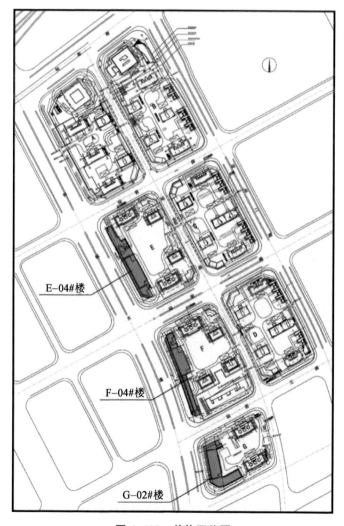

图 6-103　单体区位图

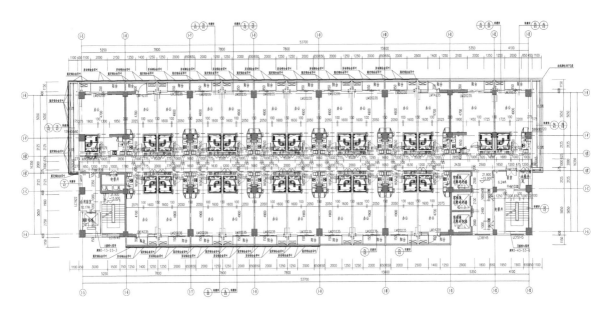

图 6-104　F-04♯，G-02♯楼标准层平面图

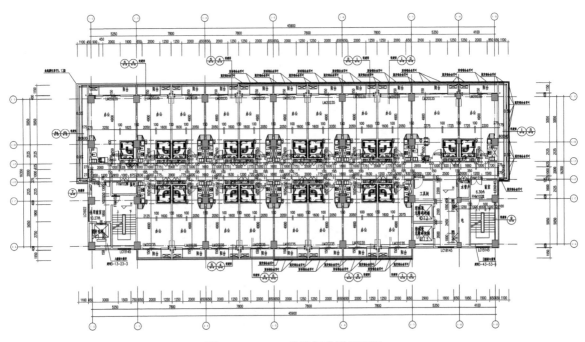

图 6-105　E-04♯楼标准层平面图

6.4.2　结构设计及分析

具体计算结果见表 6-19 至表 6-27 所示：

表 6-19　E-04#楼自振周期

振型	SATWE			
	周期(s)	振动方向角(°)	平动分量($x+y$)	扭转分量
1	1.917 2	1.64	0.99(0.99+0.00)	0.01
2	1.641 6	89.89	0.91(0.00+0.91)	0.09
3	1.405 3	107.32	0.11(0.01+0.09)	0.89
4	0.572 6	2.63	0.99(0.99+0.00)	0.01
5	0.427 0	90.77	0.90(0.00+0.90)	0.10
6	0.369 0	108.96	0.12(0.02+0.10)	0.88

第一扭转主振型与第一平动主振型周期之比为 1.405 3/1.917 2＝0.733＜0.90。

第一扭转主振型与第二平动主振型周期之比为 1.405 3/1.641 6＝0.856＜0.90。

周期比满足相应规范要求。

表 6-20　F-04#楼自振周期(取前 6 个振型)

振型	SATWE			
	周期(s)	振动方向角(°)	平动分量($x+y$)	扭转分量
1	2.026 0	94.68	0.99(0.01+0.99)	0.01
2	1.992 0	5.53	0.97(0.96+0.01)	0.03
3	1.785 9	160.65	0.04(0.03+0.01)	0.96
4	0.658 2	108.08	0.98(0.09+0.89)	0.02
5	0.655 0	18.95	0.99(0.88+0.10)	0.01
6	0.594 1	155.72	0.04(0.03+0.01)	0.96

第一扭转主振型与第一平动主振型周期之比为 1.785 9/2.026 0＝0.881＜0.90。

第一扭转主振型与第二平动主振型周期之比为 1.785 9/1.992 0＝0.897＜0.90。

周期比满足相应规范要求。

表 6-21　G-02#楼自振周期(取前 6 个振型)

振型	SATWE			
	周期(s)	振动方向角(°)	平动分量($x+y$)	扭转分量
1	1.758 7	95.06	0.99(0.01+0.98)	0.01
2	1.727 4	6.09	0.96(0.95+0.01)	0.04
3	1.548 9	163.54	0.05(0.04+0.01)	0.95
4	0.571 7	154.86	0.97(0.80+0.18)	0.03

振型	SATWE			
	周期(s)	振动方向角(°)	平动分量($x+y$)	扭转分量
5	0.569 7	64.70	1.00(0.18+0.82)	0.00
6	0.518 6	157.67	0.04(0.03+0.01)	0.96

第一扭转主振型与第一平动主振型周期之比为 1.548 9/1.758 7＝0.881＜0.90。

第一扭转主振型与第二平动主振型周期之比为 1.548 9/1.727 4＝0.897＜0.90。

周期比满足相应规范要求。

表 6-22　有效质量系数(%)

有效质量系数	E-04#	F-04#	G-02#
X 向	94.24	98.95	99.94
Y 向	99.68	99.50	99.50

有效质量系数大于90%，满足相应规范要求。

表 6-23　剪重比(%)

剪重比	E-04#	F-04#	G-02#
X 向	1.74	2.47	2.25
Y 向	2.11	2.48	2.27

剪重比均大于1.60%，满足相应规范要求。

表 6-24　结构最大层间位移角及位移比

地震作用下	E-04#		F-04#		G-02#	
X 向	1/1 725	1.03	1/889	1.06	1/1 165	1.06
Y 向	1/1 070	1.14	1/823	1.06	1/1 060	1.05
风作用下	E-04#		F-04#		G-02#	
X 向	1/7 101	1.03	1/4 581	1.06	1/5 619	1.06
Y 向	1/1 463	1.13	1/1 478	1.20	1/1 706	1.21

框架层间位移不大于1/550，框架—剪力墙结构层间位移角不大于1/750，故层间位移及位移比均满足相应规范要求。

表 6-25　整体稳定和抗倾覆计算

刚重比	E-04#	F-04#	G-02#
X 向	3.82	20.50	25.12
Y 向	4.84	18.17	21.18

E-04#：X 向、Y 向的刚重比大于1.4，能够通过《高层建筑混凝土结构技术规程》中5.4.4条的整体稳定验算；刚重比大于2.7，按规范可以不考虑重力二阶效应。

F-04♯:X 向、Y 向的刚重比大于 10,能够通过《高层建筑混凝土结构技术规程》中 5.4.4 条的整体稳定验算;刚重比略小于 20,按规范考虑重力二阶效应。

G-02♯:X 向、Y 向的刚重比大于 10,能够通过《高层建筑混凝土结构技术规程》中 5.4.4 条的整体稳定验算;刚重比大于 20,按规范可以不考虑重力二阶效应,但本工程设计采用考虑重力二阶效应。

表 6-26　轴压比控制

柱轴压比	地下室负二层	一层	四层
F-04♯	0.84	0.70	0.60
G-02♯	0.72	0.58	0.55
E-04♯轴压比	地下室	一层	四层
框架柱	0.84	0.69	0.73
剪力墙	0.25	0.22	0.30

表 6-27　E-04♯栋规定水平框架柱地震倾覆力矩百分比(%)

	X	Y
框架部分倾覆力矩	48.50	31.08

在规定的水平力作用下结构底层框架部分承受的地震倾覆力矩大于结构总倾覆力矩的 10% 但不大于 50%,可按框架—剪力墙结构进行设计。

6.4.3　装配化应用技术及指标

本工程三栋建筑预制装配楼层(四层以上),采用标准的户型模块单元,建筑部品构件的标准化程度高,从而使预制构件的种类很少,预制构件的利用率提高,最大限度地提高效率降低成本。标准户型拼装示意见图 6-106 所示,预制构件种类见表 6-28 所示:

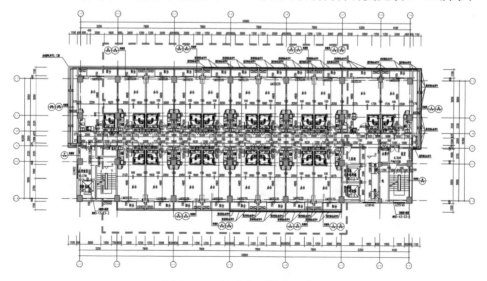

图 6-106　标准户型拼装示意图

表 6-28　预制构件种类

构件种类	尺寸(mm×mm)
预制框架柱	700×800，500×600
预制叠合梁	300×600，250×600
预制叠合楼板	60 mm(预制层)＋80 mm(现浇层)

各栋均在四层楼面以上采用建筑装配化技术,具体内容如下:

(1) 结构主体竖向构件框架柱采用预制混凝土框架柱。

(2) 结构水平构件采用预制混凝土叠合梁、预制非预应力混凝土叠合板、预制混凝土叠合板式阳台、预制混凝土梯段板。

(3) 内外围护结构采用蒸压轻质加气混凝土板材(ALC 板)。

(4) 部品件采用了整体式橱柜、整体式卫生间。

6.4.4　主要构件及节点设计

1. 主要构件设计

(1) 预制混凝土框架柱

预制角柱和边柱外侧设置 PC 外模,预制柱外皮需根据脱膜、安装、支撑的要求留设所需的预埋件;预制柱与现浇剪力墙采用预留墙体水平钢筋的方式连接,交界面在预制柱上设置抗剪齿槽;在预制柱底每根柱主筋的位置埋设钢套筒(直螺纹＋灌浆),柱的纵向钢筋采用套筒连接。图 6-107 为预制混凝土框架柱构件设计图。

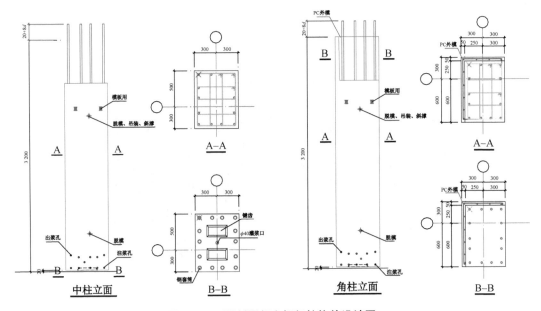

图 6-107　预制混凝土框架柱构件设计图

（2）预制叠合梁

叠合边梁两端设抗剪键槽,在外侧边和高低板连接处叠合梁高的一侧设计 PC 模板;叠合梁叠合面的凹凸不小于 6 mm。图 6-108 为预制叠合梁构件设计图。

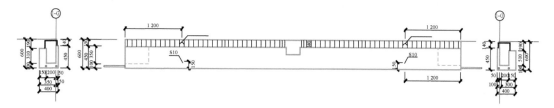

图 6-108   预制叠合梁构件设计图

预制梁键槽端部箍筋采用开口箍形式(图 6-109),便于预制梁叠合层钢筋的绑扎以及节点连接钢筋的安装,开口箍端部采用 135°钢筋弯钩,保证了箍筋对混凝土的约束力并确保与封闭箍等同的抗剪承载力。

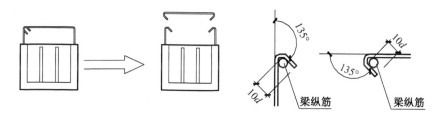

图 6-109   预制梁键槽端部箍筋开口方式

（3）预制非预应力混凝土叠合板

本工程采用预制非预应力混凝土叠合板,底板厚 60 mm,现浇混凝土层厚 80 mm。图 6-110 为叠合楼板设计图纸。

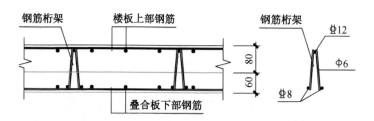

图 6-110   叠合楼板设计图纸

2．主要节点设计

（1）预制梁、柱连接节点

本工程预制梁、柱节点采用现浇键槽节点,这种连接方式的概念是建立在与全现浇框架节点力学性能相当的基础上,视同于现浇结构。东南大学相关研究试验证明,这种连接性能可靠,从总体上能够与现浇节点相当。

结合本工程的特点,梁、柱连接节点设计主要构造措施创新处:

① 预制框架梁的下部纵筋尽量集中在梁两侧布置,方便柱纵筋穿过。

② 现浇梁、柱节点混凝土等级采用 C45 以上,减小梁纵筋的锚固长度,尽量采用直锚,直锚不够时采用加端头螺帽直锚。

③ 通过调整某一方向框架梁的梁底筋保护层厚度,方便节点区两个方向纵筋的交叉穿越,实现梁底筋拉通。

④ 梁下部钢筋按弯矩包络图设计,部分纵筋不锚入节点区,同时锚入节点区的梁下部钢筋满足《建筑抗震设计规范》6.3.3 条的相关要求,以减少锚入节点区梁下部纵筋的数量。

预制梁、柱连接节点,以及预制梁与预制中柱、角柱、边柱连接节点见图 6-111 至图 6-114 所示:

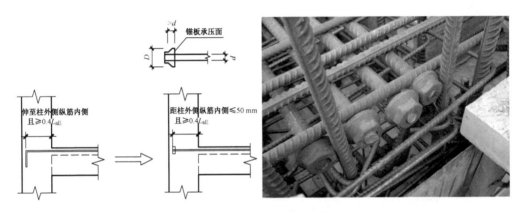

图 6-111 预制梁、柱连接节点

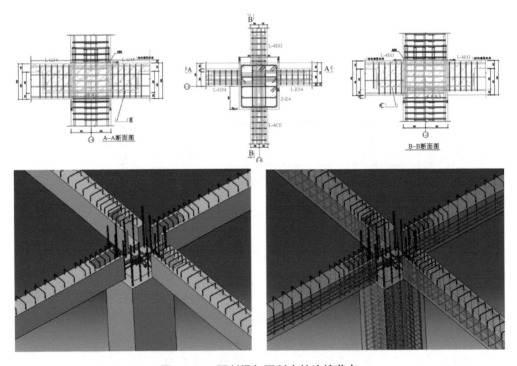

图 6-112 预制梁与预制中柱连接节点

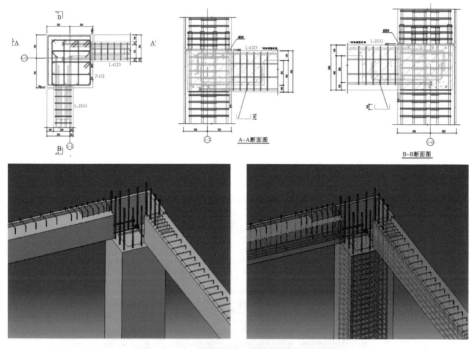

图 6-113　预制梁与预制角柱连接节点

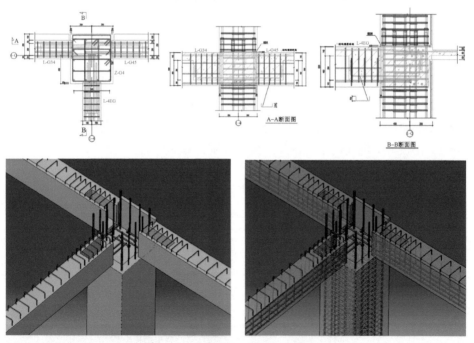

图 6-114　预制梁与预制边柱连接节点

（2）预制主、次梁连接节点（图 6-115）

主次梁连接按规范《预制预应力混凝土装配整体式框架结构技术规程》采用缺口梁方式，此连接方式简洁，施工方便，设计中梁截面的抗剪承载力需满足要求。

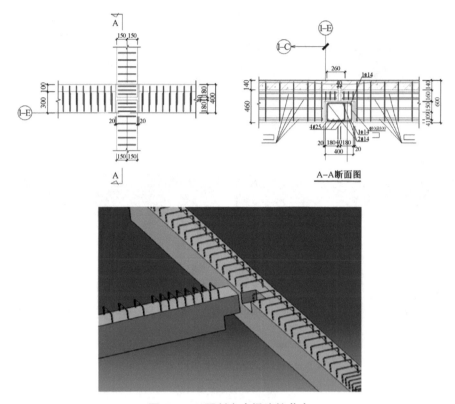

图 6-115 预制主次梁连接节点

(3) 预制叠合板的连接(图 6-116)

预制叠合楼板与梁或剪力墙的连接根据预制叠合板传力方向有两种形式,形式一:传力方向预制叠合板端预留锚固钢筋,锚固钢筋锚入叠合梁现浇层内或剪力墙内;形式二:非传力方向预制板叠合板端部无预留锚固钢筋,在接缝处贴预制板顶面设置垂直于板缝的接缝钢筋。

叠合层楼板上部配筋按单向板及双向板分别计算,采用包络设计。

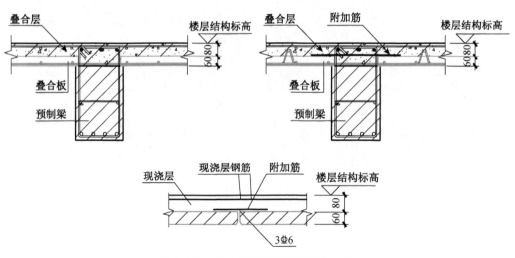

图 6-116 叠合楼板与预制梁连接大样

6.4.5 围护及部品件的设计

1. 围护结构

本项目内外围护结构采用 NLC 成品板材,分户墙厚 150 mm,一般隔墙 100 mm。图 6-117 为内外墙连接节点,图 6-118 为成品板材。

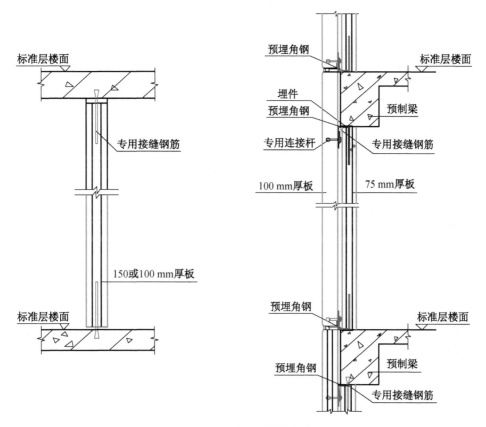

图 6-117 内外墙连接节点

图 6-118 成品板材

2. 整体厨房卫生间应用技术

本项目厨房、卫生间采用整体式橱柜、整体卫生间,部品部件在工厂生产,现场拼装,极大地减少了现场湿作业,提高施工质量。

6.4.6 相关构件及节点施工现场照片

相关构件及节点施工现场照片见图 6-119 至图 6-123 所示:

图 6-119 柱吊装　　　　　　　　　　图 6-120 板拼装

图 6-121 梁柱节点　　　　　　　　　　图 6-122 预制阳台板

图 6-123　预制主次梁节点

6.4.7　工程总结及思考

本工程通过采用标准化户型设计,从而减少了预制构件的种类,提高了预制构件的模板利用率,预制构件体现了少规格、多组合的设计原则。三栋建筑的建造成本明显降低,追求预制装配建造成本与现浇结构成本基本持平的目标。

通过结构设计技术与施工技术整合创新,实现无外模板、无外脚手架、无现场砌筑、无抹灰的绿色施工。四层以上主体结构中除剪力墙及与其相连的梁采用现浇外,其他结构构件柱、梁、楼梯等均采用工厂预制、现场现浇连接。

本工程预制装配式技术与绿色建筑技术整合创新应用达到了公共建筑二星级设计标识的要求。装配技术集成应用度高,建筑的围护结构采用蒸压轻质加气混凝土隔墙板(ALC 板),建筑节能达到了 65%,卫生间采用整体卫浴,取消卫生间湿作业,避免传统卫生间渗漏问题,消除质量通病。

预制梁采用热处理带肋高强度钢筋 HTRB 600,减少预制梁内钢筋数量,使节点构造简单,节省了钢材,方便了施工,提高了效率。

6.5　南京丁家庄二期 A28 地块保障性住房项目

6.5.1　工程概况

1. 工程名称

南京丁家庄二期 A28 地块保障性住房项目。

2. 工程地点

南京市栖霞区迈皋桥街道。(所属气候区:夏热冬暖地区)

3. 工程开发、设计、施工、监理单位

开发建设单位:南京安居保障房建设发展有限公司。

设计单位:南京长江都市建筑设计股份有限公司。

施工单位:中国建筑第二工程局有限公司。

构件生产单位:江苏长江都市建筑产业发展有限公司。

监理单位:南京普兰宁建筑工程咨询有限公司。

4. 建筑功能

保障性住房。

5. 建筑信息

南京丁家庄二期保障性住房 A28 地块项目由六栋高层公租房与三层商业裙房组成,总建筑面积 94 121.02 m²,其中地上总建筑面积 77 333.86 m²,地下总建筑面积 16 787.17 m²。各栋建筑信息详见表 6-29 所示:

表 6-29　建筑信息一览表

栋号	1♯楼	2♯楼	3♯楼	4♯楼	5♯楼	6♯楼
层数	27F/1D	27F/1D	28F/1D	30F/1D	27F/1D	27F/1D
建筑高度(m)	85.15	85.15	88.20	90.90	81.10	80.95
建筑面积(m²)(不含地下室)	12 159.4	12 288.52	11 627.48	14 375.71	13 321.78	13 560.96

6. 工程竣工时间、运营时间

本项目目前正在施工当中,装配式试验楼已完成。

6.5.2　结构设计及分析

1. 体系选择及结构布置

本项目的标准层平面采用模块化组合设计方法,由标准模块和核心筒模块组成。方案设计对套型的过厅、餐厅、卧室、厨房、卫生间等多个功能空间进行分析研究,在单个功能空间或多个功能空间组合设计中,用较大的结构空间来满足多个并联度高的功能空间要求,通过设计集成在套型设计中,并满足全生命周期灵活使用的多种可能。对差异性的需求通过不同的空间功能组合与室内装修来满足,实现了标准化设计和个性化需求在小户型成本和效率兼顾前提下的适度统一。

本项目均采用一个标准户型模块、一个标准厨房模块、一个标准卫生间模块,进行组合拼装,结合建设单位要求确定套型采用的开间、进深尺寸,建立标准户型模块,且能满足灵活布置的要求。结构主体采用装配整体式剪力墙结构体系,标准户型内部局部则采用轻质隔墙进行灵活划分。

本项目标准模块及其组合、标准层结构布置、标准层 BIM 模型、效果图等见图 6-124 至图 6-127。

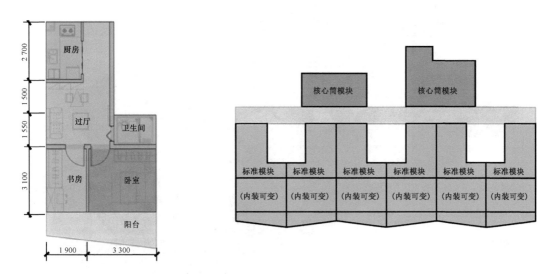

图 6-124 南京丁家庄二期保障性住房 A28 地块项目标准模块与模块组合示意

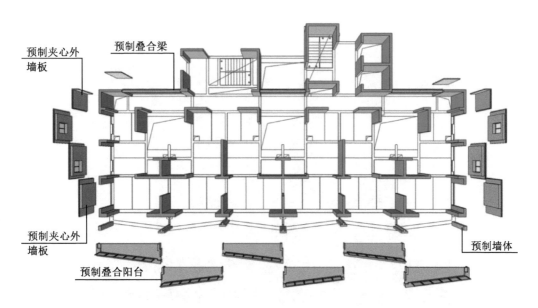

图 6-125 南京丁家庄二期保障性住房 A28 地块项目标准层结构布置示意

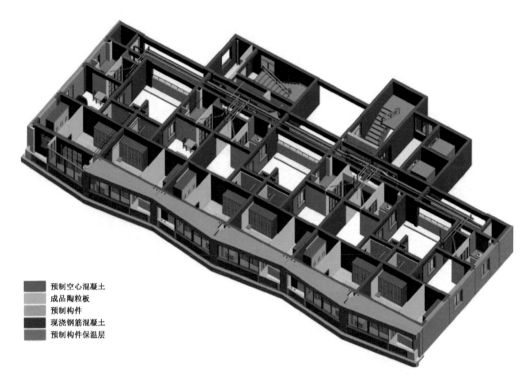

预制空心混凝土
成品陶粒板
预制构件
现浇钢筋混凝土
预制构件保温层

图 6-126 南京丁家庄二期保障性住房 A28 地块项目标准层 BIM 模型

图 6-127 南京丁家庄二期保障性住房 A28 地块项目效果图

2. 结构分析及指标控制

本项目抗震设防烈度为 7 度(第一组)0.10g,场地土类别为Ⅲ类,基本风压(50 年一遇)为 0.4 kN/m²,选取 1♯楼进行介绍,具体计算结果见表 6-30 至表 6-32 所示。

表 6-30　振型及周期

振型	周期(s)	转角(°)	平动系数	扭转系数
1	2.518 5	92.81	0.99(0.00+0.98)	0.01
2	2.316 6	3.17	1.00(1.00+0.00)	0.00
3	1.907 2	137.77	0.02(0.01+0.01)	0.98
4	0.751 9	172.04	0.99(0.97+0.02)	0.01
5	0.704 1	80.97	0.99(0.02+0.96)	0.01
6	0.576 1	153.57	0.06(0.04+0.02)	0.94

$T_t/T_1 = 1.907\ 2/2.518\ 5 = 0.76 < 0.9$；$T_t/T_2 = 1.907\ 2/2.316\ 6 = 0.82 < 0.9$；满足规范要求。

表 6-31　结构底部地震剪力、地震倾覆力矩和地震剪力系数、有效质量系数

底部地震剪力(kN)		底部地震倾覆力矩(kN·m)		底部地震剪力系数(%)			有效质量系数(%)		
X 向	Y 向	X 向	Y 向	X 向	Y 向	限值	X 向	Y 向	限值
4 033.7	4 142.4	190 756	169 225	1.78	1.83	≥1.6	98.4	97.4	≥90

表 6-32　风荷载和地震作用下的位移角及位移比

风荷载作用下的弹性位移角			地震作用下的弹性位移角			规定水平力下楼层最大位移/楼层平均位移	
X 向	Y 向	规范限值	X 向	Y 向	规范限值	X 向	Y 向
1/3 338	1/1 547	≤1/1 000	1/1 700	1/1 309	≤1/1 000	1.07	1.15

6.5.3　装配化应用技术及指标

1. 预制构件选用

本项目预制构件范围：预制剪力墙、PCF 板、钢筋桁架叠合楼板、预制叠合阳台、预制阳台隔板、预制混凝土梯段板。

本项目预制构件选用遵循标准化、模数化的原则，在方案阶段，协调考虑预制构件的大小与开洞尺寸，尽量减少预制构件的种类。例如预制阳台板与阳台隔板，制作简单复制率高；预制楼板与 PCF 板，制作简单且成本增量低；预制剪力墙，对提高预制率有较大作用；若存在多个单元相同楼梯，楼梯则采用统一标准，而非镜像关系。

设计阶段考虑到吊装、运输条件和制作成本，通过比较，构件为单个重量不大于 4 t 时运输、吊装相对顺利，运输、施工(塔吊)的成本也会降低。因此，本项目最重剪力墙构件

重量控制为 4.55 t。预制墙板的高度以楼层高度为准,宽度以容易运输和生产场地限制考虑,最大未超过 3.5 m。预制楼板宽度也以容易运输和生产场地限制考虑,大部分控制在 3 m 以内。PCF 板每块约重 1.2 t;预制阳台板每块约重 3 t;预制阳台隔板每块约重 0.4～1.3 t。

2. 装配化应用技术及指标

本项目主体结构部分地下室至四层楼面及屋面采用现浇外,其余四层楼面以上结构部分采用装配式混凝土剪力墙结构,预制率达到 25%。主体结构装配化技术应用情况如下:

(1)东西山墙采用预制夹心保温外墙板,北侧走廊与核心筒部位采用 PCF 混凝土外墙模板。

(2)水平构件(叠合楼板、阳台板、楼梯)全部采用预制构件,其中楼面采用钢筋桁架叠合楼板,阳台采用预制叠合阳台,楼梯采用预制混凝土梯段板。

非结构构件装配化技术应用情况如下:

(1)内围护填充墙体采用成品板材,其中厨房、卫生间内、分户墙、公共区域填充墙采用陶粒混凝土轻质墙板;其余户内隔墙采用 NALC 板,装配率 100%。

(2)楼梯、阳台等栏杆采用成品组装式栏杆,装配率 100%。

(3)内装部品采用整体卫生间、整体橱柜系统、整体收纳系统、成品套装门、成品木地板、集成吊顶、集成管线,装配率 100%。

装配式建筑技术配置详见表 6-33 所示:

表 6-33　装配式建筑技术配置分项表

阶段	技术配置选项	备　注	项目实施情况
标准化设计	标准化模块,多样化设计	标准户型模块,内装可变;核心筒模块;标准化厨卫设计	✓
	模数协调		✓
工厂化生产/装配式施工	预制外墙	东西山墙采用预制夹心保温外墙板;北侧走廊与核心筒部位采用 PCF 混凝土外墙模板	✓
	预制内墙	陶粒混凝土轻质墙板;NALC 板	装配率 100%
	预制楼板	钢筋桁架叠合楼板	✓
	预制阳台	预制叠合阳台	✓
	预制楼梯	预制混凝土梯段板	✓
	楼面免找平施工		✓
	无外架施工		✓
	成品栏杆		装配率 100%

阶段	技术配置选项	备　注	项目实施情况
一体化装修	整体卫生间		装配率 100%
	厨房成品橱柜		装配率 46.44%
	成品木地板、踢脚线		装配率 57.38%
	成品套装门		装配率 100%
信息化管理	BIM 策划及应用		✓
绿色建筑	绿色星级标准		绿色三星

6.5.4　主要构件及节点设计

1. 预制混凝土剪力墙

本项目东西山墙剪力墙采用预制夹心保温外墙板(图 6-128)。预制夹心保温外墙板设计满足现行国家相应标准规范的要求。剪力墙竖向钢筋采用钢筋套筒灌浆连接。

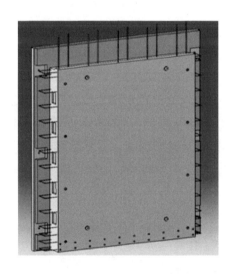

图 6-128　预制混凝土剪力墙(含保温)

预制剪力墙采用预制夹心保温外墙板,即将结构的剪力墙、保温板、混凝土模板(即外叶墙板)预制在一起。在保证了结构安全性的同时,兼顾了建筑的保温节能要求和建筑外立面的装饰效果。进而实现施工过程中无外模板、无外脚手架、无砌筑、无粉刷的绿色施工。建筑内部仅在预制剪力墙拼接处浇筑混凝土,模板用量以及现场模板支撑及钢筋绑扎的工作量大大减少。

本项目采用的预制夹心保温外墙板由 60 mm 厚混凝土外叶墙板、50 mm 厚 B1 级挤塑聚苯板保温层以及 200 mm 厚钢筋混凝土内叶墙板组成。

预制剪力墙在拆分时遵循以下原则:

（1）综合立面表现的需要，应结合结构现浇节点及装饰挂板，合理拆分外墙。

（2）注重经济性，通过模数化、标准化、通用化，少规格、多组合，减少板型，节约造价。

（3）制定编号原则，对每个墙板构件进行编号，每个墙板既有唯一的身份编号又能在编号中体现重复构件的统一性。

（4）预制构件大小的确定需考虑运输的可行性和现场的吊装能力。

2．PCF 混凝土外墙模板

本项目北侧走廊与核心筒部位采用 PCF 混凝土外墙模板（图 6-129）。PCF 混凝土外墙模板在以往工程中常用于预制叠合剪力墙中，预制叠合剪力墙是一种采用部分预制、部分现浇工艺形成的钢筋混凝土剪力墙。其预制部分称为预制外模板（PCF），在工厂制作养护成型运至施工现场后，与现浇部分整浇。预制外模板（PCF）在施工现场安装就位后可以作为剪力墙外侧模板使用。采用 PCF 外墙板作为剪力墙的外模板，使得建筑外墙实现无外模板、无外脚手架、无砌筑、无粉刷的绿色施工。

图 6-129　PCF 混凝土外墙板

3．钢筋桁架叠合楼板

本项目楼板采用钢筋桁架叠合楼板（图 6-130），传统的现浇楼板存在现场施工量大、湿作业多、模板多、施工垃圾多、楼板容易出现裂缝等问题。钢筋桁架叠合楼板采取部分预制、部分现浇的方式。与现浇板相比，钢筋桁架叠合楼板的支撑系统脚手架工程量、现场模板量、现场混凝土浇筑量均较小，所有施工工序均有明显的工期优势。

图 6-130　预制预应力混凝土叠合板

由于本项目楼板不加施预应力，为了保证楼板在生产及施工过程中的刚度，同时为了增加预制层和叠合层间的整体性，在预制层内预埋设桁架钢筋。桁架筋应沿主要受力方向布置，距板边不应大于 300 mm，间距不宜大于 600 mm，桁架筋弦杆混凝土保护层厚度不应小于 15 mm。本项目所使用的钢筋桁架叠合楼板预制层为 60 mm，现浇叠合层为 80 mm，水电专业在叠合层内进行预埋管线布线,保证叠合层内预埋管线布线的合理性及施工质量。

钢筋桁架叠合楼板设计时遵照标准化、模数化原则,尽量减少板型节约造价原则,以及综合考虑运输、吊装及实际结构条件尽量采用大尺寸楼板的原则。本项目中,装配式剪力墙住宅的卧室、起居室等户内空间楼板采用叠合楼板,走廊及核心筒等公共部位采用现浇楼板;叠合楼板的建筑设备管线布线结合楼板的现浇层统一考虑;需要降板房间的位置及降板范围,结合结构的板跨、设备管线等因素进行设计,为房间的可变性留有余地,降板结构方式采用折板方式;连接节点构造设计满足结构、防水、防火、保温、隔热、隔声及建筑造型设计等要求。

4. 阳台及楼梯

本项目阳台采用预制叠合阳台板(图 6-131、图 6-132)。阳台板连同周围翻边一同预制,现场连同预制阳台隔板共同拼装成阳台整体。阳台板叠合层厚度为 60 mm,叠合层内预埋桁架钢筋用于增强阳台板的强度、刚度,并增强其与现浇层的整体连接性能。施工时,现场仅需绑扎上部钢筋,浇筑上层混凝土,施工快捷。

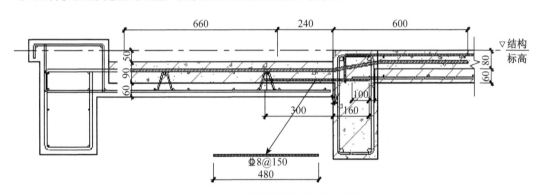

图 6-131 预制叠合阳台板示意图

图 6-132 预制叠合阳台板

本项目楼梯采用预制混凝土梯段板(图 6-133)。传统的现浇楼梯现场模板工作量大,湿作业多,钢筋弯折、绑扎工作量大。本项目采用的预制混凝土梯段板,梯段内无钢筋伸出,施工安装时,梯段两端直接搁置在楼梯梁挑耳上,一端铰接连接,一端滑动连接。构件制作简单,施工方便,节省工期,大大减少现场的工作量,并且减少了楼梯构件对主体结构地震时的影响。

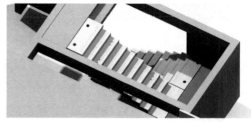

图 6-133　预制混凝土梯段板

预制楼梯采用清水混凝土饰面,采取措施加强成品保护。楼梯踏面的防滑构造在工厂预制时一次成型,节约人工、材料和后期维护费用,节能增效。

5. 主要节点设计

(1) 剪力墙钢筋连接

本项目预制剪力墙内竖向钢筋采用套筒灌浆连接方式,此连接方式相对于传统预制构件内浆锚搭接连接等方式具有连接长度大大减少、构件吊装就位方便的特点(图6-134、图 6-135)。灌浆料为流动性能很好的高强度材料,在压力作用下可以保证灌浆的密实性,是预制装配混凝土结构竖向钢筋连接的主要接头技术。

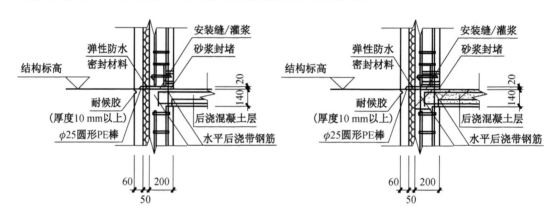

图 6-134　剪力墙连接示意　　　　　图 6-135　剪力墙边缘构件连接示意

(2) PCF 混凝土外墙板接缝技术

PCF 混凝土外墙板的水平缝、垂直缝及十字缝等接缝部位、门窗洞口等构配件组装部位的构造设计及材料的选用应满足建筑的物理性能、力学性能、耐久性能及装饰性能的要求(图 6-136、图 6-137)。

PCF 混凝土外墙板的各类接缝设计应构造合理、施工方便、坚固耐久,并结合制作及施工条件进行综合考虑。防水材料主要采用发泡芯棒与密封胶。防水构造主要采用结构自防水＋构造防水＋材料防水。建筑外墙的接缝及门窗洞口等防水薄弱部位设计应采用材料防水和构造防水结合做法。

PCF 混凝土外墙板接缝必须进行处理,并根据不同部位接缝特点及当地风雨条件选用构造防水、材料防水或构造防水与材料防水相结合的防排水系统。挑出外墙的阳台、雨篷等构件的周边应在板底设置滴水线(图 6-138、图 6-139)。

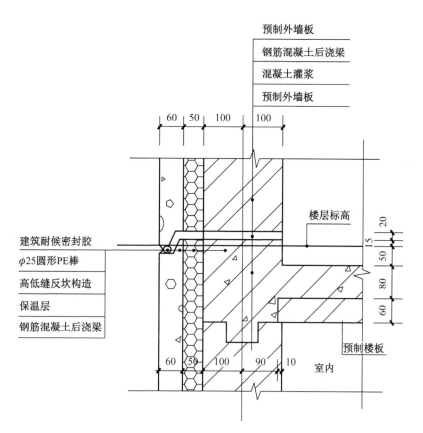

图 6-136　水平缝节点

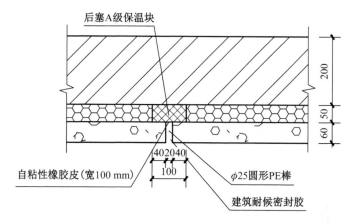

图 6-137　垂直缝节点

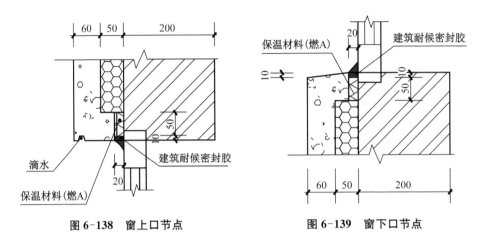

图 6-138　窗上口节点　　　　图 6-139　窗下口节点

PCF 混凝土外墙板接缝采用构造防水,水平缝采用高低缝。

PCF 混凝土外墙板接缝采用材料防水时,必须用防水性能可靠的嵌缝材料。板缝宽度不宜大于 20 mm,材料防水的嵌缝深度不得小于 20 mm。对于普通嵌缝材料,在嵌缝材料外侧应勾水泥砂浆保护层,其厚度不得小于 15 mm。对于高档嵌缝材料,其外侧可不做保护层。PCF 混凝土外墙板接缝的材料防水还应符合下列要求:

① PCF 混凝土外墙板接缝宽度设计应满足在热胀冷缩及风荷载、地震作用等外界环境的影响下,其尺寸变形不会导致密封胶的破裂或剥离破坏的要求。因此在设计时应考虑接缝的位移,确定接缝宽度,使其满足密封胶最大容许变形率的要求。

② PCF 混凝土外墙板接缝宽度不应小于 10 mm,一般设计宜控制在 10~35 mm 范围内;接缝胶深度一般在 8~15 mm 范围内。

③ PCF 混凝土外墙板接缝所用的密封材料应选用耐候性密封胶,耐候性密封胶与混凝土的相容性、低温柔性、最大伸缩变形量、剪切变形性、防霉性及耐水性等应满足设计要求。

④ PCF 混凝土外墙板接缝防水工程应由专业人员进行施工,以保证外墙的防排水质量。

6.5.5　围护及部品件的设计

1. 围护墙体

本项目厨房、卫生间、分户墙、公共区域填充墙采用陶粒混凝土板材;其余户内隔墙采用 NALC 板,详见图 6-140 至图 6-142 所示。

成品板材工业化生产、现场拼装,其施工效率是传统砖砌体的 4~5 倍,取消了现场砌筑和抹灰工序。成品板材自重轻,对结构整体刚度影响小,还具有很好的隔音性能和防火性能;成品板材无放射性,无有害气体逸出,是一种适宜推广的绿色环保材料。提高装配化程度,实现免砌筑、免抹灰工艺。

2. 厨房和卫生间

厨房和卫生间是住宅产业化的重要组成部分,本项目全部户型采用一种厨房、卫生间,遵循模数设计规范,优选适宜的尺寸系列,进行以室内完成面控制的模数协调设计,设计标准化的厨卫模块,满足功能要求并实现厨房卫生间的工厂化生产、现场干法施工。

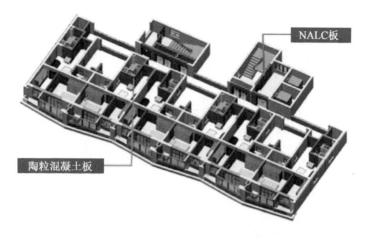

图 6-140　内围护填充墙体分布图

图 6-141　陶粒混凝土墙板

图 6-142　NALC 板

卫生间模块考虑整体卫生间工厂生产的模数要求,各边预留了 50～100 mm 的安装尺寸,保证了工厂生产、现场安装的可能性。

厨房模块考虑了与内部装修工艺有关的模数协调可能性,保证完成面净尺寸便于 300 mm×300 mm 尺寸的面砖施工及橱柜的板材切割。

6.5.6　相关构件及节点施工现场照片

相关构件及节点施工现场照片如图 6-143 至图 6-150 所示：

图 6-143　夹心保温预制剪力墙构件

图 6-144　预制阳台板构件

图 6-145　现浇边缘构件钢筋绑扎

图 6-146　PCF 板就位与斜撑架设

图 6-147　山墙夹心保温预制剪力墙

图 6-148　PCF 预制外墙模板

图 6-149 南立面   图 6-150 山墙立面

6.5.7 工程总结及思考

本工程采用了六大核心技术：

1. 标准化模块，多样化组合

本项目均采用一个标准户型模块、一个标准厨房模块、一个标准卫生间模块，进行组合拼装，并能在标准户型模块中实现空间的可变，为南京安居保障房建设发展有限公司提供一套系列化应用的装配式建筑体系。采用少构件、多组合，降低成本、提高效率。

2. 主体结构装配化

主体结构采用装配式混凝土剪力墙结构体系，东西山墙采用预制夹心保温外墙，楼面采用钢筋桁架叠合楼板，阳台采用预制叠合阳台，预制混凝土梯段板，预制率达到 25%。

3. 围护结构成品化

内围护填充墙体采用成品板材，其中厨房、卫生间、分户墙、公共区域填充墙采用陶粒混凝土轻质墙板，其余户内隔墙采用 NALC 板，装配率 100%。

4. 内装部品工业化

整体卫生间、成品套装门，装配率 100%，整体橱柜系统、整体收纳系统、成品木地板、踢脚线、集成吊顶、管线集成，装配率详见表 6-33 所示。

5. 设计、施工、运营信息化

预制装配式建筑必须进行精细化设计，包括节点设计、连接方法、设备管线安装等，通过 BIM 及 CATIA 技术，实现构件预装配，计算机模拟施工，从而指导现场精细化施工，进而实现项目后期管理运营的智能化。

6. 三星级绿色建筑，节能达到 65% 的要求

外墙保温与预制构件一体化，门窗遮阳一体化，阳台挂壁式太阳能集热器与窗户一体化，以及运用空气质量监控、智能化能效管理、雨水回收等技术。

预制装配式建筑设计改变了传统工程设计模式，预制装配式结构是一项复杂的系统

工程。目前装配建筑的主要核心设计内容是各专业之间的协同与专业化的深化设计。除考虑满足主体结构设计要求,还必须考虑构件制作、运输、吊装及现场安装。所有构件必须预留管线孔洞和施工安装的埋件。最终设计成果除了传统的施工图纸还包括预制构件图、管线排布图等重要内容。预制装配式建筑必须进行精细化设计,构件的尺寸、钢筋的定位等都必须精确,不可出现错误。若在施工过程中才发现已经生产好的构件出现尺寸错误等问题,必将酿成重大损失。因此,在装配式建筑设计完成前,必须将构件图进行模拟"拼接"并与建筑平、立面图进行严格复核。此外,预制装配式建筑精细化设计还必须采用三维设计模式,包括预制构件的设计、节点设计、连接方法等,以及实现计算机模拟施工,指导现场精细化施工。只有通过三维数字化设计才能满足预制装配式建筑设计要求。本工程采用法国达索公司的 CATIA 工业设计软件,实现预制装配的可视化、三维设计可视化、管线综合、碰撞检查等。

6.6 杭州万科城项目

6.6.1 工程概况

1. 工程名称

杭州万科城。

2. 工程地点

杭州市良渚新城。(所属气候区:夏热冬暖地区)

3. 工程开发、设计单位

开发建设单位:杭州万鼎置业有限公司。

设计单位:南京长江都市建筑设计股份有限公司。

4. 建筑功能

商品住宅。

5. 建筑信息

本工程采用预制装配混凝土结构的部分有 2#、20#、21# 三栋住宅,地上总建筑面积约 39 570 m²。其中,2# 楼为 34 层,建筑高度 95.62 m,20#、21# 楼为 34 层,建筑高度 97.07 m。

6.6.2 结构设计及分析

1. 体系选择及结构布置

本工程为三栋装配整体式剪力墙结构,标准层平面图、效果图如图 6-151、图 6-152 所示:

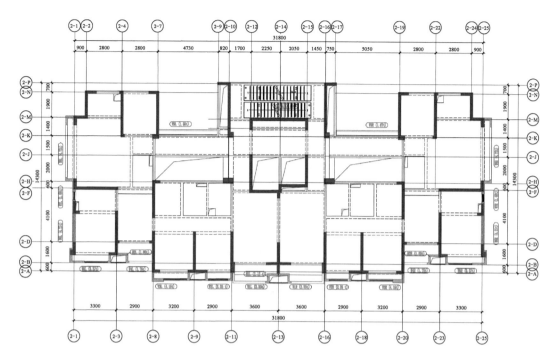

图 6-151　杭州万科城 PC 单体标准层平面布置

图 6-152　杭州万科城效果图

2. 结构分析及指标控制

结构分析采用 Satwe 软件进行计算,调整结构布置,使各单体整体刚度、承载力满足抗震设计性能目标要求。在分析时,装配整体式剪力墙结构采用与现浇混凝土结构相同的方法进行结构分析,但同一层内既有现浇墙肢也有预制墙肢时,现浇墙肢弯矩、剪力设计值放大 1.1 倍。预制混凝土墙板接缝宽 20 mm,防水嵌缝材料深 35 mm,整体计算时按现浇剪力墙进行,不考虑接缝对整体刚度的影响,但单独验算接缝的抗剪承载力。

这里选择 2♯楼进行介绍,具体结构计算结果见表 6-34 至表 6-36 所示:

表 6-34 振型及周期

振型	周期(s)	转角(°)	平动系数	扭转系数
1	2.939 1	178.38	0.96(0.96+0.98)	0.04
2	2.780 4	88.40	1.00(1.00+0.00)	0.00
3	1.926 2	179.24	0.04(0.04+0.00)	0.96
4	0.885 6	178.54	0.98(0.98+0.00)	0.02
5	0.726 8	88.44	1.00(0.00+1.00)	0.00
6	0.568 2	174.34	0.03(0.03+0.00)	0.97

表 6-35 结构底部地震剪力、地震倾覆力矩和有效质量系数

底部地震剪力(kN)		底部地震倾覆力矩(kN·m)		有效质量系数(%)		
X 向	Y 向	X 向	Y 向	X 向	Y 向	限值
1 540.96	1 730.60	93 120	95 171	98.0	96.7	≥90

表 6-36 风荷载和地震作用下的位移角及位移比

风荷载作用下的弹性位移角			地震作用下的弹性位移角			规定水平力下楼层最大位移/楼层平均位移	
X 向	Y 向	规范限值	X 向	Y 向	规范限值	X 向	Y 向
1/1 970	1/1 103	≤1/1 000	1/1 913	1/2 568	≤1/1 000	1.11	1.15

6.6.3 装配化应用技术及指标

1. 预制构件选用

本项目预制构件范围:PCF 板、预制剪力墙、预制楼板、预制楼梯、预制阳台板、预制阳台隔板。

预制构件选用遵循标准化、模数化的原则,在方案阶段,协调考虑预制构件的大小与开洞尺寸,尽量减少预制构件的种类。例如预制阳台板与阳台隔板,制作简单复制率高;预制剪力墙,对提高预制率有较大作用;若存在多个单元相同楼梯,楼梯则采用统一标准,而非镜像关系。

设计阶段考虑到吊装、运输条件和成本,通过比较,构件为单个重量不大于 4 t 时运输、吊装相对顺利,运输、施工(塔吊)的成本也会降低。因此,本项目最重剪力墙构件重量控制为 4.55 t。预制墙板的高度以楼层高度为准,宽度以容易运输和生产场地限制考虑,最大未超过 4 m。

2. 装配化应用技术及指标

本工程采用的预制构件有预制外墙、楼梯、阳台板、阳台隔板等,实现了100%成品房交付,预制率2♯楼为17.2%,20♯、21♯楼为16.2%,详见表6-37所示:

表6-37 装配式建筑技术配置分项表

阶段	技术配置选项	本工程实施情况
标准化设计	标准化模块,多样化设计	√
	模数协调	√
工厂化生产/装配式施工	预制外墙	√
	预制楼梯	√
	成品栏杆	√
	预制排水沟	√
	预制阳台板	√
	预制阳台分隔墙	√
	无外架施工	√
	预制率	16.2%
一体化装修	内装集成体系	√
	工业化内装	√
信息化管理	BIM策划及应用	√

6.6.4 主要构件及节点设计

1. 预制剪力墙及其连接节点

本工程山墙部分墙肢采用200 mm厚预制剪力墙,设置水平现浇带,现浇带宽度取结构设计剪力墙厚,现浇带与楼盖浇筑成整体。现浇带外侧60 mm预制板作为施工外模及防水嵌缝柔性材料作业界面。上层预制剪力墙板与下层楼面之间的接缝高度20 mm,采用灌浆方法填实。预制剪力墙身分布钢筋按照结构设计要求配置,上下层相邻预制剪力墙竖向钢筋采用另设连接钢筋以及灌浆套筒的方式连接。剪力墙边缘构件部分采用现浇。为保证预制剪力墙与现浇结合面的连接强度,水平结合面侧面和竖向结合面均布置键槽。预制剪力墙上下连接套筒节点如图6-153所示。

2. 预制外墙板及其连接节点

本工程其他外围墙体采用预制外墙板,其接缝采用构造防水。水平缝采用企口缝,竖缝采用双直槽缝,并每隔三层设置引导排水孔(图6-154)。

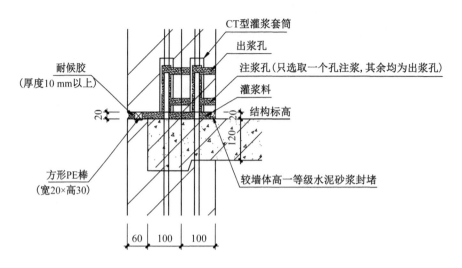

图 6-153　预制剪力墙连接节点

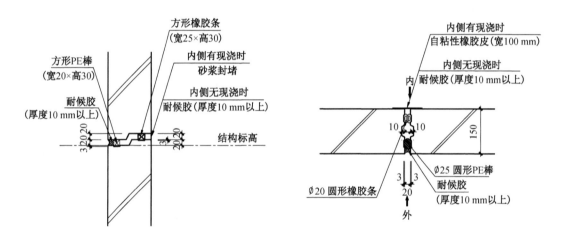

图 6-154　预制外墙板接缝节点

6.6.5　围护及部品件的设计

1. 围护墙体

本工程地上部分的隔墙采用加气混凝土砌块,满足隔声、防水和防火安全等技术性能,并且自重较轻,有利于建筑工业化的发展。

2. 预制构件连接件

(1) 外墙板构件转角部位连接件

构件和构件之间,装配连接后,内侧部分后浇捣混凝土施工会出现侧向力,形成对已装配构件的挤压,构件外侧阳角会变形、扭曲,定型外墙板构件转角部位连接件,通过上、中、下三道连接件,用以固定构件(图 6-155)。

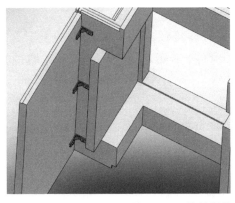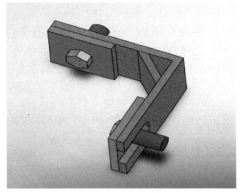

图 6-155　外墙板构件转角部位板板连接件

（2）外墙板构件水平部位连接件

外墙板构件水平部位连接件，是避免两块构件连接后，内侧受后施工浇捣混凝土的侧向挤压，引起构件连接部位跑位、移动，标准化水平部位连接件通常设 3～4 道（图 6-156）。

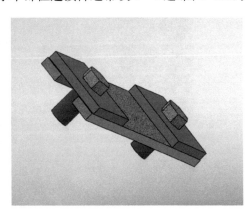

图 6-156　外墙板构件水平部位板板连接件

（3）预制构件外墙板限位器

预制构件外墙板限位器是外墙构件吊装时，构件和楼层临时连接的工具，既可以起临时拉接作用，又可以在校正时和校正后调节和固定预制构件外墙板（图 6-157）。

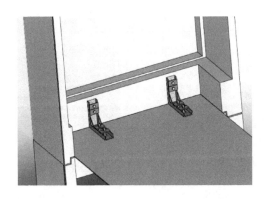

图 6-157　外墙板限位器

（4）预制构件外墙板连接片

预制构件外墙板连接片主要作用是，吊装时连接预制构件外墙板的上下部位通过定型化连接片校正时的调节，固定上下构件，不影响内侧内衬现浇墙的施工（图 6-158）。

（5）预制构件外墙板调节杆

预制外墙板吊装时，构件与结构需有连接，调节杆的作用是临时拉结和固定。校正时，起内外方向的就位调节（图 6-159）。

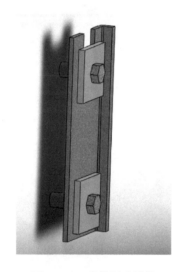

图 6-158　外墙板连接片

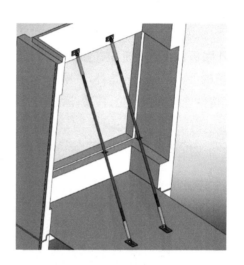

图 6-159　外墙板调节杆

6.6.6　相关构件及节点施工现场照片

相关构件及节点施工现场情况如图 6-160 至图 6-165 所示：

图 6-160　预制构件运输

图 6-161　预制构件进场堆放

图 6-162　预制飘窗就位

图 6-163　预制剪力墙就位

图 6-164　现浇部分铝模架设

图 6-165　装配整体式剪力墙外立面

6.6.7　工程总结及思考

本工程装配式住宅采用了装配式剪力墙结构,主要采用了预制外剪力墙、预制外围护墙、楼梯梯段、阳台及阳台隔板等预制构件,针对预制剪力墙与外墙板的设计有如下总结与思考:

预制外墙构件的设计应符合建筑模数,并结合建筑立面装饰及门窗框的位置,统一由工厂制作完成。

预制外墙构件的加工设计应符合国家建筑节能的标准。本工程采用内保温技术,相关布置及节点做法满足相关规范及图集要求。

预制外墙构件的接缝设计满足结构、加工、防排水、防火及建筑装饰等要求,并结合本地材料、制作及施工条件进行综合考虑。构件接缝及门窗洞口处作防排水处理,并根据不同部位接缝的特点及风雨条件采用构造防排水、材料防排水或构造和材料相结合的防排水措施。

参 考 文 献

[1] 中国建筑标准设计设计研究院,中国建筑科学研究院.装配式混凝土结构技术规程:JGJ 1—2014[S].北京:中国建筑工业出版社,2014

[2] 中国建筑标准设计院有限公司.装配式混凝土建筑技术标准:GB/T 51231—2016[S].北京:中国建筑工业出版社,2017

[3] 中国建筑科学研究院.混凝土结构设计规范:GB 50010—2010[S].北京:中国建筑工业出版社,2015

[4] 中国建筑科学研究院.高层建筑混凝土结构技术规程:JGJ 3—2010[S].北京:中国建筑工业出版社,2010

[5] 中国建筑科学研究院.建筑抗震设计规范:GB 50011—2010[S].北京:中国建筑工业出版社,2016

[6] 中国建筑标准设计研究院有限公司.装配式混凝土结构表示方法及示例(剪力墙结构):15G 107-1[S].北京:中国计划出版社,2015

[7] 中国建筑标准设计研究院有限公司.预制混凝土剪力墙外墙板:15G 365-1[S].北京:中国计划出版社,2015

[8] 中国建筑标准设计研究院有限公司.预制混凝土剪力墙内墙板:15G 365-2[S].北京:中国计划出版社,2015

[9] 中国建筑标准设计研究院有限公司.桁架钢筋混凝土叠合板(60 mm 厚底板):15G 366-1[S].北京:中国计划出版社,2015

[10] 中国建筑标准设计研究院有限公司.预制钢筋混凝土板式楼梯:15G 367-1[S].北京:中国计划出版社,2015

[11] 中国建筑标准设计研究院有限公司.预制钢筋混凝土阳台板、空调板及女儿墙:15G 368-1[S].北京:中国计划出版社,2015

[12] 中国建筑标准设计研究院.装配式混凝土结构连接节点构造(楼盖和楼梯):15G 310-1[S].北京:中国计划出版社,2015

[13] 中国建筑标准设计研究院.装配式混凝土结构连接节点构造(剪力墙):15G 310-2[S].北京:中国计划出版社,2015

[14] 住房和城乡建设部住宅产业化促进中心,中国建筑科学研究院.工业化建筑评价标准:GB/T 51129—2015[S].北京:中国建筑工业出版社,2015

[15] 中南建筑设计院.建筑工程设计文件编制深度规定[S].北京:中国建材工业出版社,2017

[16] 住房和城乡建设部住宅部品标准化技术委员会.住宅部品术语:GB/T 22633—2008[S].

北京:中国标准出版社,2009

[17] 济南市城乡建设委员会建筑产业化领导小组办公室. 装配式混凝土结构工程施工[M].
    北京:中国建筑工业出版社,2015

[18] 中国城市科学研究会绿色建筑与节能专业委员会. 建筑工业化典型工程案例汇编[M].
    北京:中国建筑工业出版社,2015

[19] 住房和城乡建设部住宅产业化促进中心. 装配整体式混凝土结构技术导则[M]. 北京:
    中国建筑工业出版社,2015

[20] 黄海洋. 新型全预制装配式混凝土框架节点的研究[D]. 南京:东南大学,2007

企业简介

本书的写作由南京长江都市建筑设计股份有限公司装配式建筑设计研究团队的技术骨干完成。南京长江都市建筑设计股份有限公司是华东地区具有一定实力的区域性、综合性、特色鲜明的现代建筑设计企业，公司 2014 年获得国家高新技术企业称号，2015 年获批成为江苏省建筑产业现代化设计研发基地，2017 年获批成为国家装配式建筑产业基地。标志着长江都市由传统设计企业向科技创新与工程设计相结合的综合设计企业转型升级。

长江都市自 2007 年进入建筑工业化应用领域，公司围绕装配式建筑、绿色建筑、BIM 技术开展专项研究与应用。通过自主创新与政产学研合作，积极开展装配式建筑关键技术研究和相关标准、技术规程的编制，与东南大学、中国建筑标准设计研究院等高校科研机构共同参与国家"十二五"科技支撑计划、国家"十三五"重点专项"绿色建筑及建筑工业化"，参与编写国家《装配式混凝土建筑技术标准》(GB/T 51231－2016)、《装配式住宅建筑设计标准》(JGJ/T 398－2017)，主编国家标准图集 2 项，积极申请江苏省建筑产业现代化科技支撑等课题研究，编制省级标准、图集、技术文件 6 项，取得了一批创新创优成果，其中"装配式混凝土结构创新与应用"获得 2017 年度江苏省科学技术奖一等奖，为我国装配式建筑技术进步和标准化建设提供技术支撑。

近年来，长江都市累计完成 70 余项装配式建筑设计，完成面积约 850 万 m^2，项目覆盖全国 10 余个城市。装配式建筑结构类型涵盖 9 种结构体系，装配式混凝土框架体系高度达到 85 m，装配式混凝土剪力墙结构住宅达到 115 m。完成抗震设防烈度 8.5 度地区装配式剪力墙结构住宅，并正在江北新区健康城人才公寓项目中研发钢框架-混凝土核心筒新型结构体系。在设计研发过程中，申请专利 99 项，获得 54 项专利授权，其中获得发明专利 9 项，在装配式建筑设计与技术研发方面积累了丰富的实践经验。

通过多年研发与应用，长江都市在研发机构建设、技术研究、工程经验、一体化服务体系四大方面形成核心优势，在装配式建筑领域位于全国行业领先地位。长江都市以科技创新为先导，通过集成化设计、一体化服务，形成技术优势，并积极探索以设计研发企业为龙头的工程总承包（EPC）一体化发展模式，在设计研发、构件生产、施工装配、运营管理等环节提供一站式、一体化的技术服务，探索"设计研发＋产业化"商业模式。

本书为长江都市装配式建筑设计研究团队十余年设计及科研成果的汇总总结，期望以此进一步提升相关从业人员的设计与技术应用水平，对装配式建筑的健康稳步发展发挥积极作用。